全国技工院校制冷设备运用与维修专业教材（中/高级技能层级）

冷 库 技 术

（第三版）

人力资源社会保障部教材办公室组织编写

中国劳动社会保障出版社

内容简介

本书主要内容包括：冷库基础知识，冷库制冷设备，冷库制冷系统，气调储藏与气调库，制冰，冷库的安装，冷库试运行、运行状态的调整和日常管理，冷库设备常见故障的检修，冷库电气设备的控制与保护。

本书由宋玉明担任主编，袁成群、许辉、孙胜辉参加编写。

图书在版编目(CIP)数据

冷库技术/宋玉明主编. --3版. --北京：中国劳动社会保障出版社，2019
全国技工院校制冷设备运用与维修专业教材. 中/高级技能层级
ISBN 978-7-5167-3015-7

Ⅰ. ①冷…　Ⅱ. ①宋…　Ⅲ. ①冷藏库-制冷技术-中等专业学校-教材　Ⅳ. ①TB657.1

中国版本图书馆CIP数据核字(2019)第048217号

中国劳动社会保障出版社出版发行

（北京市惠新东街1号　邮政编码：100029）

*

三河市潮河印业有限公司印刷装订　　新华书店经销

787毫米×1092毫米　16开本　11.25印张　264千字

2019年4月第3版　2025年6月第4次印刷

定价：21.00元

营销中心电话：400-606-6496

出版社网址：http://www.class.com.cn

http://jg.class.com.cn

前　言

为了更好地适应全国技工院校制冷设备运用与维修专业的教学要求，全面提升教学质量，人力资源社会保障部教材办公室组织有关学校的一线教师和行业、企业专家，在充分调研企业生产和学校教学情况、广泛听取教师对教材使用反馈意见的基础上，对全国技工院校制冷设备运用与维修专业教材进行了修订。本次修订后出版的教材包括：《制冷技术基础（第三版）》《制冷基本操作技能（第三版）》《空气调节与中央空调装置（第三版）》《小型制冷设备原理与维修（第三版）》《冷库技术（第三版）》，同时新增《户式中央空调结构原理与安装维修》及各教材的配套习题册。

本次教材修订工作的重点主要体现在以下几个方面：

第一，更新教材内容，体现时代发展。

根据制冷设备运用与维修专业毕业生工作岗位的实际需要和本专业教学实际情况的变化，合理确定学生应具备的能力与知识结构，对部分教材内容及其深度、难度做了适当调整；根据相关专业领域的最新发展，在教材中充实新知识、新技术、新设备、新材料等方面的内容，体现教材的先进性；采用最新国家技术标准，使教材更加科学和规范。

第二，改进表现形式，激发学习兴趣。

在教材内容的呈现形式上，较多地利用图片、实物照片和表格等形式将知识点生动地展示出来，力求让学生更直观地理解和掌握所学内容，在激发学生学习兴趣和自主学习积极性的同时，使教材“易教易学，易懂易用”。

第三，开发配套资源，提供教学服务。

本套教材增加了配套习题册和方便教师上课使用的多媒体电子课件。习题册的内容除常规设计之外，均附有2～3套模拟试卷，部分习题册还增加了与世界技能大赛制冷与空调项目相关的内容。多媒体电子课件可以通过职业教育教学资源和数字学习中心网站（http：//zyjy.class.com.cn）下载。另外，在部分教材中使用了二维码技术，针对教材中的教学重点和难点制作了动画、视频、微课等多媒体资源，学生使用移动终端扫描二维码即可在线观看相应内容。

本次教材的修订工作得到了北京、江苏、浙江、广东等省人力资源社会保障厅及有关学校的大力支持，在此我们表示诚挚的谢意。

人力资源社会保障部教材办公室

2019年4月

目 录

第一章 冷库基础知识 …… 1
§1—1 冷库的类型与组成 …… 1
§1—2 冷库的建筑结构及隔热防潮要求 …… 4
§1—3 冷库制冷量与单位冷量耗电量计算 …… 8
§1—4 国内外冷库的现状和发展趋势 …… 11
技能训练 参观冷库 …… 15
第二章 冷库制冷设备 …… 19
§2—1 制冷压缩机 …… 19
技能训练1 2F10制冷压缩机拆装训练 …… 31
§2—2 换热设备 …… 33
技能训练2 水冷式冷凝器的除垢 …… 46
§2—3 节流装置 …… 47
技能训练3 热力膨胀阀的安装 …… 56
§2—4 辅助设备 …… 58
技能训练4 干燥过滤器的拆装与干燥剂的更换 …… 65
第三章 冷库制冷系统 …… 67
§3—1 供液系统与供液方式 …… 67
§3—2 压缩冷凝系统与冷却水系统 …… 70
技能训练1 冷却水系统的管道安装与检查 …… 79
§3—3 冻结专用设备 …… 80
技能训练2 搁架式排管的检查与维修 …… 84
第四章 气调储藏与气调库 …… 86
§4—1 气调储藏 …… 86
§4—2 气调库 …… 88
技能训练 加湿器的拆装与清洗 …… 94

第五章　制冰 …… 96

§5—1　人造冰的分类、性质和应用 …… 96

§5—2　制冰方法及设备 …… 97

技能训练 1　配制载冷剂 …… 102

技能训练 2　拆装盐水泵 …… 103

第六章　冷库的安装 …… 105

§6—1　系统设备及管道的安装 …… 105

技能训练 1　压缩机设备的安装 …… 111

§6—2　系统气密性检查 …… 114

技能训练 2　系统的气密性试验 …… 117

§6—3　制冷系统抽真空与充注制冷剂 …… 118

技能训练 3　充注制冷剂 …… 121

第七章　冷库试运行、运行状态的调整和日常管理 …… 123

§7—1　冷库的试运行 …… 123

技能训练 1　冷库制冷设备的开停机操作 …… 124

§7—2　运行状态的调整 …… 126

技能训练 2　蒸发温度的调整 …… 129

§7—3　冷库的安全操作管理 …… 130

第八章　冷库设备常见故障的检修 …… 139

§8—1　压缩机的常见故障检修 …… 139

技能训练 1　轴封器的拆装与检修 …… 144

技能训练 2　阀板组的拆装与检修 …… 146

§8—2　系统堵塞故障的诊断与排除 …… 148

技能训练 3　脏堵、冰堵故障的诊断与排除 …… 151

§8—3　冷库水泵和冷却塔的维修 …… 152

§8—4　制冷系统的其他维护事项 …… 154

技能训练 4　电磁阀的检修 …… 160

第九章　冷库电气设备的控制与保护 …… 162

技能训练 1　压力继电器的故障检修与排除 …… 168

技能训练 2　星形—三角形减压启动线路的故障检修与排除 …… 171

第一章　冷库基础知识

冷库是用人工制冷的方法让固定的空间达到规定的温度并恒温储藏货物的建筑群（或仓库）。冷库主要用于食品、花卉绿植、化工原料、电子仪表仪器等的冷冻加工及冷藏。冷库主要由主库、制冷压缩机房、设备间、循环水泵房、变配电所等及其附属建筑物组成。不同性质的冷库，其组成和布置上不尽相同。

§1—1　冷库的类型与组成

一、冷库的类型

冷库可按结构形式、使用性质、规模大小、温度、容量、冷加工功能、储藏的商品等各种不同的形式进行分类。

1. 按结构形式分类

（1）土建式冷库

如图 1—1 所示为土建式冷库，这类冷库的主体结构（库房的支撑柱、梁、楼板、屋顶）和地下荷重结构都用钢筋混凝土，其维护结构的墙体都采用砖砌而成，冷库中隔热材料以稻壳、软木等土木结构为主。

（2）装配式冷库

如图 1—2 所示为装配式冷库，这类冷库的主体结构（柱、梁、屋顶）均采用轻质钢材，围护结构的墙体使用预制的复合隔热板组装而成。隔热材料采用硬质聚氨酯泡沫塑料和硬质聚苯乙烯泡沫塑料等。

图 1—1　土建式冷库

图 1—2　装配式冷库

（3）天然洞体冷库

如图 1—3 所示，天然洞体冷库在西北地区使用较多，以天然洞体为库房，以岩石、黄土等作为天然隔热材料，因此，天然洞体冷库具有因地制宜、就地取材、施工简单、造价低廉、坚固耐用等优点。

（4）夹套式冷库

夹套式冷库是在常规冷库的围护结构内增加了一个内夹套结构，夹套内装设冷却设备，冷风在夹套内循环制冷，即构成夹套式冷库。夹套式冷库的库温均匀，食品干耗小，外界环境对库内干扰小，夹套内空气流动阻力小，气流组织均匀，造价比常规冷库高。

（5）覆土冷库

覆土冷库的洞体多采用拱形结构，一般为砖石砌墙，并覆盖一定厚度的土层作为隔热层。其具有施工简单、取材方便、造价低、坚固耐用等特点。

（6）气调冷库

气调冷库主要用于新鲜果蔬、农作物种子和花卉进行较长期储存。与上述几种冷库不同，气调冷库除了要控制库内的温度、湿度外，同时要考虑气调冷库内植物的呼吸作用，要对库内的 O_2、CO、N_2 和乙烯含量进行调控，以抑制果蔬等植物的呼吸及新陈代谢，使之处于冬眠状态，以达到长期储存的目的。

2. 按使用性质分类

（1）生产性冷库

如图 1—4 所示为生产性冷库，主要建在食品产地附近、货源较集中的地区，通常是作为鱼类加工厂、肉类联合加工厂、禽蛋加工厂、乳品加工厂、蔬菜加工厂等各类食品加工企业的一个重要组成部分。食品进行冷加工后经过短期储存即运往销售地区，直接出口或运至分配性冷藏库进行较长期的储藏。这类冷库具有较大的冷却、冻结能力和一定的冷藏容量。

图 1—3 天然洞体冷库

图 1—4 生产性冷库

（2）分配性冷库

如图 1—5 所示为分配性冷库，主要建在大中型城市、人口较多的工矿区和水陆交通枢纽地区，接收经过冷加工的食品，用来储存和供应市场。可在冷藏车、船的配合下进行中间转运，作为食品向外地调拨或提供出口的储存设备。它的特点是：冷藏容量大，可实现多品种食品的储藏；冻结能力较小，仅用于长距离调入冻结食品；在运输过程中软化部分的再冻及当地小批量生鲜食品的冻结。因此，要求库区能与铁路、公路、码头相通，做到运输流畅，吞吐迅速。

（3）零售性冷库

如图 1—6 所示为零售性冷库，一般建在城市的大型超市、菜市场内，用来临时储存零售食品，其特点是：库容量小，储存期短，库温随使用要求不同而异。在库体结构上，大多采用装配式组合冷库。随着人们生活水平的提高，零售性冷库的占有量越来越大。

图 1—5　分配性冷库

图 1—6　零售性冷库

3. 按规模大小分类

（1）大型冷库

大型冷库的库容量在 1 000 m^3 以上。

（2）中型冷库

中型冷库的库容量在 500～1 000 m^3。

（3）小型冷库

小型冷库的库容量在 500 m^3 以下。

4. 按使用库温要求分类

（1）高温冷库

用于果品蔬菜类保鲜，库房温度为－5～5 ℃。

（2）中温冷库

用于冻结后的食品冷藏，库房温度为－10～－5 ℃。

（3）低温冷库

用于冻结后的水产、肉类食品冷藏，库房温度为－20～－10 ℃。

（4）冻结冷库

用于鲜品冷藏前的快速冷冻，库房温度为－23 ℃。

5. 按冷加工功能分类

按照冷库的功能可以分为预冷冷藏库、冻结冷藏库、速冻库、储冰库和气调库等。

6. 按储藏的商品分类

按冷库储藏的商品分为畜肉类冷库、水产品冷库、禽蛋冷库、果蔬冷库、冷饮品冷库、茶叶冷库和花卉冷库等。

二、冷库的组成

冷库主要由库体、制冷系统、冷却系统、自动控制系统和辅助系统等组成。

1. 库体

主要用来保证储藏物与外界隔热、隔潮，并将各个工作区域分为预冷间、冻结间、冷藏间、制冰间、穿堂等。大型冷库采用土建冷库库体；对于小型冷库，通常采用钢框架和轻质预制的聚氨酯或聚苯乙烯夹芯板材拼装而成的装配式冷库库体；而对于家用小型冷藏箱或冰箱，则采用压铸成型的用聚氨酯填充隔热箱体。

2. 制冷系统

主要用于提供冷库冷量，以保证库内温度和湿度符合要求。根据冷库温度的不同，制冷系统也不同，通常冷库温度高于－30 ℃，则使用单级压缩制冷系统；冷库温度低于－30 ℃且高于－60 ℃，则使用两级压缩制冷系统或复叠制冷系统；冷库温度低于－80 ℃时，一般都要用复叠制冷系统。

3. 冷却系统

主要用于制冷系统的散热。在空气冷却系统中，制冷系统直接采用空气冷却。它具有系统简单、操作方便的特点，适用于缺水的地区和小型冷库。水冷却系统主要由冷却塔、水泵、冷却水管道组成，冷却效果好，但系统复杂，操作麻烦，要定期清洗，以保证水冷却系统的传热效果。水冷却系统多用于大型冷库和蒸发冷却系统，是将制冷系统的冷凝器直接与冷却塔结合，冷却水直接喷淋到冷凝器上进行蒸发冷却，冷却效果好，但系统复杂，要求冷凝器直接安装在室外，所以系统的运行、维护保养工作要求高。

4. 自动控制系统

主要实现对冷库温度、制冷系统、冷却系统等的控制，以保证冷库安全正常运行。目前计算机网络技术已逐步应用到冷库的控制中。

5. 辅助系统

主要包括冷库操作间和机房等，对于大型冷库，还要有动力车间、配电房、锅炉房、化验室、水泵房、仓库、水处理等场所。

§1—2　冷库的建筑结构及隔热防潮要求

一、冷库的建筑结构特点

冷库的建筑结构不同于一般工业与民用建筑，它具有以下特点。

1. 较好的隔热、防潮性

由于冷库内外温差很大（建筑内外温差有可能超过 70 ℃），热湿交换量大，冷库要求围护结构要有较好的隔热性能和严密的防潮性能。

2. 构造复杂

冷库内温度较低，根据不同的使用性质，库内温度一般在－30～0 ℃，也就是说围护结构内部有冻胀的可能性，这就使得冷库的建筑构造较复杂。

3. 良好的气密性

对于采用整体气调方式的冷库来说，库体的密封是非常重要的。如果库体密封不好，库内就不能保持所要求的低氧、高二氧化碳的气体成分，也就达不到保鲜的目的。因此，在满足隔热防潮作用的基础上，还要采取特殊的密封措施。

4. 建筑形式迥异

冷库的建筑形式直接关系到冷库使用的合理性，也是影响能源节约与否和投资节省与否的重要因素。一般来说，当冷藏量相等时，冷库建筑体积越小，则建筑耗冷量就越少。为此，冷库建筑往往是无窗的实墙，外表面为浅色，外形多数接近正方体，有的冷库将四周做成圆角，有的冷库建成圆柱体，再配上四周自由多变的附属建筑，从外观上看，是非一般的建筑形式，有明显的冷库建筑特点。

5. 造价昂贵

冷库建筑造价较高。冷库除了有一套价格昂贵的制冷设备外，建筑本身的造价也大大高于普通仓库建筑，这是因为它必须设置一层不可缺少的隔热层，仅此一项费用往往就会超过普通仓库造价两三倍。因此，冷库总造价高于普通仓库的5～10倍。

6. 冷库建筑寿命短、维修困难

由于冷库建筑的围护结构经常受到冻胀和冻融循环的破坏作用，一般十年左右就需要大修。建筑寿命一般在四五十年。由于冷库处于低温状态，如果在不停产情况下进行维修是非常困难的，一般都要停产升温后才能进行维修，不仅维修费用高，而且停产的损失很大（停产大修一次的费用约为新建一座冷库费用的1/2）。因此，应加强科学管理，以延长冷库的建筑寿命和大修的间隔时间。

二、冷库的建筑结构要求

根据冷库的建筑特点，对冷库的建筑结构要求有：

1. 保冷

冷库建筑“内冷外热”，要保持生产要求的“冷度”，阻挡外界热源侵入库内，建筑围护结构必须设置具有一定隔热能力的隔热层，最大限度地减少库内耗冷量。一般在冷库建筑物的外墙、地坪、层顶、柱子和阁楼层等部位设置隔热层。设置隔热层时要注意以下几点：

（1）隔热层应是连续的，不能有间断和缝隙，以防止出现“冷桥”，使冷气从库内逸出。

（2）隔热层要有足够的厚度，达到设计的隔热要求。

（3）隔热材料本身应有良好的防潮能力。

（4）隔热层应牢固地固定在围护结构上，并能防止鼠虫的侵害。

2. 防潮

为保持隔热层的隔热性能，防止因受水和水蒸气侵袭而降低其隔热能力，在隔热层的适当部位一侧或两侧设置隔汽防潮层。隔汽防潮层的设计必须完整连续，不能间断，并注意以下几点：

（1）根据材料的性质，合理布置各层材料。一般在低温侧应采用蒸汽渗透系数大而热导率小的材料，以使渗透到围护结构中的蒸汽能够因较小的阻力而散发出去，避免由于蒸汽渗透中遇到较大的阻力而产生凝结水。

（2）要合理地设置隔汽防潮层。一般湿气总是由高温区向低温区渗透，因此，要把隔汽防潮层敷设在隔热层的高温侧。但在寒冷地区，当冬季室外温度低于库内温度时，将产生与夏季相反的蒸汽渗透过程，即由库内通过围护结构向室外渗透水蒸气，这时如果只考虑夏季向库内渗透而仅在靠外侧的一面设隔汽防潮层，将不能适应冬季工况的要求，会在围护结构内部隔汽防潮层边产生凝结水。因此，这时就要在隔热层的两侧设置隔汽防潮层，防止从两个方向渗透蒸汽。在两边设隔汽防潮层时，应注意事先把潮气排出，否则一旦当两边隔汽层间渗入水蒸气后，将使隔热层的隔热效能受到损害。

（3）除设置隔汽防潮层外，还要相应地做好防水处理。冷库的防水，主要是在屋顶和地下室两个部位。

3. 密封处理

对于气调冷库，还必须进行墙体与库顶、墙体与地坪的密封处理。

4. 热湿交换

为防止热湿交换产生的各种破坏作用，尽可能不在建筑构造中造成“冷桥”，尽可能消除因建筑结构产生温度变形而造成围护结构层、隔汽防潮层和隔热层被拉裂的现象。

5. 消除隐患

冷库的围护结构层次较多，有围护结构层、隔汽防潮层、隔热层、表面防护层等主要层次。其中，以隔汽防潮层和隔热层在冷库保“冷”的独特性质上最为关键。而这些关键层在施工完毕后却隐蔽在其他构造层次中，若在设计、施工质量上存在隐患，到使用后才被发现，到时就难以进行维修补救，冷库只得“带病生产”，结果将影响冷库的建筑寿命。

三、冷库的隔热防潮材料

1. 隔热材料

冷库常用的隔热材料种类很多，按其组成可分为有机隔热材料和无机隔热材料两大类。

（1）有机隔热材料

天然有机隔热材料是由各种植物纤维加工制成，也包括其他有机合成物。

常用的材料有碳化软木及制品、稻壳、聚苯乙烯泡沫塑料、聚氨酯泡沫塑料、铝箔波形纸板等。

（2）无机隔热材料

无机隔热材料的特点是不燃烧、不腐烂、机械强度大、经久耐用。有些还兼有耐高温性能，但它们的容重和热导率一般都较大。

常用的材料有矿渣棉及制品、玻璃棉及制品、火山岩棉及制品、防水膨胀珍珠岩、加气混凝土、炉渣、泡沫玻璃、泡沫混凝土等。

2. 隔汽防潮材料

冷库用的隔汽防潮材料要求蒸汽渗透系数较小，并有足够的黏结性，能牢固地黏合在隔热结构上。

常用的材料有石油沥青、冷底子油（沥青底漆）、石油沥青油毡、再生橡胶沥青油毡、沥青防水油膏、塑料薄膜及其他防潮、防水材料。

应特别注意的是，有许多防水材料不能用于冷库的隔汽防潮（如建筑涂料 851 等），因为有些材料的异味和色素会渗入食品内，对食品质量造成影响。因此，在选用隔汽防潮材料时，必须经过使用证明是可用的材料，或是经过鉴定的可用材料。

3. 土建式冷库的隔热防潮要求

（1）土建式冷库的隔热

冷库的隔热对降低冷库热负荷、保持库内温度的稳定具有重要作用。因此，对冷库的墙、地板、屋顶及至楼板均应进行隔热。

冷库隔热结构除了应有良好的隔热性能，即较小的传热系数（如停机后库温回升一般不大于 1.5～2 ℃/h）外，还应考虑有一定的强度，地坪应有较大的负载能力；应尽可能少占冷库有效空间；减少隔热屋内的“冷桥”，隔热结构应能防潮，具有持久的隔热效能；隔热材料外部设保护层，以防虫蛀、鼠咬或装卸作业时损坏。

1）冷库隔热材料应满足的基本要求。冷库隔热材料应满足的基本要求有：

① 热导率较小，使用较薄的隔热层，能获得较好的隔热效果。

② 相对密度小且价廉。

③ 具有良好的耐火性，不自燃，也不助燃，以提高冷库的防火性能。

④ 具有良好的抗湿性、抗冻性，坚固结实，抗压强度大，经久耐用，以保证能长期使用。

⑤ 不产生任何异味，也不吸收异味，不散发有毒物质，这对冷库的食品储存具有重要意义。

此外，冷库隔热材料还应有良好的抗腐蚀性能，不滋生蛀虫或其他细菌，且易于安装施工和拆修。

2）冷库常用隔热材料。针对冷库隔热材料的要求，目前尚难找到一种十分完美的隔热材料。但隔热技术的不断发展，为冷库隔热材料的选择提供了良好的条件和可能。目前冷库广泛采用的隔热材料有软木、玻璃纤维、泡沫塑料或组合夹心板等。

（2）土建式冷库围护结构的防潮

冷库由于内外空气温差较大，则必然形成与温差相应的水蒸气分压力差，进而形成水蒸气从分压力较高的高温侧通过围护结构向分压力较低的冷库内渗透。当水蒸气经过围护结构内部后到达低于空气露点温度的某温区时，水蒸气即凝结为水或结冰，造成隔热结构的破坏。

4. 装配式冷库的隔热防潮要求

装配式冷库是一种根据需要灵活装配的一种新型冷库，其外形如图 1—7 所示。装配式冷库的作用、使用条件和结构要求与土建式冷库相似。它为食品冷却、冷藏及冷冻提供了必要的条件，具有良好的隔热、防潮性能和承载强度。它与传统的土建式冷库相比有以下优点：

（1）隔热层为聚氨酯材料，防水性能好，吸水率低，外面覆以涂塑面板，几乎无蒸汽渗透。因此，具有良好的保温隔热和防潮防水性能。使用范围可在－50～100 ℃范围内。

（2）质量轻，不易霉烂，阻燃性能好。

（3）抗压强度高，抗震性能好。

（4）组合灵活，安装方便，可根据用户需求配置制冷机组和控制元件。

按容量和结构特点来分，装配式冷库又分为室外装配式冷库（见图 1—7a）和室内装配式冷库（见图 1—7b）。室外装配式冷库均为钢结构骨架，并辅以隔热墙体、顶盖和底架，其隔热、防潮及降温等性能要求类似于土建式冷库。室外装配式冷库容量一般在 500～1 000 m^3

范围内，适用于商业和食品加工业。室内装配式冷库又称活动门框装配冷库，容量一般在 500 m^3 的范围内，必要时可采用组合装配，容量在 500 m^3 以上。室内装配式冷库最适用于宾馆、饭店、菜场及商业食品流通领域。

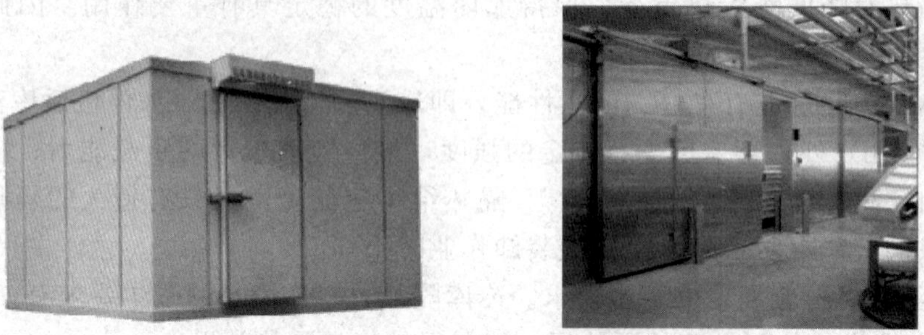

a)　　b)

图 1—7　装配式冷库外形

a）室外装配式冷库　b）室内装配式冷库

装配式冷库库体主要由各种隔热板组即隔热壁板（墙体）、顶板（天井板）、底板、门、支撑板及底座等组成。它们是通过特殊结构的连接副拼接、固定，以保证冷库具有良好的隔热、气密性能。冷库的库门除能灵活开启外，更应关闭严密，使用可靠。室内装配式冷库的隔热板均为夹层板料，即由内面板、外面板和硬质聚氨酯或聚苯乙烯泡沫塑料等隔热芯材组成，隔热夹层板的面板应有足够的机械强度和耐腐蚀性。隔热层与内外面板黏结应均匀牢固。

夹层板的内外面板多为玻璃钢板，也有薄钢板、铝合金板或其他塑料板。冷库以夹层板作为墙体，接缝连接应牢固、平整、严密。密封材料应无毒、无臭、耐老化、耐低温，有良好的弹性和隔热、防潮性能。

§1—3　冷库制冷量与单位冷量耗电量计算

冷库运行必须进行一些热工计算以确定冷库的容积和配用制冷机。而冷库这些计算比较繁杂，为此本节在总结大量经验的基础上采用了估算方法，简化了计算程序，缩短了计算时间，为技术人员提供了方便。

一、冷库冷负荷计算

1. 库容的计算

合理地利用冷库的容量是提高冷库利用率的必要方法。

冷库的容量指冷库内的冷却物冷藏间、冻结物冷藏间的容量总和，有的也包括储冰间的容量。容量单位常用容积（m^3）或储藏吨位（t）表示。两者换算关系为：

$$G=V\rho n/1\ 000$$

式中　G——冷库储藏吨位，t；

V——冷藏间或储冰间的容积，m^3；

ρ——食品的平均密度（见表 1—1），kg/m^3；

n——冷藏间的容积利用系数（土建式可取 0.4，装配式可取 0.6）。

表 1—1 食品的平均密度

序号	名称	平均密度（kg/m³）	序号	名称	平均密度（kg/m³）
1	冻猪肉	375	10	冻鱼片	550
2	冻牛肉	400	11	冰块（桶制）	800
3	冻羊肉	300	12	冰块（快速制冰）	750
4	块状冻肉	650	13	冰蛋	550
5	块状冻副产品	650	14	鲜蛋	300～320
6	冻分割肉	400	15	动物油脂	630
7	冻禽、冻兔	400	16	动物油脂	540
8	精装冻家禽	350	17	新鲜水果	230
9	冻鱼	450	18	罐头食品	600

2. 小型冷库冷负荷的计算

计算冷负荷的目的是根据其数值确定冷却设备的容量及选择制冷机组。制冷装置运行时的制冷量只有同冷负荷相适应，冷库才能维持稳定的温度和相对湿度。一般可利用表 1—2 进行估算：

（1）从表 1—2 中查出食品冷藏每吨的冷负荷（W/t）。

（2）设备、机械负荷估算原则：用食品冷藏的吨数乘以相应单位冷负荷。

表 1—2 小型冷库单位冷负荷估算

序号	冷库容量	冷间温度（℃）	单位冷负荷（W/t）	
			冷却设备	机械设备
肉、禽、水产品				
1	50 t 以下冷藏间	−18～−15	195	160
2	50～100 t 冷藏间		150	130
3	100～200 t 冷藏间		120	95
4	200～300 t 冷藏间		82	70
水果、蔬菜				
1	100 t 以下冷藏间	0～2	260	230
2	100～300 t 冷藏间		230	210
鲜蛋				
1	100 t 以下冷藏间	0～2	140	110
2	100～300 t 冷藏间		90	90

注：1. 本表内机械负荷已包括管道等冷损耗补偿系数 7%。

2. −18～−15 ℃冷藏间进货温度按−15～−12 ℃，进货量按 5%计算，如进货温度为−5 ℃时，需要适当增大表中的数值。

二、单位产品耗电量的计算

冷库生产冷量必须耗电，电力是冷库成本的主要部分。节约用电既降低了生产成本，又提高了经济效益，对改善经济管理、提高冷藏企业的管理水平有很重要的意义。

单位产品耗电量是将冷库内制冷用电和冷库风机用电分配在各种冷冻品及冷藏品中，其中制冷用电包括压缩机耗电和其他用电（如氨泵、水泵用电等），冻结间风机耗电由冷冻品负担，冷却物冷藏间风机耗电由冷藏品负担。压缩机耗电按单位冷量耗电计算，其他用电也可按冷间耗冷量比例进行分配。

1. 制冷设备运行时间的计算

为使室温维持或降低到一定温度，制冷设备必须运行的时间称为运行时间。由于大部分设备不能 24 h 运行，需要通过将 24 h 总负荷除以运行时间来计算出制冷设备容量。需要的设备容量$=\dfrac{24\ \text{h总负荷}}{\text{需要的运行时间}}$。

2. 压缩机耗电量的计算

压缩机单独安装电度表时，按电度表计量；未单独安装电度表时，可按下列公式估算：

耗电量＝1.73×平均电流×平均电压×平均功率因数×运行时间÷1 000 kW·h

为了简化计算，压缩机耗电量可用下列公式计算：

压缩机耗电量＝压缩机分配积数×功率分配系数　kW·h

压缩机分配积数＝压缩机平均耗用电流×运行时间　A·h

功率分配系数＝压缩机总耗电量÷各压缩机分配积数合计数　kW/A

例：某 5 000 t 氨冷库某月统计资料见表 1—3，压缩机平均耗用电流和总耗电量可从平时工作记录查得。

查三组压缩机总电量表耗电 83 404 kW·h，1# 压缩机平均电流 111.72 A，2#、3# 压缩机组平均电流 112.89 A，4#、5# 压缩机组平均电流 95.47 A。试计算 1#、2#、3#、4#、5# 各组压缩机耗电量。

表 1—3　　氨冷库某月统计资料表

制冷系统（℃）	压缩机编号	压缩机型号	全月平均蒸发温度（℃）	全月平均冷凝温度（℃）	全月运行时间（h）
−15	1#	8AS−12.5　1 台	−16	25	350
−28	2# 3#	高压级 1 台 4AV−12.5 低压级 1 台 8AS−12.5	−27	25	360
−33	4# 5#	高压级 1 台 4AV−12.5 低压级 1 台 8AS−12.5	−34	25	650

解：

1# 压缩机分配积数：111.72×350＝39 102 A·h

2#、3# 压缩机组分配积数：112.89×360≈40 640 A·h

4#、5# 压缩机组分配积数：95.47×650≈62 056 A·h

各压缩机组分配积数合计：141 798 A·h

$1^{\#}$压缩机耗电：39 102÷141 798×83 404≈23 000 kW·h

$2^{\#}$、$3^{\#}$压缩机组耗电：40 640÷141 798×83 404＝23 904 kW·h

$4^{\#}$、$5^{\#}$压缩机组耗电：62 056÷141 798×83 404＝36 501 kW·h

3. **其他用电量的计算**

例：某冷库某月统计资料见表1—4，已知其他用电量为25 000 kW·h/月，单位冷量耗电量116.72 kW·h/kJ，风机用电12 500 kW·h，如冻结间月冻结猪肉800 t，试计算冻结间单位产品耗电量。

表1—4 某冷库某月统计资料表

制冷系统（℃）	冷间名称	理论计算需耗冷量（10^6kJ/月）	实际耗冷量（10^6kJ/月）
−33	冻结间	309.96	312.72
−28	冻结物冷藏间（冰库）	215.4＋13.45＝228.85	238.4
−15	冻结物冷藏间	322.9	318.94

解：已知其他用电量为25 000 kW·h/月，则按耗冷量分配：其他用电量÷各冷间耗电量之和＝25 000÷(312.72＋238.4＋318.94)≈28.73×10^{-6} kW·h/kJ，这样本月份冻结间耗电量如下：

冻结间耗电量：冻结间耗冷量×（单位冷量耗电量＋其他用电分配率）＋风机用电＝312.72×10^6×[(116.72＋28.73)÷10^6]＋12 500≈57 985.12 kW·h。

通过以上计算，根据冻结间月冻结猪肉800 t的产量，就可得出冻结间单位产品耗电量：57 985.12÷800≈72.48 kW·h/t。

§1—4 国内外冷库的现状和发展趋势

一、国外冷库技术的发展现状

国外冷库行业发展较快的国家主要有日本、美国、芬兰、加拿大等。日本是亚洲最大的速冻食品生产国，−20 ℃以下的低温库在冷库中占80%以上。美国和加拿大占80%以上的冷库都已使用R717为制冷剂。自20世纪80年代以来，分散式制冷系统在国外发展很快，冷却设备由冷风机逐步取代了排管，储藏水果冷库中近三分之一为气调库，在冷库建造方面，土建式冷库正向预制装配化发展，自动化控制程度比较高。比较著名的装配式冷库的制造商如芬兰的辉乐冷冻集团，其库板由无氟绝缘聚氨酯板和两层镀锌的钢层组成，轻便易拆卸，施工期短，气密性好，空间利用率高。

1. **制冷工艺方面**

在设备选型方面，冷冻机主要为高速多缸活塞式和螺杆式两种，如图1—8所示。在新建大型冷库中以螺杆式压缩机居多，但小型机组中仍以活塞式压缩机为主。近年来，以螺杆式压缩机取代活塞式压缩机的趋势十分明显，因为螺杆式压缩机具有操作安全、方便、易损件少、使用寿命长、维修方便等特点，更因为它能在能量的20%～80%范围内无级调节，有利于节能，如果使用带有节能器的螺杆机组，其节能效果将更加显著。一台制冷量为 233 kW 的带有节能器的螺杆式压缩机组，若按年运行 4 000 h 计算，一年可节电 10 万度（1 度即 1 kW·h），因此，螺杆式制冷机深受冷冻厂的欢迎，其不足之处是噪声较大。

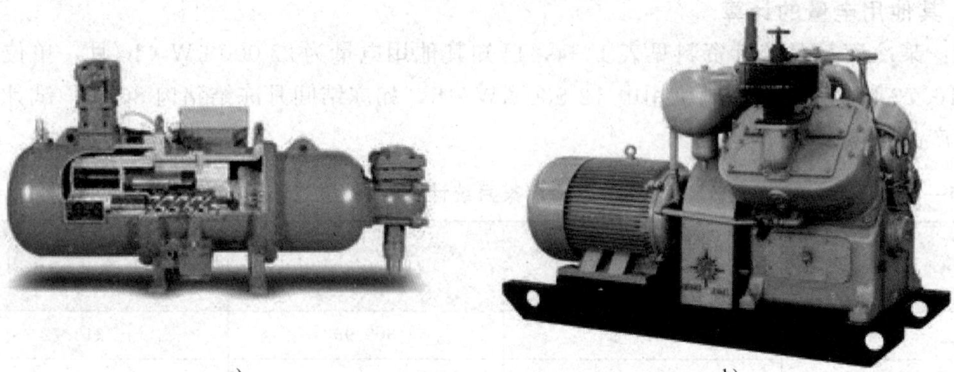

a) b)

图 1—8 冷库冷冻机

a）螺杆式压缩机 b）活塞式压缩机

库内冷却设备基本上都是冷风机强制通风式，顶、墙排管逐渐淘汰。制冷系统以在日本出现的“分散式制冷系统”较普遍。因为就能耗来看，分散式系统制冷循环距离短，尤其是回气管路短，管道的阻力损失小，有利于节电。另外，各台冷冻机由库温继电器控制，运行较经济；就日常运行管理来看，分散式系统小而简单，易于控制，不需要熟练冷冻技工；就安全可靠性来看，单机制冷量小，制冷剂充注量少，若氟利昂泄漏，对商品及环境的影响也较小；就设计、安装、施工来看，分散式系统工艺设计简单，现场安装调试容易，工期短，费用少。目前，日本、英国、美国、瑞典、法国等国正广泛推广分散式制冷系统。

2. 冷库土建技术方面

目前，单层冷库正向预制装配化发展，其承重结构多为薄壁型钢骨架，在现场只需用螺栓连接或铆接，砖石工程仅限于地基和混凝土地面。隔热以中间充填聚氨酯或聚苯乙烯隔热层，有预制和现场发泡两种，所以施工速度快，建设周期短，工程质量有保证。

3. 自动控制方面

冷库最重要的方面是采用电子计算机对制冷装置进行自动控制，如图 1—9 所示。现在新建的冷库都装有库温自动显示、记录和调节仪表，并实现了制冷设备的自动启停、蒸发器自动融霜等，尤其是一些大型冷库自动化程度较高。近年来，日本等国相继推出了新研制成功的带节能控制计算机控制系统的分体式制冷机组，它具有库温预测控制、最佳除霜控制、额定用电控制和制冷机优化控制等功能。据有关资料介绍，它与不装节能计算机的同类机组相比可节电 10%。制冷装置实现的自动控制包括：库房温度的自动调节和蒸发器冷却排管

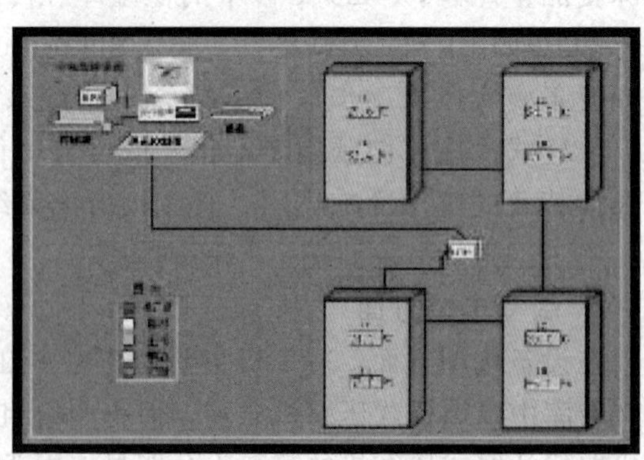

图 1—9 自动控制

的自动融霜、冷加工工艺流程的自动控制、制冷压缩机的启停和能量调节、辅助设备的自动控制、最佳工况的调节等。冷库采用自动控制技术后，不仅能节省人力，保证设备的安全运行，还能使装置合理运转，降低成本。据有关资料统计，实现自控与手控相比，可节能10%～15%。

4. 冷库储存温度方面

国际上对冷却间和冻结间的工艺要求向低温快速方向发展，冷却间温度一般采用−10 ℃，冻结间采用−35～−40 ℃，超低温冻结间为−48～−55 ℃，有的还采用液氮来冻结食品。自 20 世纪 80 年代后，日本的冻结物冷藏间基本都是−30 ℃，美国的库温为−23.3～−28.9 ℃。

近些年来，特种冷库在国外发展很快，其中气调库在水果库中已占三分之一。夹套式冷库也是一种发展较快的特种冷库。近年来，国外装配库发展也很快，比较著名的有美国BALLY 公司、日本轻金属株式会社、欧洲装配式冷库最大的制造商芬兰辉乐公司等。

二、国内冷库技术的发展现状

我国每年易腐食品的生产量高达 10 亿吨，其中相当部分必须依靠冷链物流保存，以保持其新鲜度和质量，因而作为冷链物流的主要环节——冷藏库，无论在库容量还是其他方面也都获得了长足的发展。国内冷库的发展现状主要表现在以下几个方面。

1. 国内冷库技术的发展

近几年来，我国冷库建设发展十分迅速，主要分布在各水果、蔬菜主产区以及大中城市郊区的蔬菜基地。据统计，全国现有冷冻冷藏能力已有 500 多万吨，其中外资、中外合资和私营冷库约占 50 万吨，国有冷库 450 多万吨，分属于内贸、农业、外贸和轻工系统，其中内贸系统冷库容量为 300 多万吨，占全国总量的 60%以上。我国商业系统拥有果蔬储藏库面积为 200 多万平方米，仓储能力为 130 多万吨，其中机械冷藏库 70 多万吨，普通库为 60 多万吨。果品蔬菜保鲜一般采用最低温度为−2 ℃的高温库，水产、肉食类保鲜采用温度在−18 ℃以下的低温库，而我国的储藏冷库大多数为高温库。大型冷库一般采用以氨为制冷剂的集中式制冷系统，冷却设备多为排管，系统复杂，实现自动化控制难度大。小型冷库一般采用以氟利昂为制冷剂的分散式或集中式制冷系统。在建造方面以土建式冷库偏多，自动化控制水平普遍较低。

装配式冷库近几年来有所发展。我国专业生产制冷设备及建造冷库的厂家很多，从高温库、低温库、冻结库到综合库；从全组装式冷库到土建结构内部贴板的混合式冷库；从普通冷库过渡到的多品种、多规格的气调冷库系列产品。此外，大连制冷设备厂、天津森罗科技发展有限责任公司等，其制冷设备在冷库行业领域中所占比例较大，天津森罗科技发展有限责任公司采用双面彩钢聚苯乙烯保温板建造的装配式冷库，在我国发展较快。

2. 我国冷库发展存在的问题

（1）部分冷库设计不尽规范，存在诸多安全隐患

国内很多冷库属于无证设计、安装，缺乏统一标准，缺乏特种设备安全技术档案现象较为普遍。操作人员未经专业培训无证上岗，管理人员安全意识淡薄。部分容积 500 m^3 以上以氨为制冷剂的土建食品冷库，其库址选择、地基处理、制冷设备安装等严重不符合《冷库设计规范》（GB 50072—2010）的要求，存在诸多安全隐患。许多冷库名为气调库却达不到

气调的目的，部分低温库一建成就面临停用或只能按高温库降级使用的局面。

（2）制冷系统维修措施不力，设施设备老化严重

制冷机的正常维修周期一般为运转 8 000～10 000 h 即应进行大维修；运转 3 000～4 000 h 进行中维修；运转 1 000 h 进行小维修。适时对制冷系统进行维修、保养，可以及早消除事故隐患。因为国内大多数冷库尤其是 20 世纪 90 年代以前所建冷库，设施设备陈旧、管道严重腐蚀、墙体脱落、地基下陷、压力容器不定期检验。普遍开开停停，带病运营现象十分严重。

（3）冷库节能措施未引起足够重视

冷库属于耗能大户。有数据表明：蒸发器内油膜增加 0.1 mm，会使蒸发温度下降 2.5 ℃，电耗增加 11%。冷凝器中若存在油膜、水垢，蒸发器外表结霜等均会导致蒸发温度下降，耗电增加。另外，低温库冻结间或速冻装置进货后压缩比小于 8 时，应先采用单级制冷压缩，当蒸发压力降下来后，其压缩比大于 8 时再改用双级压缩制冷方式，而许多低温冷库一开机就启用双级压缩机，使冷库能耗加大。

（4）自动化控制程度低迷

国外冷库的制冷装置广泛采用了自动控制技术，大多数冷库只有 1～3 名操作人员，许多冷库基本实现夜间无人值班。而我国冷库的制冷设备大多采用手动控制，或者仅对某一个制冷部件采用了局部自动控制技术，能对整个制冷系统做到完全自动控制的较少，货物进出、装卸等方面的自动化程度普遍较低。

（5）商业冷库价格竞争激烈

近几年随着冷库数量的增加，除部分食品生产企业、科研单位自备用于存放食品原料或用于科研试验的冷库外，商业冷库出租转让频繁，行业内低价竞争激烈，加之高温库和低温库比例失衡以及地理位置的差异，存储肉类及速冻食品的低温库供不应求，大量的高温库闲置待用，导致大多商业冷库经营企业经济效益普遍不佳。

3. 制冷新技术、新设备得到了广泛应用

冷库建设推动了社会制冷技术的进步，制冷新技术的应用又进一步促进了冷库的发展。

（1）制冷设备逐步更新换代

开启型活塞式制冷压缩机一统天下的局面已得到改变，由于螺杆式压缩机具有结构简单、运行可靠、能效比高、易损件少和操作调节方便等优点，它正逐步替代活塞式压缩机，占据着越来越大的市场份额。以节电、节水为主要特点的蒸发式冷凝器正在逐步推广应用。

（2）食品冻结技术的快速进步

随着我国食品结构和包装形式的变革，特别是小包装冷冻食品业的快速发展，食品冻结方式有了重大变革，从 20 世纪五六十年代起广为采用的间歇式、慢速的库房式和搁架式冻结间已改为采用快速、连续式冻结装置（隧道式、螺旋式、流态化等）为主。冻结室的温度已从－33～－35 ℃降至－40～－42 ℃，因而加快了冻结速度，提高了冻品的质量。

（3）制冷系统与供液方式逐趋多样化

以往，大中型冷库基本上都是采用集中式的液泵强制循环供液系统，近年来，对有多种蒸发温度要求的食品冷藏库，分散式的直接膨胀系统由于具有系统简单、施工周期短、易于自控等优点也得到了广泛应用。

（4）冷库制冷系统的自控技术应用

大、中型冷库基本上都实现了对库温、制冷系统压力、设备运行状态等的实时显示和自动记录，并设有较完善的安全保护装置。

（5）专业性冷藏库有了一定的发展

从 20 世纪 80 年代中期起，除了传统的冷却物冷藏库、冻结物冷藏库以外，我国各省市陆续兴建了一批专业性冷藏库，如变温库（多用途冷库）、气调库、立体自动化冷库、超低温冷库、粮食冷库、生物制品冷库和化工原料冷库等，这对于完善我国现代冷藏技术体系起到了促进作用。

技能训练　参观冷库

一、目的要求

通过参观访问，学生能加深对冷藏原理的理解，了解冷藏的特点、结构性能、储藏品种、储藏条件、管理技术和储藏效果，以及储藏中出现的问题，提高学生的实践操作技能，培养学生分析问题、解决问题的能力。

二、技能训练

1. 准备工作

（1）冷库

冷库是用人工制冷的方法对容易腐蚀的食品进行加工和储藏，以保持食品食用价值的建筑物。

（2）冷库的分类

1）按冷库容量规模一般分为大、中、小型冷库。

2）按冷藏设计温度分为高温和低温冷库。

3）按结构类别分为土建式冷库、组合板式冷库、覆土冷库、天然洞体冷库。

（3）冷库的构成

冷库由主体建筑和附属建筑两大部分构成。按照构成建筑物的用途不同，可以分为冷加工间及冷藏间、生产辅助用房、生活辅助用房和生产附属用房四大部分。

1）冷加工间及冷藏间

① 冷却间。用于对进库冷藏或需先经预冷后冻结的常温食品进行冷却或预冷。

② 冻结间。是用来将需要冻结的食品，由常温或冷却状态快速降至－15 ℃或－18 ℃。

③ 冷却物冷藏间。主要用于储藏鲜蛋、水果、蔬菜等食品。

④ 冻结物冷藏间。主要储藏经冻结加工过的食品。

⑤ 冰库。用于储存人造冰、解决需冰旺季和制冰能力不足的矛盾。

2）生产辅助用房

① 装卸站台。装卸货物用，分为公路站台和铁路站台两种。

② 穿堂。是运输作业和库房联系的通道，一般分为低温穿堂和常温穿堂。

③ 楼梯、电梯间。

④ 过磅间。是专供货物进出时工作人员司磅计数使用的房间。

3）生活辅助用房：主要有生产管理人员的办公室或者管理室、生产人员的工间休息室和更衣室。

4）生产附属用房：主要是指与冷库主体建筑有着密切联系的生产用房。

（4）冷库围护结构的隔热

冷库是依据所储存食物的冷加工工艺要求对食品进行冷却、冻结和储藏的，需在库房内形成适宜的低温环境。为尽量减少室外气温变化对库内温度的影响，隔热保温是冷库建筑中一项十分重要的措施。因此，冷库的外墙、屋面、地面等外围结构，以及有温差存在的相邻库房的隔墙、楼面等，都要做隔热处理。

1）冷库建筑隔热的意义。冷库围护结构设置隔热层，是为了减少通过外围结构的热量传递及有温差存在的相邻库房的传热，以减少制冷机设备的冷量负荷和能量的消耗，并满足食品冷加工和储藏工艺的要求。冷库围护结构隔热性能的好坏，直接影响冷库的使用管理及冷库的使用寿命。冷库建筑的隔热性能良好，可以确保食品冷加工和储藏工艺的温湿度条件，降低食品的干缩损耗，提高食品的冷加工储藏质量。如果冷库围护结构的隔热性差，不仅传入热量多，影响正常使用，而且一旦围护结构外侧的表面温度达到空气的露点温度时，空气中的水蒸气就会在围护结构表面上凝结成水或冻结成冰，损坏围护结构；同时还会造成由室外通过围护结构向室内扩散渗透的水蒸气在隔热层内聚集凝结，导致隔热层潮湿而失效。

冷库建筑的隔热层厚度，跟冷库的基建投资与经营费用有着密切的关系。一方面，冷库建筑的基建投资随着隔热层厚度的增加而增加；另一方面，随着隔热层厚度的增加，冷量消耗就少，制冷机设备容量就小，相应的设备费用及运行管理费用就可以降低，增加的土建投资往往可在短期内从减少食品干耗和节约的经营费用中得到补偿。所以，必须进行综合分析，选择经济耐用的隔热材料和合理的隔热层厚度。

可见，冷库设置厚度合适的隔热层，并采用隔热性能较好的隔热材料，既是确保库房温湿度的措施，以满足食品工艺的要求，保证储藏食品的质量，也与冷库的基建投资、经营费用，以及使用管理和冷库建筑的使用寿命有很密切的关系。

2）冷库建筑常用的隔热材料。冷库建筑所用的隔热材料，一般应符合下列要求：

① 隔热率小。这样所需要隔热层厚度可以变薄，能节省隔热材料的用量。

② 密度小。这样隔热结构质量小，一般隔热料密度小时，热导率也小。

③ 吸湿性小。一般要求隔热材料的吸湿性不大于5%，并不应因吸湿而降低隔热性能。

④ 耐火性能好。应不燃或者难燃。

⑤ 抗冻性能好。隔热材料在吸湿受冻后应不降低其机械强度，在周期性的冻融循环条件下应不失去其主要的物理性能。

⑥ 机械强度高。应有一定的抗压强度，尺寸稳定性好，沉陷性和体积冷收缩率要小。

⑦ 无毒无异味。以免污染所储藏的食物。

⑧ 经久耐用。其性能应不随时间而变，不生霉菌，不易腐烂。

⑨易于切割加工，施工简便。

2. 参观内容

（1）冷却设备

目前我国多数机械冷库主要是采用蒸气压缩式制冷方式调节库温。制冷原理可简述为：利用汽化温度较低的液态制冷剂的蒸发，吸收储藏环境中的热量，从而使库温下降。通过压缩机将汽化后的制冷剂吸回并加压，在冷凝器中制冷剂将吸收的热量传递给冷却介质，使自身温度得以降低、冷凝成液体，然后再进行蒸发吸热，如此循环即可实现连续制冷。制冷系统包括4个主要部分：压缩机、冷凝器、膨胀阀（节流阀）、蒸发器。整个制冷系统由循环管路连接，构成一个密闭的回路。压缩机把蒸发器内产生的低压低温气体吸回，再次压缩成为高温高压气体并送入冷凝器；冷凝器在一定的压力和温度下，把高温高压的气体液化成为常温高压液体；膨胀阀安装在储液器和蒸发器之间，是系统内高压区和低压区的一个分界点，其作用是将高压液体节流膨胀，变为低压液体，它也是调节和控制制冷剂流量的关卡；在蒸发器中，节流膨胀后的低压制冷剂从库房吸收热量并蒸发为气体，使库温降低，达到制冷的目的。

（2）冷库结构

小型冷库的承重结构一般为梁板式结构，而大型多层冷库多采用现浇钢筋混凝土无梁楼盖结构。冷库的围护墙体结构设计除满足强度和稳定性外，还应保持绝热层及隔气层的连续性，使之符合建筑热工要求。冷库的屋面结构受太阳直接照射的时间较长，受气温变化的影响，会膨胀或收缩变形，宜采用预制构件，使变形在构件之间进行调整，从而减小总变形。一般冷库与外界存在明显温差，需要采用保温隔热材料来阻止热量的传递。目前常用的保温隔热材料有聚氨酯（分板材和现场喷涂两种）、挤塑板、普通泡沫板等多种类型，其中尤以现场喷涂成型的聚氨酯效果最佳，导热系数低且连成整体无拼接缝。

（3）储藏物

储藏前处理入库的水果应当是洁净新鲜的，无明显的机械伤、无虫口、无任何可见的真菌或细菌侵染的病斑。产地入库时机械伤果不能超过13%；销地库入库时机械伤果不能超过10%。果实采收后应做必要的药物和其他处理，并迅速预冷降温，及时入库冷藏。

（4）产品堆码要求

距墙0.2～0.3 m，距冷风机不少于1.5 m，距顶0.5～0.6 m，垛间距离为0.3～0.5 m，库内通道宽1.2～1.8 m，垛底垫木（石）高0.1～0.15 m。

3. 参观总结

通过本次实习，学生对冷藏原理有了更加清晰的认识，对从制冷设备到冷库结构再到农产品储存前处理及储藏过程中冷库的管理有了更为直观的了解，在水果储前包装上，通过自己动手发现看似简单的技术，在实际操作中也会有一些技巧，如果眼高手低，就很难真正学到一些实用的东西。通过本次参观学习，不仅加深了学生对课本知识的理解，还提高了实践技能，为将来参加工作或者研究做了一个很好的铺垫。

4. 注意事项

（1）准备工作必须要充分，使用材料要符合要求。

（2）加热熔化沥青时要戴手套，防止烫伤手。同时一定要注意安全，防止沥青高温燃烧。

（3）施工时要严格按生产工艺施工。

（4）施工时要注意安全文明生产。

（5）训练时必须有教师在现场监护才可施工。

5. 成绩评定

评分标准见表1—5。

表1—5　　评分标准

项目内容	配分	评分标准		扣分	得分
准备工作	10	未按要求做好参观前的准备	扣5分		
参观过程	15	未了解冷库的分类及构成	扣10分		
	20	未正确理解冷藏原理	扣10分		
	20	未了解冷库的管理	扣10分		
	20	未熟悉农产品储藏前的处理	扣10分		
	15	未熟悉冷冻品储藏过程中的管理	扣10分		
安全与文明生产		违反安全文明生产规程	扣5～40分		
定额时间120 min		每超时10 min扣5分			
备注		除定额时间外，各项内容的最高扣分不应超过配分数		成绩	
开始时间			结束时间		

第二章　冷库制冷设备

根据不同的制冷方法，冷库使用不同的制冷设备，目前应用最广泛的制冷方法是蒸气压缩制冷，使用的主要设备有制冷压缩机、冷凝器、蒸发器和节流阀等。

§2—1　制冷压缩机

制冷压缩机是冷库制冷系统的主要组成部分之一，其作用是将蒸发器产生的低压过热制冷剂干蒸气压缩成高温高压的制冷剂蒸气，为制冷剂在制冷系统中循环流动，实现制冷目的而提供动力。

一、制冷压缩机的类型

目前制冷产品所使用的制冷压缩机按工作原理不同可分为两大类，即容积型和速度型。如图 2—1 所示为制冷压缩机的分类。

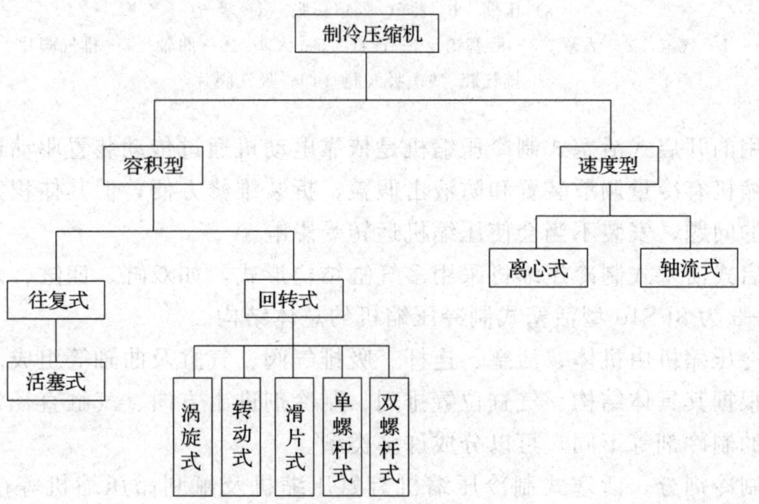

图 2—1　制冷压缩机的分类

容积型制冷压缩机是将一定容积的气体吸入气缸中，继而在气缸中气体容积被强制缩小，压力升高，当达到一定压力时气体便被强制从气缸中排出。容积型制冷压缩机的吸排气过程是间歇进行的，其流动非连续稳定。容积型制冷压缩机按照压缩机的运动部件特点不同可分为往复式和回转式。目前市场上往复式制冷压缩机只有活塞式制冷压缩机一种；而回转式制冷压缩机可分为转动式、滑片式、单螺杆式、双螺杆式以及涡旋式。

速度型制冷压缩机是利用气体压力的增大由气体的速度转化而来，即先使吸入的气流获得一定的高速，然后再使之缓慢降下来，转化为气体的压力升高，而后排出。速度型制冷压缩机中的压缩流程可连续进行，其流动是稳定的。速度型制冷压缩机按照结构特点不同可分为离心式制冷压缩机和轴流式制冷压缩机。

二、活塞式制冷压缩机

活塞式制冷压缩机利用活塞在气缸内的运动，来实现制冷压缩机吸气、压缩、排气等过程（见图 2—2）。其特点是制冷量大，工艺比较成熟，有较大的工作压力范围，工况适应性较强，额定转速一般较低，输气有脉动，运转有一定的振动，且结构较复杂，易损件多，维修周期短，运行时有一定的噪声。活塞式制冷压缩机在中小型冷库制冷中占主导地位。

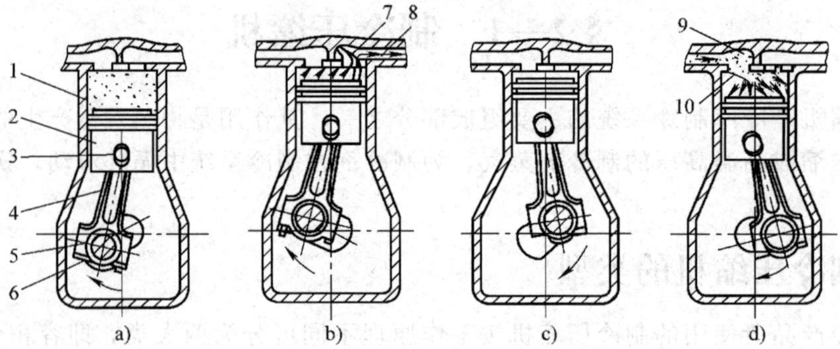

图 2—2 活塞式制冷压缩机的工作原理

a）压缩 b）排气 c）膨胀 d）吸气

1—气缸 2—活塞 3—活塞销 4—连杆 5—大头 6—曲轴 7—排气阀片 8—排气腔 9—吸气腔 10—吸气阀片

冷库中使用的开启式活塞式制冷压缩机是依靠电动机通过传动装置驱动运转的。开启式活塞式制冷压缩机有冷量调节装置和防液击假盖，拆装维修方便，但其体积大，噪声大，有轴封密封不严的问题，安装不当会使压缩机运转受影响。

冷库用开启式活塞式制冷压缩机采用多气缸结构形式，如双缸、四缸、六缸、八缸等结构形式。图 2—3 为 8FS10 型活塞式制冷压缩机的总体结构。

活塞式制冷压缩机由机体、活塞、连杆、吸排气阀、气缸及曲轴等组成。实际上，活塞式制冷压缩机根据其具体结构、气缸位置排列、制冷剂进出方向、气缸直径、气缸数量、压缩级数及采用的制冷剂等不同，可以分成许多类型。

按采用的制冷剂分，活塞式制冷压缩机有氨压缩机及氟利昂压缩机等；按压缩机级数分，活塞式制冷压缩机有单级、双级和多级压缩机；按活塞作用方式分，活塞式制冷压缩机有卧式、立式压缩机及 V 形、W 形和 S 形压缩机；按压缩机气密结构特征来分，活塞式制冷压缩机可分为开启式、半封闭式和全封闭式等。每一种压缩机都以一定的符号表示，也称为压缩机的型号，它包括压缩机的气缸数、采用的制冷剂、气缸直径及气缸布置的排列形式等方面的内容。例如，8FS10 型压缩机即为 8 缸，氟利昂制冷剂，气缸呈扇形布置，缸径为 100 mm。

压缩机的工作过程用如图 2—4 所示的 P—V 图来表示。纵坐标表示压力 P，横坐标表示活塞在气缸中移动时形成的容积 V。在图中，4→1 表示吸气过程，活塞从上止点开始向

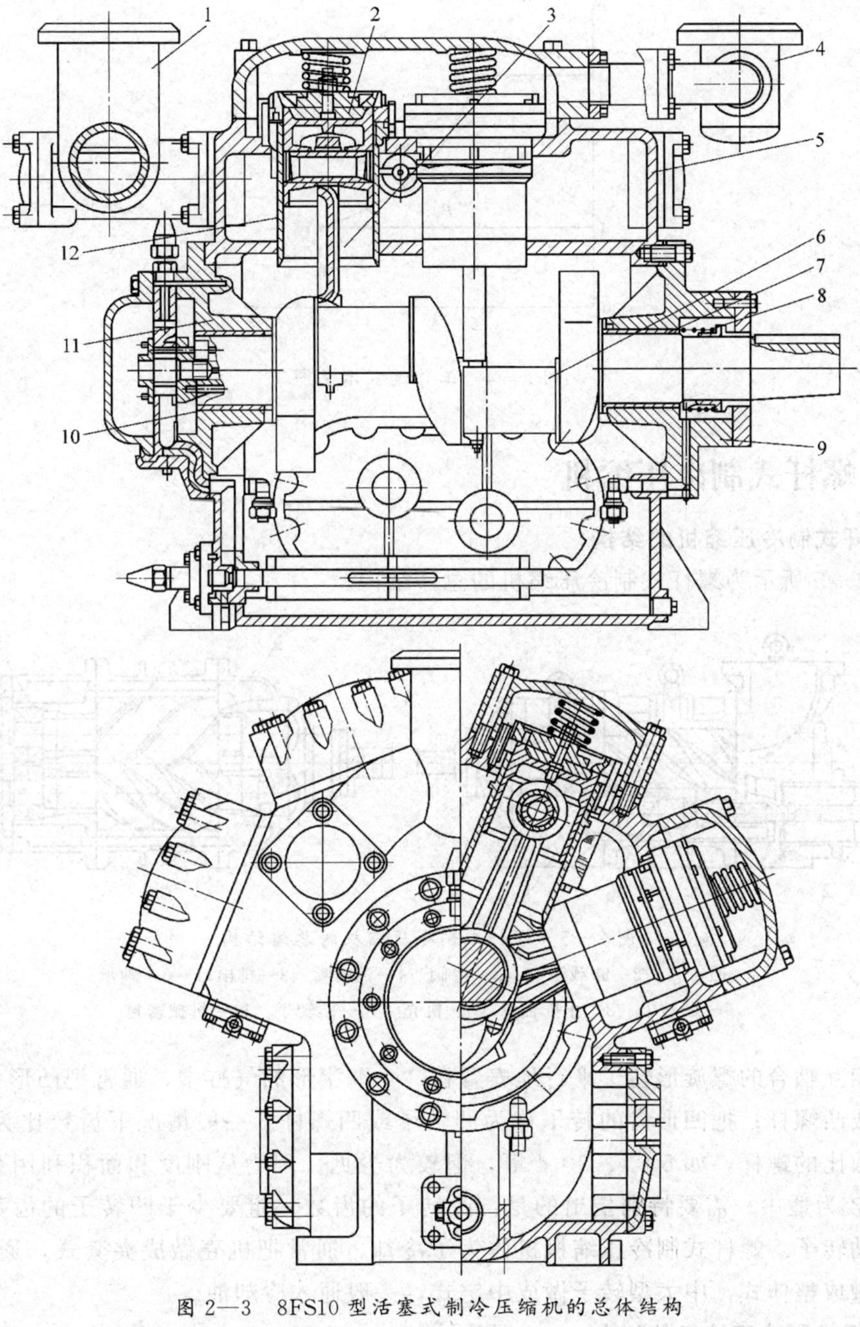

图 2—3　8FS10 型活塞式制冷压缩机的总体结构

1—吸气管　2—假盖　3—连杆　4—排气管　5—气缸　6—曲轴

7—前轴承　8—轴封　9—前轴承盖　10—后轴承　11—后轴承盖　12—活塞

下止点移动，排气阀（片）关闭，吸气阀（片）打开，在压力 P_1 下吸入制冷剂气体；1→2 表示压缩过程，活塞从下止点向上止点移动，制冷剂从压力 P_1 绝热压缩到 P_2，此过程吸、排气阀均关闭；2→3 表示排气过程，活塞向上止点运动至 2 位置时排气阀打开，在压力 P_2 下把制冷剂排出气缸。至此，完成一个工作循环。

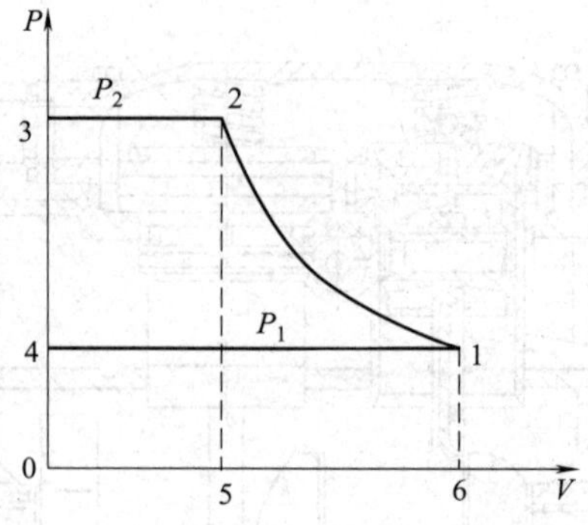

图 2—4　工作过程示意图

三、螺杆式制冷压缩机

1. 螺杆式制冷压缩机的结构

如图 2—5 所示为螺杆式制冷压缩机的总体结构。

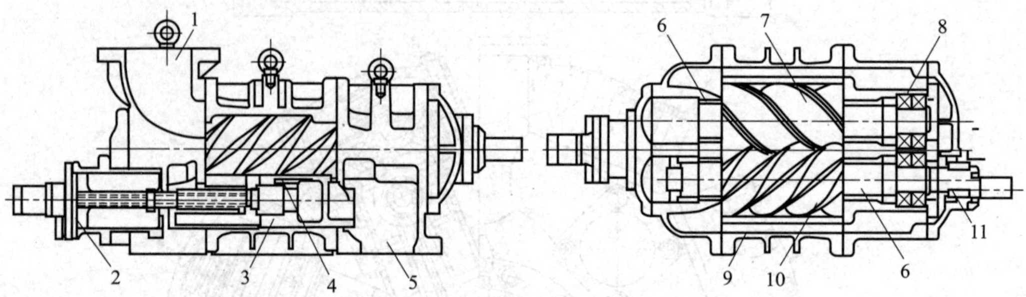

图 2—5　螺杆式制冷压缩机的总体结构

1—吸入口　2—卸载活塞　3—滑阀　4—油喷嘴　5—排出口　6—轴承
7—凹转子　8—止推轴承　9—机壳　10—凸转子　11—机械密封

一对相互啮合的螺旋形转子平行地安置在“∞”字形的气缸中，通常把凸形齿的转子称为凸转子或凸螺杆；把凹形齿的转子称为凹转子或凹螺杆。一般情况下齿数比为 4∶6，也有其他齿数比的螺杆，如 5∶7、3∶4 等，但较为少见。因为从刚度和面积利用系数方面考虑，4∶6 较为适中。需要特别指出的是：凸转子的齿数一定要少于凹转子的齿数，而且凸转子为主动转子。螺杆式制冷压缩机机体为了冷却，通常把机壳做成夹套式，通入冷却水。小型转子做成整体式，中大型转子做成中空式，一般通入冷却油。

2. 螺杆式制冷压缩机的特点

（1）螺杆式制冷压缩机的优点

1）与活塞式制冷压缩机相比，螺杆式制冷压缩机具有转速高，质量轻，体积小，占地面积小以及排气脉动低等一系列优点。

2）螺杆式制冷压缩机没有往复惯性力，动力平衡性能好，运转平稳，机座振动小，基础可做得较小。

3）螺杆式制冷压缩机的结构简单，机件数量少，没有气阀、活塞环等易损件，它的主要摩擦件如转子、轴承等，强度和耐磨程度都比较高，而且润滑条件良好，因而机械加工量少，材料消耗低，运行周期长，使用比较可靠，维修简单，有利于实现操纵自动化。

4）螺杆式制冷压缩机具有强制输气的特点，即排气量几乎不受排气压力的影响，在小排气量时不发生喘振现象，在宽广的工况范围内仍可保持较高的效率。

5）采用了滑阀调节，可实现能量无级调节。

6）螺杆式制冷压缩机对进液不敏感，可以采用喷油冷却，故在相同的压力比下，排气温度比活塞式制冷压缩机低得多，因此单级压力比高。

7）没有余隙容积，因而容积效率高。

（2）螺杆式制冷压缩机的缺点

1）制冷剂气体周期性地高速通过吸、排气孔口，以及通过缝隙有泄漏等原因，使压缩机有很大噪声，需要采用消声减噪措施。

2）螺旋形转子空间曲面的加工精度要求高，需要专用设备和刀具来加工。

3）由于间隙密封和转子刚度等的限制，目前螺杆式制冷压缩机还不能像往复活塞式制冷压缩机那样达到较高的终了压力。

由于螺杆式制冷压缩机具有以上特点，近年来发展迅速，在冷藏运输、大中型制冷和空调装置中得到日益广泛的运用。

3. 螺杆式制冷压缩机的工作原理

（1）吸气过程

初时气体经吸气孔口分别进入凸凹螺杆的齿间容积，随着转子的回转，这两个齿间容积各自不断扩大。当这两个容积达到最大值时，齿间容积与吸气孔口断开，吸气过程结束。需要指出的是，此时，凸凹螺杆的齿间容积彼此连通。

（2）压缩过程

转子继续回转，在凸凹螺杆齿间容积连通之前，凸螺杆齿间容积中的气体受凹螺杆齿的侵入气影响进行压缩。经某一转角后，凸凹螺杆齿间容积连通（将此连通的凸凹螺杆齿间容积称作齿间容积对）。呈V字形齿间容积时，因齿的互相挤入，其容积逐渐减小，实现气体压缩过程，直到该齿间容积对与排气孔口相连通时为止。

（3）排气过程

在齿间容积对与排气孔口连通后，排气过程即开始，由于转子回转时容积的不断缩小，将压缩后具有一定压力的气体送至排气接管，此过程一直延续到该容积到达最小值为止。

四、涡旋压缩机

涡旋压缩机属于容积型压缩机，压缩部件主要由动涡旋盘和静涡旋盘组成，利用动、静涡旋盘的相对运动形成封闭容积的连续变化，实现压缩气体的目的。涡旋压缩机主要用于小型冷库、空调、汽车发动机增压器和真空泵等场合中，可在很大范围内取代传统的中、小型往复式压缩机。

1. 涡旋压缩机的基本结构

涡旋压缩机的基本结构包括动静涡旋盘、曲轴、机座、防自转机构，由动静两个涡旋盘相错180°对置而成，它们在几条直线（在横截面上为几个点）上接触并形成一系列月牙形容积，动涡旋盘由一个偏心距很小的曲柄轴驱动，绕静涡旋盘平动，两者间的相对位置靠安装在动涡旋盘与固定部件间的十字滑环保证。涡旋压缩机的结构如图 2—6 所示。

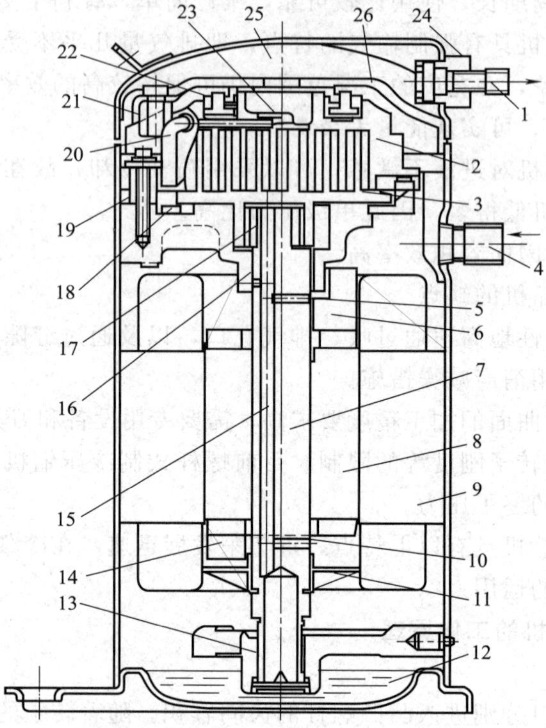

图 2—6　涡旋压缩机的结构

1—排气管　2—动涡旋盘　3—静涡旋盘　4—吸气管　5—油孔　6—上平衡块　7—偏心轴　8—电动机转子　9—电动机定子　10—油孔　11—甩油盘　12—润滑油池　13—下主轴承　14—下平衡块　15—润滑油道　16—上主轴承　17—游动衬套　18—十字连接环　19—轴向柔性导销　20—气体旁通管　21—中间压力卸荷阀　22—浮动密封　23—双金属温控片　24—止回阀　25—排气腔　26—高低压分隔罩

2. 涡旋压缩机的类型

涡旋压缩机采用氟利昂工质，主要用于汽车空调、家用及商用热泵型空调中。

（1）立式全封闭型涡旋压缩机

如图 2—7 所示为立式全封闭型涡旋压缩机，其特点如下：

1）吸气后直接冷却电动机。

2）润滑系统由油泵供油，通过偏心油道和曲轴上的径向供油孔分配到润滑部位。

3）底部设有挡油板，以防止压缩机启动时油起泡，油雾大量进入压缩室。

4）采用低压机壳。

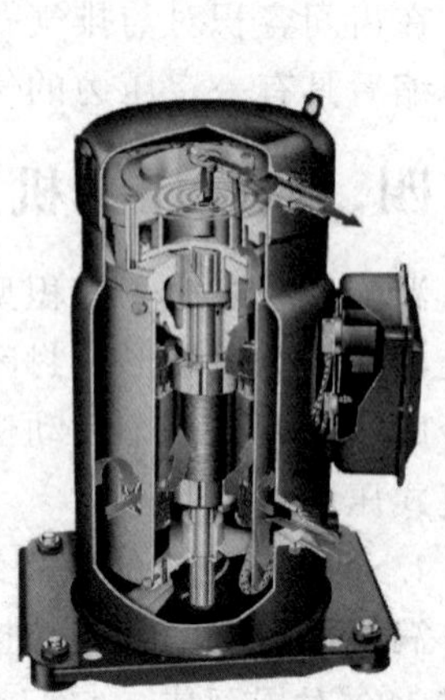

图 2—7　立式全封闭型涡旋压缩机

（2）卧式全封闭型涡旋压缩机

如图 2—8 所示为卧式全封闭型涡旋压缩机，其特点如下：

1）适用于高度受到限制的压缩机。

2）采用摆线形转子油压泵供油。

3）装有两个排油抑制器，以分离油雾。

4）采用主、副轴承对主轴进行支撑。

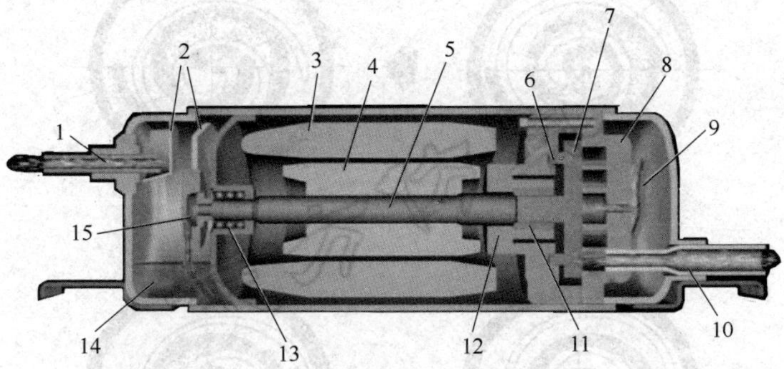

图 2—8 卧式全封闭型涡旋压缩机

1—排气管 2—排油抑制器 3—定子 4—转子 5—曲轴 6—轴向柔性密封 7—动涡旋盘 8—静涡旋盘 9—排气阀 10—吸气管 11—径向柔性密封 12—主轴承 13—副轴承 14—润滑油 15—摆线形转子液压泵

（3）涡旋压缩机的特点

1）效率高。吸气、压缩、排气连续单向进行，由于直接吸气，因而吸入气体的有害过热小；没有余隙容积中气体的膨胀过程，容积效率高（高达 95%）；两相邻压缩腔中的压差小，气体泄漏少；动涡旋盘上所有接触曲线转动半径小，运动速度低，摩擦损失小；无吸气阀，也可不设置排气阀，气流的流动损失小；涡旋压缩机的效率比往复式压缩机约高 10%。

2）力矩变化小，振动小，噪声小。压缩过程较慢，可同时进行两三个压缩过程，机器运转平稳，且曲轴转动力矩变化小，其转矩为滚动转子式压缩机和往复式压缩机的 1/10；气体基本连续流动，吸、排气压力脉动小，因而振动、噪声小。

3）结构简单，体积小，质量轻，可靠性高。构成压缩室的零件数与滚动转子式压缩机及往复式压缩机之比为 1∶3∶7，其体积比往复式压缩机小 40%，质量轻 15%；没有吸、排气阀，易损件少；有轴向、径向间隙可调的柔性机构，能避免液击，可靠性高；由于采用气体支撑机构，故允许带液压缩，一旦压缩腔内压力过高，可使动涡旋盘与静涡旋盘端面脱离，压力立即得到释放。在高转速下运行可保持高效率和高可靠性，其最高转速可达 13 000 r/min。

3. 涡旋压缩机的工作过程

涡旋压缩机仅有进气、压缩、排气三个工作过程。静涡旋盘最外侧开有吸气孔，其顶部端面中心开有排气孔。制冷剂气体从吸气孔进入动、静涡旋盘间最外圈的月牙形空间，随着动涡旋盘的运动，气体被逐渐推向中心空间，其容积不断缩小，压力不断升高，直至与中心排气孔相通，高压气体被排出压缩机。其工作过程如图 2—9 所示。

涡旋圈数为三圈，曲轴旋转三周，涡旋体外圈分别开启和闭合三次，完成三次吸气过程、一次压缩及排气过程，即每当最外圈形成两个封闭的月牙形空间并开始向中心推移成为内工作腔时，另一个新的吸气过程同时开始形成。

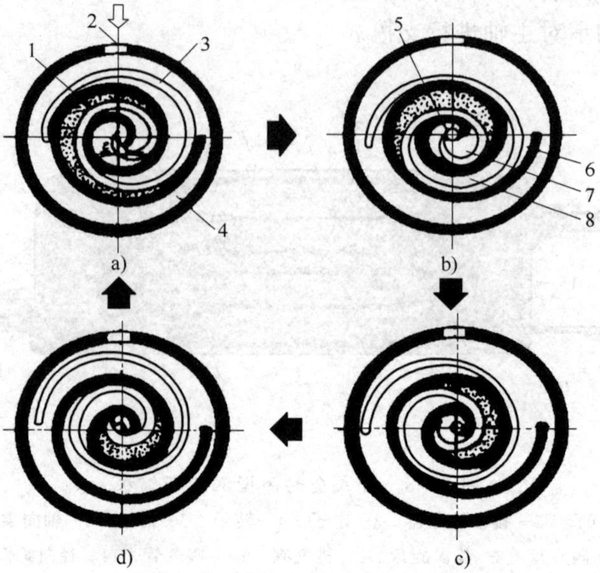

图 2—9　涡旋压缩机的工作过程

a）0°位置　b）90°位置　c）180°位置　d）270°位置

1—压缩室　2—进气口　3—动涡旋盘　4—静涡旋盘　5—排气口

6—吸气室　7—排气室　8—压缩室

不同的涡旋圈数，其压缩过程的转角不同。涡旋圈数越多，转角越大，吸气、压缩、排气等过程同时和相继在不同的月牙形空间中进行。外侧空间与吸气口相通，始终进行吸气过程；中心部位空间与排气孔相通，始终进行排气过程；中间月牙形空间一直进行压缩过程。

五、制冷压缩机的拆卸与装配

制冷压缩机的型号不同，其拆卸的具体步骤和工艺也不尽相同，但拆卸的基本方法是相同的。

1. 拆卸制冷压缩机的基本要求

（1）拆卸部件应有计划按顺序进行。一般由上到下、由外及里拆下各个部件，再将部件分别拆卸成零件；拆卸配合零件时，一般要垫铜管或木料，以免损坏零件表面。

（2）当零件不易拆卸时，应查明其原因后进行拆卸，以免损坏零件。

（3）拆下零件后，必须记下零部件的原有位置和方向等。形状和尺寸相同的零件，在拆卸前应做好标记或编上号码，以免组装时出现装反或装错现象。

（4）拆卸的零件清洗后，应用机油封存或浸泡在冷冻机油内，以防杂质侵入。

（5）零件应按编号分类保管，有顺序地存在专用支架和工作台上，不要乱放乱堆，以免损伤或丢失。

（6）拆下的管道、管件经清洗后，需及时包扎、封口，以防杂质侵入。

（7）开口销或锁紧钢片是一次性零件，为保证安全，严禁重复使用。

（8）体积小的零件拆卸后，要及时清洗、保存，或安装在原来的部件上，以防丢失。

2. 拆卸制冷压缩机的步骤

在拆下压缩机之前，应将曲轴箱内的制冷剂排入高压区内（在压缩机能运转时），并关闭吸、排气阀和油分离器的回油阀门。然后给整个设备断电，拆下保护元件和压力表，放掉曲轴箱内的制冷剂和机油，拆下地脚螺钉。

（1）拆卸开启式压缩机的联轴器

先将联轴器压板和连接螺栓、螺母拆下，移开电动机及电动机侧联轴器，从电动机上拉出联轴器，取下平键；拆下压缩机联轴器挡圈和塞销，从曲轴上拉出半联轴器并取下半圆键。

（2）拆卸气缸盖

先拆下气缸盖的短螺栓，再留下两个长螺栓，缓缓同步旋出长螺栓，让弹簧逐渐顶起气缸盖。缸盖升起 2～4 mm 时，观察气缸体、气缸盖之间的密封垫片的分离情况，用薄刀片将密封垫片铲到一侧。有的气缸盖被垫片上的密封胶粘住，不能弹起，可用旋具从密封面轻轻撬入。注意此时的螺栓不要松得过多，以防止气缸盖突然弹起，造成事故。将螺栓均匀地卸下，取下缸盖和假盖弹簧。对于没有假盖的小型压缩机，拆下气缸盖的连接螺栓后，用木锤振松气缸盖，就可以取下气缸盖。

（3）拆卸阀板组

取下气缸盖后，先拆下排气阀组，再取下吸气阀片弹簧、吸气阀片。拆下的零部件要根据顺序编号，以便于检测和组装。

（4）拆卸曲轴箱侧盖

拆下侧盖螺栓，即可把前、后侧盖取下。若侧盖和垫片粘牢，可用薄錾子将密封面轻轻剔开，但不能损坏密封面。有能量调节装置的压缩机，其前侧盖安置的是油分配阀。先拆下后侧盖，再拆下油分配阀的油管接头和手柄，之后将前侧盖取下。

（5）拆卸压缩机的端盖和底盖

拆卸压缩机的端盖和底盖时，应先拆下轴封器端盖及组件和后端盖，再拆下前端盖和底盖。

（6）拆卸活塞连杆部件

先将曲轴旋转到适当的位置，用钳子取出连杆大头开口销或锁紧钢片，拆掉连杆螺母，取下连杆大头盖。

（7）拆卸油三通阀与油过滤器

先拧下法兰三通阀与油泵体的连接接头和油管，再拆下油三通阀，取出油过滤器。

（8）拆卸油泵

先拆下油泵端盖，再拆下油泵转子（或齿轮）、传动块等零件。

（9）拆卸吸气过滤器

先拧下法兰螺栓，分别取下法兰、弹簧和过滤器。

3. 装配制冷压缩机的基本要求

制冷压缩机的型号不同，其装配的具体步骤和工艺也不尽相同，但装配的基本方法是相同的。压缩机零部件经过修理或更换后即可进行装配，一般的装配工艺要求是：

（1）零配件清洗干燥和涂油。

（2）零配件连接处检查（如油路、油孔及螺孔等连接处）。

（3）零件安装位置的核对。

（4）个别零配件的调整、修整（如刮研轴瓦）。

（5）零部件相互位置的固定及预紧。

（6）个别机构的调整与测试（如卸载装置的动作、轴封器密封测试）。

（7）整机的检查与测试。

六、2F10 制冷压缩机的装配工艺

2F10 制冷压缩机是小型冷库中常用的活塞式压缩机，具有一定的代表性。这里以 2F10 制冷压缩机为例，介绍活塞式压缩机的装配工艺。

1. 曲轴箱部件的装配

曲轴箱部件的装配如图 2—10 所示。

（1）将支撑螺钉 1 旋入滤油器 3 中，再将其放入曲轴箱 11 底部的储油槽内，把支撑螺钉 1 与油泵的吸油管头接好拧紧。

（2）安装曲轴箱 11 侧面的玻璃视油镜 8，装配时要注意垫圈 7、9 的厚度不能随意改变，否则容易造成漏油或压碎玻璃视油镜。

（3）后主轴承装配如图 2—11 所示，应把后主轴承 7 装入后盖 5 的轴承座孔内，轻轻转动后主轴承 7，使定位销 6 对准定位销孔，使后盖端面贴上密封垫片 8，再将其推入曲轴箱的后盖孔内，对正位置后拧紧螺栓，使之固定在机体上。之后安装进油管接头 1、油压调节阀芯 2 及螺塞 4。

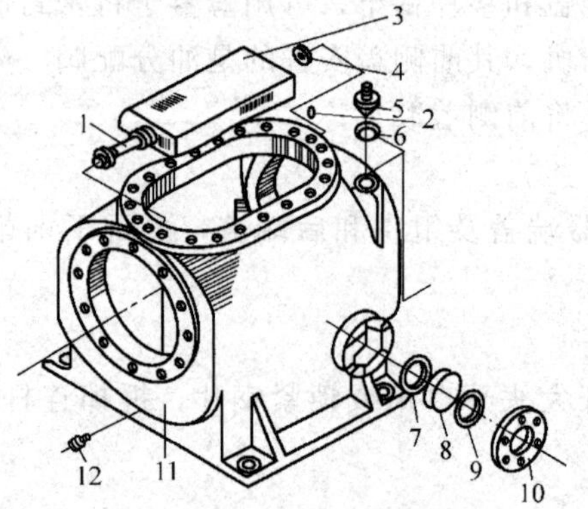

图 2—10 曲轴箱部件的装配

1—支撑螺钉 2—定位销 3—滤油器 4、6、7、9—垫圈 5—回油嘴 8—玻璃视油镜 10—视油孔 11—曲轴箱 12—泄油螺塞

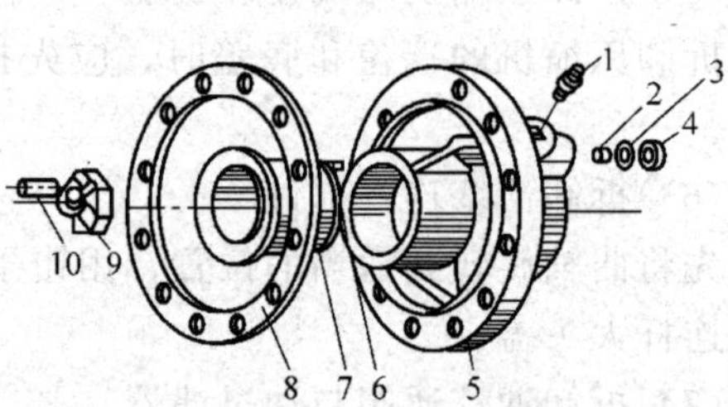

图 2—11 后主轴承装配

1—进油管接头 2—油压调节阀芯 3—垫圈 4—螺塞 5—后盖 6—定位销 7—后主轴承 8—密封垫片 9—油泵传动块 10—传动销

（4）前主轴承装配（见图 2—12）时，应把前主轴承 4 装入前盖 1 的轴承座孔内，轻轻转动前主轴承 4，使定位销 3 对准定位销孔，以防后主轴承转动，把密封垫片贴在前盖端面上，托着前盖，使主轴颈进入前主轴承 4，然后把前盖、密封垫片贴在曲轴箱的前盖孔上，对正位置后均匀拧紧螺栓，使之固定在机体上，此时转动曲轴应感到轻松、灵活、无卡

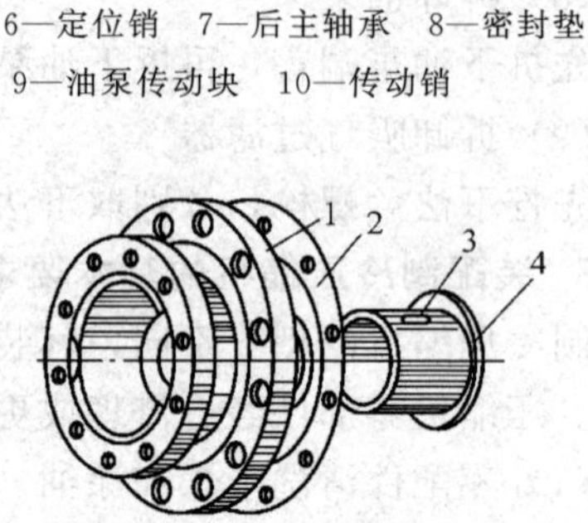

图 2—12 前主轴承装配

1—前盖 2—密封垫片 3—定位销 4—前主轴承

涩现象，也无轴向窜动。

2. 活塞连杆组件的装配

如图 2—13 所示为活塞连杆组件装配，将连杆小头衬套 5 压入连杆小头中，要使衬套内油槽与连杆体 8 的中心线相交呈 45°角，使油槽避开承载区，以保证衬套和活塞销之间的润滑油量充足。

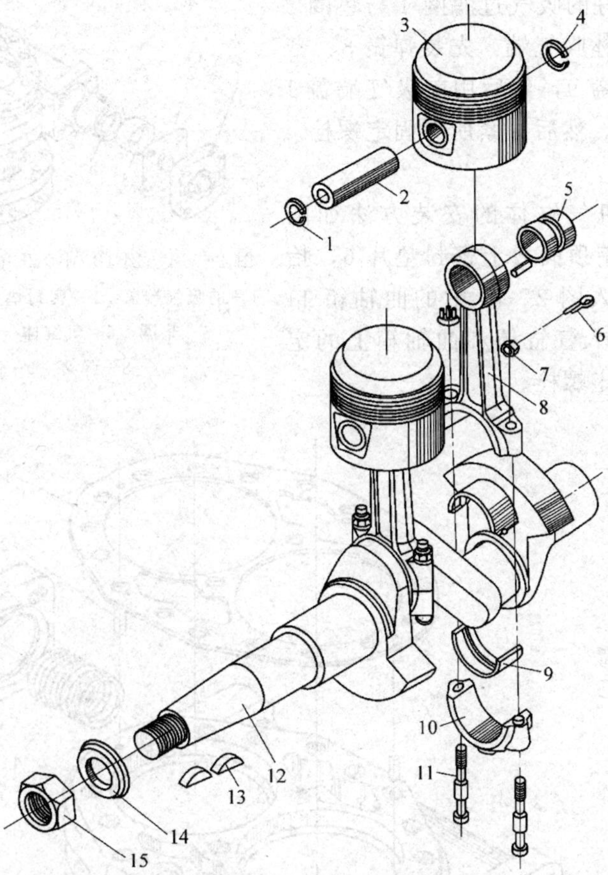

图 2—13　活塞连杆组件装配

1、4—弹性挡圈　2—活塞销　3—活塞　5—连杆小头衬套　6—开口销　7—连杆螺母　8—连杆体　9—连杆大头轴瓦　10—连杆大头盖　11—连杆螺栓　12—曲轴　13—半圆键　14—垫圈　15—曲轴螺母

（1）连接活塞与连杆

先把连杆小头伸入活塞的内部，使衬套对准活塞销孔，然后给活塞销涂抹冷冻油，再将其压入衬套内，装上活塞销两端的弹簧挡圈，挡圈应全部进入活塞销座孔的环槽中，并与活塞销端面贴平。要求装配后活塞销能在衬套内转动，但不允许有晃动。

（2）将油环、气环依次套入活塞环槽中

安装活塞环可借助活塞环装卸套，也可用布条拉住搭口两端，张大环口间隙，再套入活塞环槽上。活塞环搭口应错开 120°角，油环 15° 的斜面应向上。

（3）装配连杆大头

装配连杆大头时，应将活塞连杆组件提起，并把连杆大头轴瓦的上半部分套入曲轴连杆轴颈上，合上大头盖，穿上螺栓，装上锁片，拧紧螺母。转动曲轴应灵活自如，大头轴瓦应在曲轴连杆轴颈上能滑动，但无明显余量，然后撬起锁片，或装上开口销，以防螺栓松动。

3. 吸气过滤网的安装

2F10 制冷压缩机吸气过滤网的安装如图 2—14 所示，将清洗好的吸气过滤网 4 与垫圈 5 装配好后，装到气缸体吸气端，先装弹簧 8、密封垫片 2 和吸气后端盖 9，然后用前吸气端盖 1 将过滤网的套筒压紧，然后拧紧所有固定螺栓。

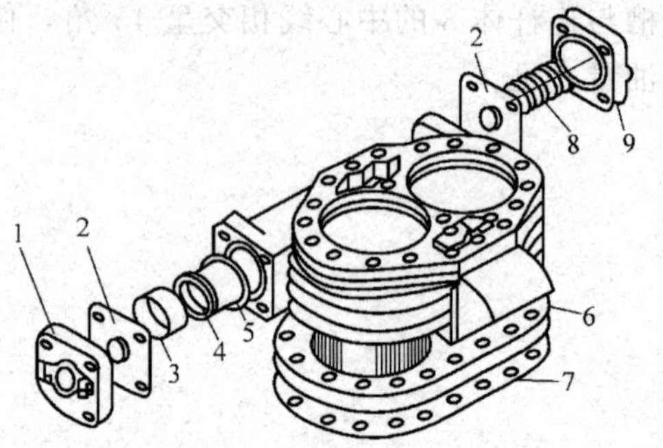

图 2—14　2F10 制冷压缩机吸气过滤网的安装

1—前吸气端盖　2—密封垫片　3—套筒　4—过滤网　5—垫圈　6—气缸体　7—曲轴箱密封垫片　8—弹簧　9—吸气后端盖

4. 气缸体的安装

2F10 制冷压缩机气缸体的安装方法如图 2—15 所示。在曲轴箱顶面放上密封垫片 6，抬起气缸体 5，慢慢落入图 2—10 中的曲轴箱 11 的顶面。把定位销插入气缸体和曲轴箱上的定位销孔，拧紧所有固定螺栓。

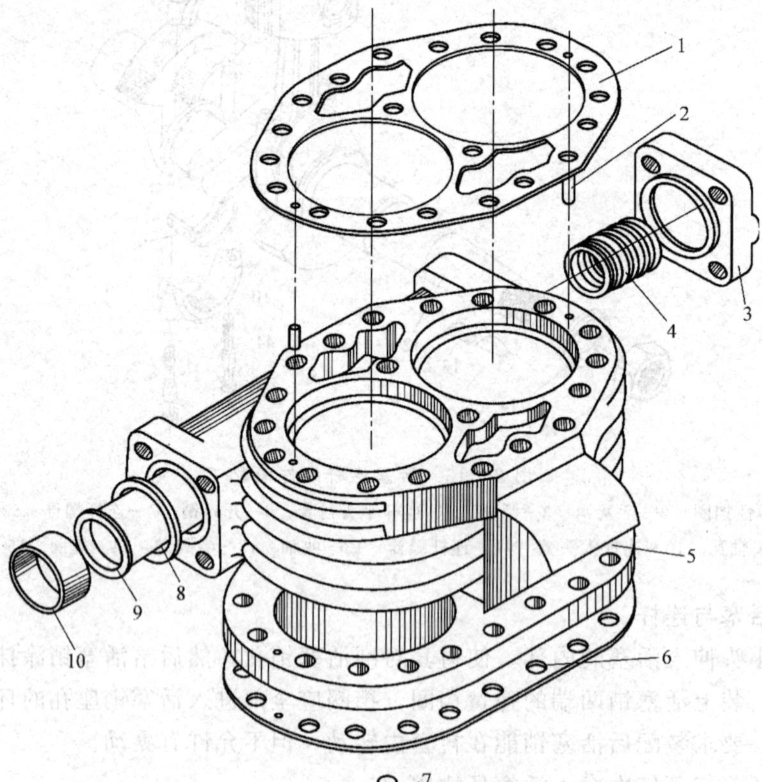

图 2—15　2F10 气缸体装配图

1—气缸头垫片　2—定位销　3—端盖　4—弹簧　5—气缸体　6—曲轴箱密封垫片　7—回油器　8—垫圈　9—过滤网　10—套筒

5. **气缸体与活塞连杆组、曲轴、气缸的总装程序**

(1) 在安装气缸套之前，先将活塞环搭口错开 120°。

(2) 把活塞从气缸套下口推入气缸内（气缸下口有一导向锥面，活塞环很容易进入气缸）。

(3) 把两个带吊环的螺栓旋入气缸套顶端螺孔内，把一个旋入活塞顶端螺孔内，并在吊环内穿入钢杆作为提把。

(4) 提起连杆、活塞、缸套组合件，装入机体的气缸孔内，使气缸套定位销对准定位槽，使转动环凹槽对准拉杆凸圆。

(5) 缓缓推下连杆活塞组，盘动曲轴使连杆大头对准连杆轴颈。

(6) 在连杆轴颈与连杆大头孔之间装入上连杆瓦，使瓦背上的凸台扣入连杆大头孔上的凹槽内，再盘动曲轴使其接触严密。

(7) 穿入连杆螺栓，合上带下瓦的大头盖，旋上、拧紧螺母。

(8) 转动曲轴，检查、调整气缸余隙及各运动部件的配合情况。装上开口销，其余各缸的装配可参照上述过程。

(9) 对于油缸－拉杆式卸载机构，应进行拉杆动作试验。可用螺钉逐个顶动油缸活塞，观察顶杆升降状况，比顶杆高度。若顶杆升降灵活、高度一致，说明卸载机构装配合格。

(10) 在各气缸套端面装配气阀（或假盖及假盖弹簧）、密封垫片、气缸盖，旋上并拧紧气缸盖螺栓。

6. **阀板组及气缸盖的安装**

如图 2—16 所示，在气缸体上垫上密封垫片 4，将阀板组 3 压在密封垫片 4 上，在阀板组上放置气缸盖密封垫片 2（注意分清密封垫片方向，不可装错，同时检查上下垫片阀板组安装孔和气缸体螺孔是否错位），在气缸盖密封垫片 2 上盖上气缸盖 1，旋上缸盖螺栓并全部旋紧。

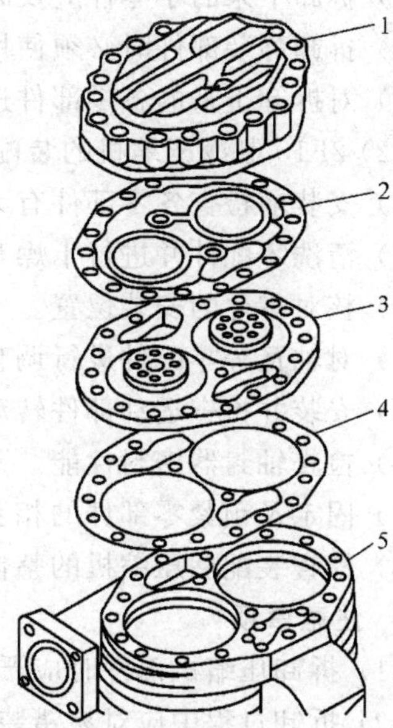

图 2—16　阀板组及气缸盖的安装

1—气缸盖　2—气缸盖密封垫片　3—阀板组　4—气缸体密封垫片　5—气缸体

7. **密封性试验**

制冷压缩机检修后，需进行各种试验，合格后方可投入运行。首先要进行的是密封性试验。先给压缩机充入 1 MPa 氮气，然后把压缩机没入水池中。经 5 min 后水面上无气泡出现可认为合格。对体积大的压缩机或无水池时可用涂抹洗涤剂的方法检漏。

技能训练 1　2F10 制冷压缩机拆装训练

1. **目的要求**

掌握 2F10 制冷压缩机的拆装技术。

2. **工具仪表及材料**

(1) 工具

套筒扳手 10# ～23# 一套，30 mm×250 mm 及 36 mm×300 mm 活扳手各一把，钢

丝钳一把，尖嘴钳一把，8#～10#、12#～14#呆扳手各一把，80 mm×80 mm油盘一个，小铁盒一个，ϕ20 mm紫铜锤一把，小铁锤一把，木锤一把，一字、十字旋具各一把，机油200 g。

（2）量具

50 mm千分尺、200 mm游标卡尺各一把。

（3）材料

2F10制冷压缩机一台。

3. 拆装训练

（1）2F10制冷压缩机的拆卸步骤及工艺要求

1）检查工、量具。

2）拆卸前应将压缩机曲轴箱内的机油放尽。

3）拆卸2F10制冷压缩机时，必须按拆卸工艺要求，按顺序由上到下、由外到里拆下各个部件，再将部件分别拆卸成零件。

4）拆卸下来的小零件应及时进行清洗和干燥处理，并妥善保管，防止小零件丢失。

5）拆卸静装部件时必须使用木锤或紫铜锤，以防止静装部件损坏。

6）对拆卸下来的各零部件进行检测，并记录。

（2）2F10制冷压缩机的装配步骤

1）安装前检查各零部件有无损坏、丢失、生锈等。

2）清洗零配件并进行干燥和涂油处理。

3）核对零件的安装位置。

4）对轴瓦等零配件进行调整和修整。

5）安装并检查运动部件转动的灵活性。

6）检查轴封器密封性能。

7）固定及预紧零部件的相互位置。

8）检查装配后压缩机的整体密封性能。

4. 注意事项

（1）拆卸压缩机部件时应严格按2F10制冷压缩机的拆卸工艺操作。

（2）拆卸过程中应对易错装部位进行标记，防止错装或漏装。

（3）拆卸下来的小零件应在涂抹机油后放入小盒中保存，防止丢失。

（4）安装过程基本上与拆卸过程相反，装配过程中各静装部件应牢固可靠，各运动部件转动应灵活自如，无明显余量。

（5）制冷压缩机装配后，应进行密封性能试验。

（6）拆装制冷压缩机应在干燥环境中进行，严禁使用潮湿的毛巾、油布擦拭零部件。拆卸下来的零部件用干燥的毛巾、油布擦拭清洁后，应及时涂抹机油，防止零部件在空气中受潮锈蚀。

（7）拆装过程中应正确使用工具，不可野蛮作业，防止损坏零部件。

（8）拆装训练应在规定的时间内完成，同时做到安全操作和文明生产。

5. 评分标准

评分标准见表2—1。

表 2—1　　2F10 制冷压缩机拆装训练评分标准

项目内容	配分	评分标准		扣分	得分
拆装前准备	10	(1) 不准备及不检查工具 (2) 不准备记录纸笔	扣 5 分 扣 5 分		
拆卸	30	(1) 不能正确使用工具 (2) 不按操作步骤拆卸 (3) 拆卸过程中不对易错装部位进行标记 (4) 损坏零部件	每处扣 15 分 每处扣 5 分 每处扣 5 分 每处扣 5 分		
检查与测量	15	(1) 不会使用测量工具 (2) 不能进行测量 (3) 测量结果错误或不准确	每处扣 10 分 每处扣 5 分 每处扣 5 分		
组装	30	(1) 不能正确使用工具 (2) 不按操作步骤组装 (3) 损坏零部件	每处扣 15 分 每处扣 5 分 每处扣 5 分		
装配后检查	15	(1) 装配后活塞卡缸 (2) 装配后曲轴卡死 (3) 装配后气密性达不到要求	扣 5 分 扣 5 分 扣 5 分		
安全与文明生产	违反安全文明生产规程		扣 5～40 分		
定额时间 100 min	每超时 10 min 扣 5 分				
备注	除定额时间外，各项内容的最高扣分不应超过配分数		成绩		
开始时间		结束时间			

§2—2　换热设备

换热设备是冷库制冷系统的能量交换装置，可以使冷热介质进行热量的传递。

制冷设备中的换热设备主要有蒸发器、冷凝器、回热器、中间冷却器、过冷器等。

一、蒸发器

蒸发器是制冷系统的吸热部件，它吸收被冷却物的热量使被冷却物降温，从而达到制冷目的。制冷剂在蒸发器内吸收热量后，由液体变成干饱和蒸汽或过热蒸汽，完成蒸发吸热的工作过程。

蒸发器的吸热对象通常是气体或液体，由于气体的传热性能比液体差，所以冷却气体的蒸发器和冷却液体的蒸发器在结构上有很大的差异。制冷量相同时，冷却气体的蒸发器的体积和表面积要比冷却液体的蒸发器大，以保证在换热面积和气体流量方面有足够的换热能力。冷库的冷间常用冷却气体的蒸发器，而在制冰时常用冷却液体的蒸发器。

1. 冷却液体的蒸发器

(1) 蛇管式蒸发器

如图 2—17 所示为氟利昂制冷装置中使用较多的蛇管式蒸发器，其换热管由一组或几组铜管盘绕成的蛇形管组成。氟利昂液体分液器从蛇形管的上部进入，蒸气由下部导出，这样可以保证润滑油返回到压缩机中。这种蒸发器将换热管整体沉浸在水或盐水箱中。水在搅拌器的作用下，在水箱内循环流动。因为水的流速较小，且蛇形管下部的传热面没有充分利用，所以蛇管式蒸发器的传热系数较小。

图 2—17 蛇管式蒸发器

（2）壳管式蒸发器

壳管式蒸发器分满液式和干式两种，都是卧式。从外形来看两者颇为相似，但内部流体的流动情况有很大区别，结构也稍有不同，在操作上各有各的要求。以下分别介绍它们的结构和特点。

1）满液式蒸发器。如图 2—18 所示，满液式蒸发器筒体的两端焊有管板，管板上钻有许多小孔，供装蒸发管用，管与管板的连接用扩管密封（胀管）或焊接。采用扩管密封（胀管）时，为了提高密封性，在扩管时，先涂上环氧树脂后再扩管，管板外再装上铸铁端盖，中间用橡胶垫圈密封，端盖与管板用螺栓压紧，使蒸发器形成互相隔开而密封的两个空间。制冷剂在筒体内蒸发，载冷剂（水或盐水）在蒸发管内流动，载冷剂的进出口在前端盖上，端盖上铸有几道分水筋，使水在管组内来回流动。每一组管称为一个流程，图中的蒸发器有 10 个流程，这样做的目的是缩小流体的流通面积，提高水的流速，以增强传热效果。载冷剂的选择由蒸发温度而定，蒸发温度在 0 ℃以上的可用水作为载冷剂，而蒸发温度在 0 ℃以下则应用盐水溶液作为载冷剂。

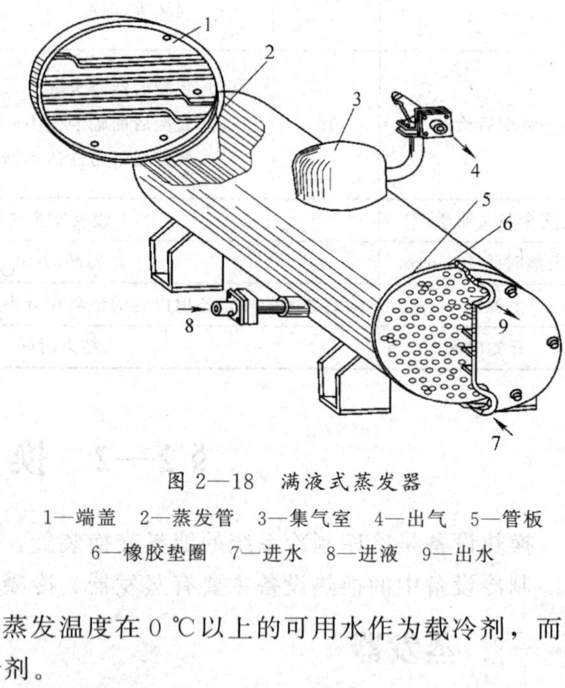

图 2—18 满液式蒸发器

1—端盖 2—蒸发管 3—集气室 4—出气 5—管板 6—橡胶垫圈 7—进水 8—进液 9—出水

满液式蒸发器的筒体内约一半容积是制冷剂液体，即筒体中心线以下是制冷剂液体，中心线以上的容器充满制冷剂蒸气。当压缩机抽吸时，筒内压力降低，制冷剂液体吸热蒸发成干饱和蒸气或过热蒸气，经过集气室被抽至压缩机。

要注意控制满液式蒸发器的进液量，其液体不应过多地超过筒体的中心线。因为液面太高容易使湿蒸气进入压缩机气缸而引起“液击”。同时，液面也不应过低，这样会使蒸发器内产生过多的过热蒸气，降低蒸发器的传热效果。因此，满液式蒸发器最好用浮球阀或液面指示器来自行控制其液面，以使其更好地工作。

2）干式蒸发器。干式蒸发器的结构与满液式蒸发器的结构相似，所不同的是干式蒸发器中的制冷剂液体在换热管内流动，而载冷剂在换热管外流动。在这种蒸发器中，制冷剂的充注量比较少，一般为换热管内容积的30%～40%。制冷剂在蒸发过程中没有自由液面，所以称其为干式蒸发器。干式蒸发器通常用于氟利昂制冷设备。为了增大换热管外载冷剂的流速，在换热器中设有折流板，如图2—19所示。干式蒸发器的优点是制冷剂充注量小，避免了换热管由于冻结而胀裂的现象，比较圆满地解决了回油问题。缺点是加工工艺比较复杂，换热管外清洗比较困难。

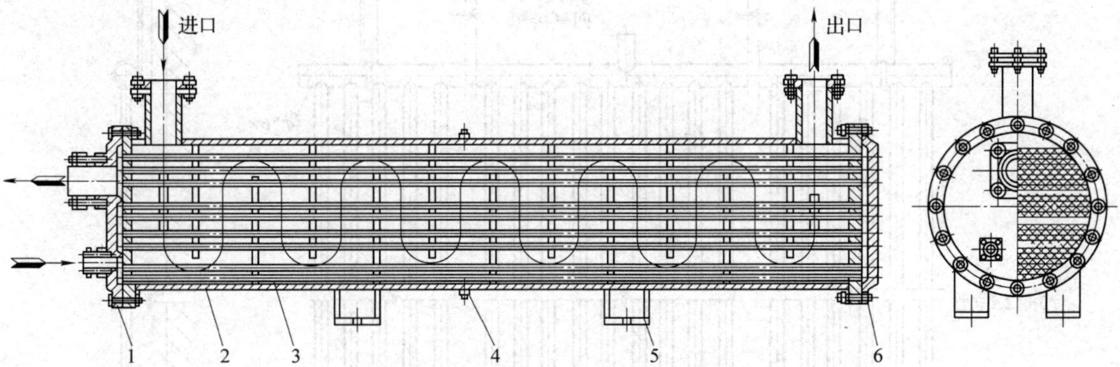

图2—19 干式蒸发器

1—端盖 2—筒体 3—蒸发管 4—螺塞 5—支座 6—端盖

2. 冷却空气的蒸发器

冷却空气的蒸发器利用制冷剂在蒸发器管道内直接蒸发而冷却管外的空气，根据空气的流动方式不同，将冷却空气的蒸发器分为空气自然对流式和空气强制对流式两种。

(1) 空气自然对流式（冷却排管）

冷却排管的特点是制冷剂在管内蒸发，管外空气只进行自然对流。为了增强传热效果和节约管材，冷却排管也可使用翅片管制成。对于氨制冷装置应用钢管，一般用套片式翅片管；对于氟利昂装置多用铜管，翅片管则是绕片和套片都有。为了制造方便，有的冷却排管只用光管制成。

在冷库中，冷却排管按其在室内安装的方式不同，可分为墙排管、顶排管和搁架式排管三类。墙排管靠墙安装，顶排管则吊装在顶棚的下面，搁架式排管放置在库房的中央，并作为放置被冷冻食品的搁架。

墙排管有直管式及蛇管式两种。如图2—20所示是用光管制成的直管式墙排管，在我国冷藏库中使用较多。直管式常用于氨制冷系统，蛇管式则常用于氟利昂制冷系统。

蛇管式墙排管可由一根或两根蛇形管制成单排或双排的墙排管。图2—21所示为单排蛇管式墙排管和双排蛇管式墙排管。

(2) 空气强制对流式（空气冷却器）

空气强制对流式蒸发器可用于冷库库房及低温试验箱内的各种形式的冷风机，也可用于各种空调机。在这种蒸发器中，制冷剂在管内蒸发，而空气在风机的作用下在管外流动，且管外一般多装有翅片（套片或绕片）。当被冷却空气温度低于0 ℃时，很容易在管面上结霜，故蒸发器翅片的间距应大些。为了防止结霜阻碍空气流动，还配有自动除霜装置。

如图2—22所示是以氟利昂为制冷剂的低温制冷装置用的冷风机，它由离心式风机、蒸发器、热力膨胀阀、电动机等设备组成。经热力膨胀阀节流后的制冷剂，先通过分液器的孔口，使其压力降低，流速增大，制冷剂液体和节流过程产生的蒸气得到充分混合，这样进入各通路翅片管中的制冷剂液体和气体就比较均匀了。电动机装在热绝缘壳的外面，以避免其发热对蒸发器的工作造成影响。

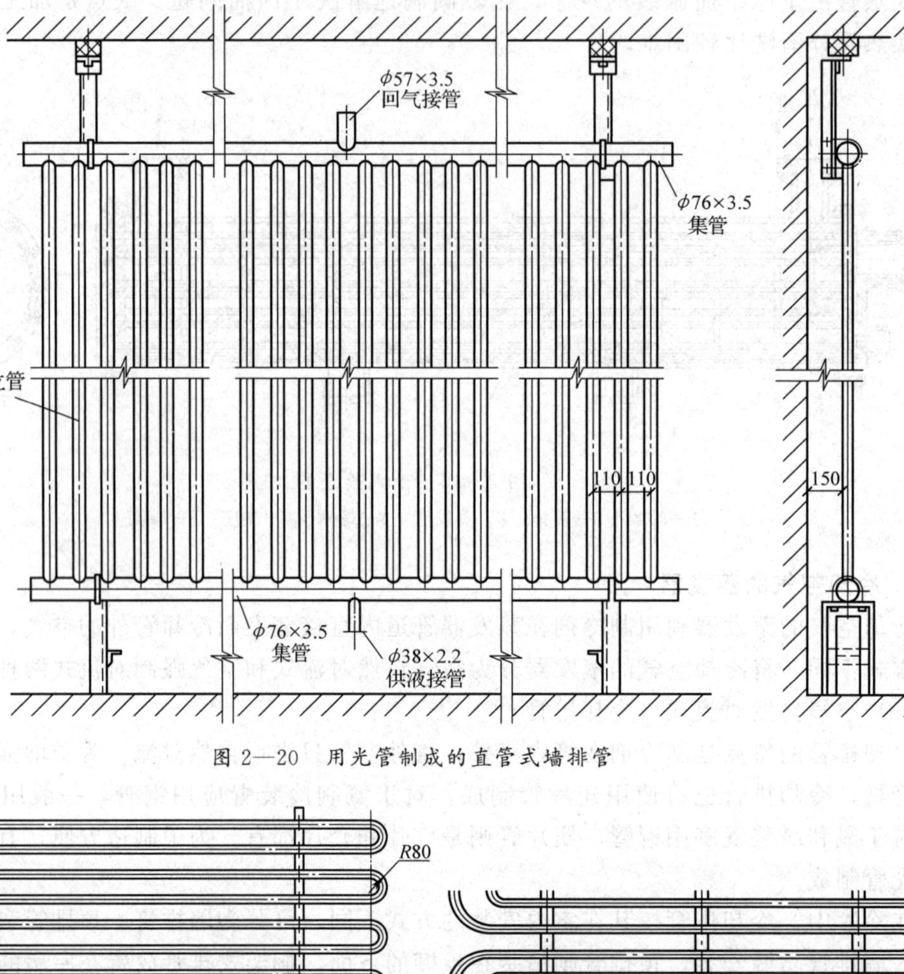

图 2—20　用光管制成的直管式墙排管

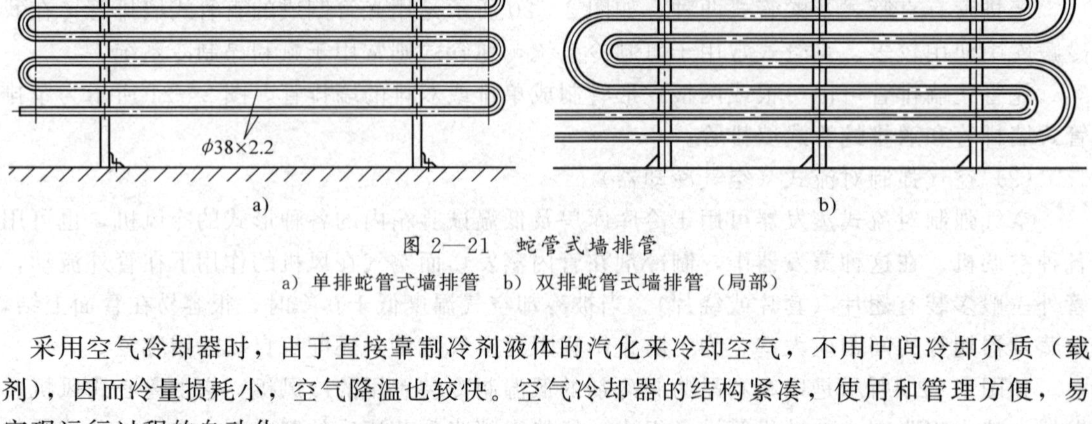

图 2—21　蛇管式墙排管

a）单排蛇管式墙排管　b）双排蛇管式墙排管（局部）

采用空气冷却器时，由于直接靠制冷剂液体的汽化来冷却空气，不用中间冷却介质（载冷剂），因而冷量损耗小，空气降温也较快。空气冷却器的结构紧凑，使用和管理方便，易于实现运行过程的自动化。

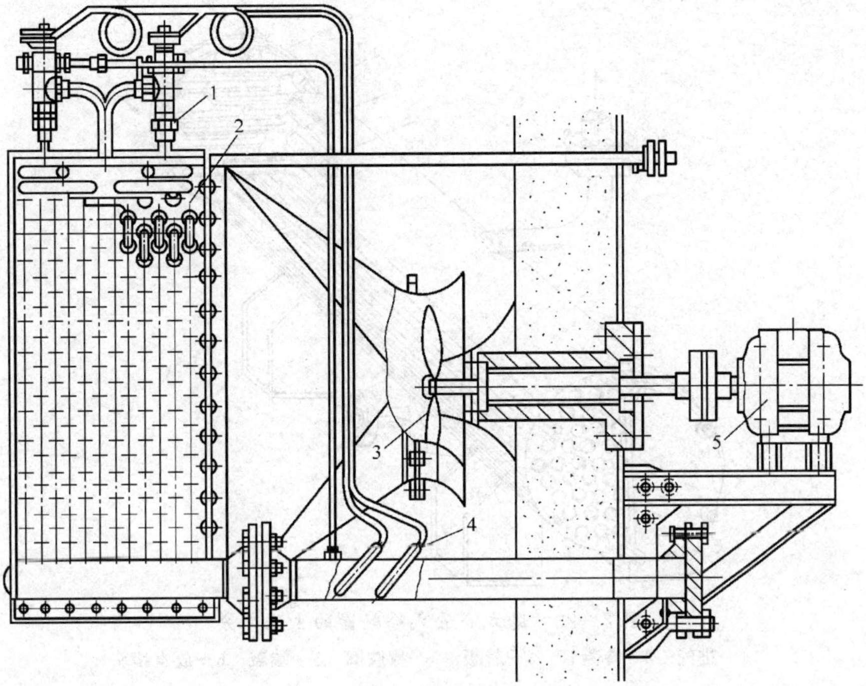

图 2—22　氟利昂低温制冷装置用冷风机

1—热力膨胀阀　2—短片管组　3—风机　4—感温包　5—电动机

二、冷凝器

冷凝器按冷却介质和冷却方式不同可以分为水冷式、空冷式和蒸发式三种。

1. 水冷式冷凝器

水冷式冷凝器是以水作为冷却介质，吸收制冷剂蒸气的热量使其冷却液化。常用的水冷式冷凝器有壳管式、套管式和沉浸式。

(1) 壳管式冷凝器

如图 2—23 所示为卧式壳管式冷凝器的主体部分，它是一个由钢板卷制焊接成的圆柱形筒体，筒体的两端焊有两块圆形的管板，两个管板钻有许多对应的小孔，在每对相对应的小孔中装入一根管子，管子的两端用胀接法或焊接法紧固在管孔内，这样便组成了直管束。

1) 卧式壳管式冷凝器。由于卧式壳管式冷凝器水平放置，所以也称卧式冷凝器。其外形和结构如图 2—23 所示。在这种冷凝器中，制冷剂的蒸气在管子外表面上冷凝，冷却水在泵的作用下从管内流过。制冷剂蒸气从上部进入筒壳内，凝结成液体后由筒壳的下部流入储液器中。正常运行中筒壳的下部只存少量的液体。但对于小型制冷装置，为了简化设备，有时不另设储液器，而是将制冷剂的液体储存在冷凝器的下部，此时下部的管子就要少装几排。冷凝器的出液管可以直接焊接在筒壳的下部，也可以在筒壳下部焊一个液包，而出液管接在液包上。对于氨冷凝器，通常在筒壳下面还焊有一个集油包，以便集存润滑油及机械杂质。

卧式壳管式冷凝器的两端用两个端盖封住，端盖内部用隔板分开，两个端盖的分隔要互相配合，以便冷却水能在管子内多次往返流动。冷却水每向一端流一次，称为一个管程（或

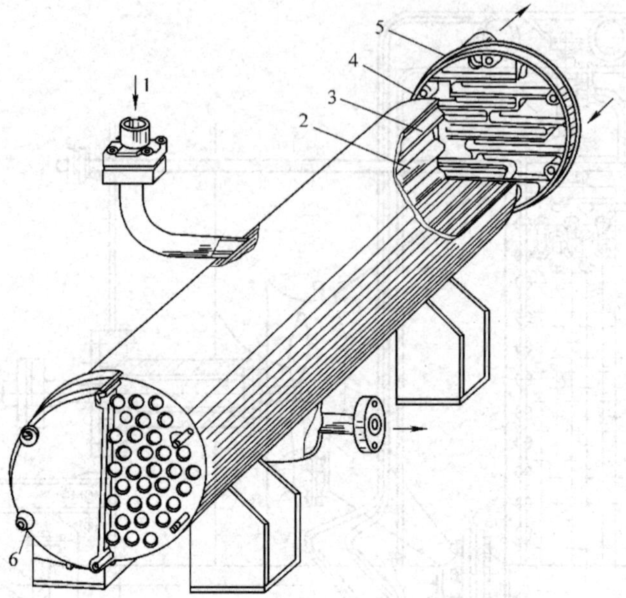

图 2—23　卧式壳管式冷凝器的主体部分

1—进气　2—冷凝管　3—管板　4—橡胶圈　5—端盖　6—放水堵头

称一个流程)。冷凝器的管程一般做成双（偶）数，这样冷却水的进、出口就可设在同一个端盖上，而且冷却水是从下面流进、上面流出（出口管应高于最上面的冷凝管)，这样就可保证在运行中冷凝管始终被水充满。端盖是用螺栓与管板的外缘紧固在一起，两者之间装有防漏用的橡胶垫片。在端盖的顶部及底部分别装有放气及放水旋塞。上部的放气旋塞在开始充水时用来排除管内的空气，下部的放水旋塞是在冷凝器停止使用时用来排除其中残留的水，以防管子被腐蚀或冻裂。

卧式壳管式冷凝器的优点是：

① 结构紧凑，占地面积小。

② 换热管内的水流速度较快，所以传热系数较大。

③ 冷却水的温升较大，所以冷却水的消耗量较小。

卧式壳管式冷凝器的缺点是：

① 要求冷却水的水质好，水温低。

② 冷却水流动的阻力损失比较大。

③ 清洗水垢不方便，清洗时需要设备停止工作。

2）立式壳管式冷凝器。由于立式壳管式冷凝器直立安装，所以也称为立式冷凝器，现在只用于大中型的氨制冷装置中，其结构如图 2—24 所示。同卧式壳管式冷凝器相比，立式壳管式冷凝器两端没有端盖，水及制冷剂的流动方式也有所不同。冷却水从上部进入冷凝器管内，但水并不充满钢管的整个断面，而只是呈膜状沿管内壁自上流下，排入水池中，再用水泵压送入水塔中循环使用。气态制冷剂从冷凝器外壳的中部偏上处进入圆筒内的管外空间中，冷凝后的液体沿管外壁从上流下，积在冷凝器底部，从出液管流出。此外，冷凝器的外壳上还设有放油阀、放空气阀和安全阀等管接头。

为了使冷却水均匀地分配到每根钢管中，冷凝器顶部装有配水箱，水从配水箱中通过分配器或多孔筛板分配到每根钢管。水分配器的结构有多种，使用较多的一种是导流管嘴，如图 2—24 所示。在每根钢管的顶端冷却水入口处装有一个导流管嘴，冷却水通过三个斜槽流入管中，并以螺旋线状沿管内壁向下流动，这样在管内壁能够很好地形成一层水膜，使冷却水得到充分利用，提高冷凝器的冷却效果，节省冷却水量。立式壳管式冷凝器一般是用 ϕ51 mm×3.5 mm（或较小直径）的无缝钢管。

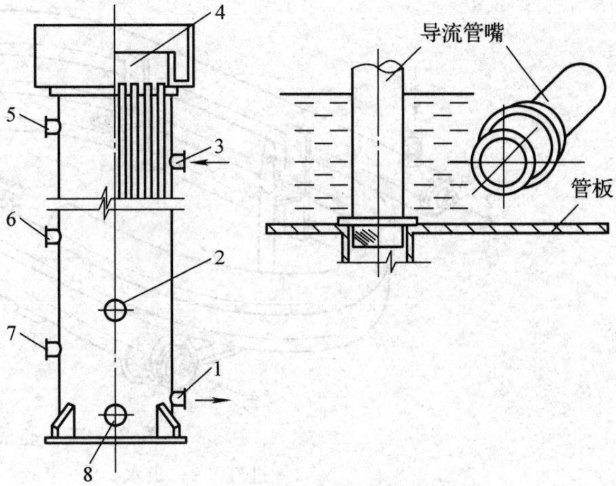

图 2—24　立式壳管式冷凝器

1—出液管　2—压力表接头　3—进气管　4—配水箱
5—安全阀接头　6—均压管　7—放空气阀　8—放油阀

立式壳管式冷凝器的优点是：

① 可以露天安装，以节省机房面积。

② 可以装在冷却水塔的下面，以简化冷却水系统。

③ 可以在运行中清洗水管，对冷却水质的要求较低。

立式壳管式冷凝器的缺点是：

① 从冷凝放热的特性看，因液膜流动的路程长，立式冷凝器要比卧式冷凝器差一些，因而传热系数比卧式冷凝器要小。

② 冷却水用量大，体积大，比较笨重。

③ 冷凝器管内水流速度慢，易结水垢。

④当露天装置时，灰沙易落入，需要经常清洗。

（2）套管式冷凝器

套管式冷凝器就是用一根大直径的金属管（一般为无缝钢管）内穿一根或几根小直径钢管（光管或外肋管），再盘成圆形或椭圆形。管的两端用特殊接头将大小管内径分隔为互不连通的两个空间，冷却水在小管内流动，制冷剂在小管外流动。制冷剂蒸气由盘管的上端进，凝结后的制冷剂液体从下面流出。冷却水则下进上出，与制冷剂逆向流动，以增强传热效果。如图 2—25 所示为套管式冷凝器。

套管式冷凝器的优点是：

1）结构简单，便于制造。

2）体积小。

3）传热性能好。

其缺点是：

1）金属消耗量较大。

2）清洗水垢不方便，对水质的要求较高。

3）冷却水的流动阻力较大，在使用时应保持足够的冷却水输送水压，否则将会减少冷却水量，影响传热效果，引起冷凝压力上升。

（3）沉浸式冷凝器

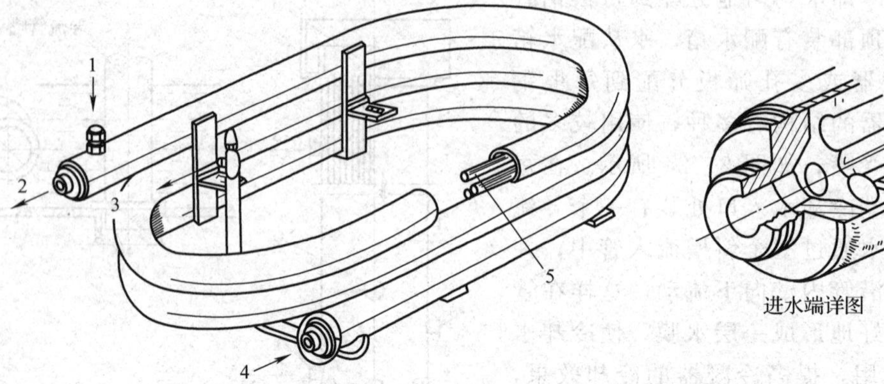

图 2—25　套管式冷凝器

1—进气　2—出水　3—出液　4—进水　5—直形外肋管

沉浸式冷凝器的铜管盘成螺旋状浸没在水箱里。螺旋管为一层或数层，如图 2—26 所示。制冷剂在管内冷凝，流向是上进下出；冷却水在水箱里流动，流向是下进上出。

沉浸式冷凝器的优点是制造简单，维修方便。其缺点是冷却水在水箱内的流动速度较慢，传热效果差，目前已很少采用这类形式的冷凝器。

2. **空冷式冷凝器**

在这种冷凝器中，制冷剂冷却和凝结放出的热量被空气带走。空冷式冷凝器现在多用于小型氟利昂制冷装置中，如电冰箱、冷冻柜、窗式空调器、汽车和铁路车辆用空调装置、冷藏车等移动式制冷装置。在国外，为了减少用水量，空冷式冷凝器也被用在制冷量为 350 kW 以上的中型固定式制冷装置中，且主要是用于氟利昂制冷装置。

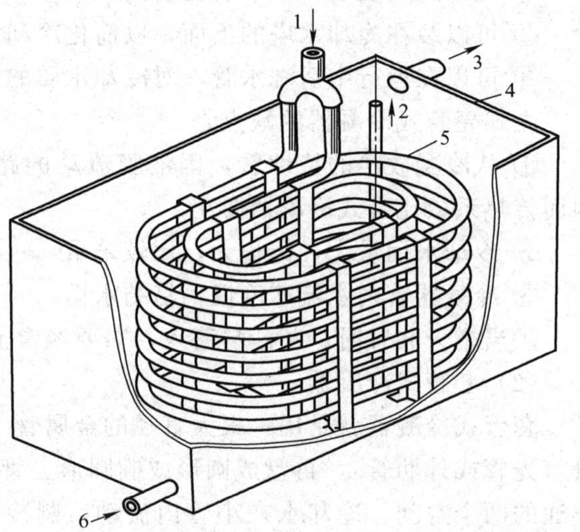

图 2—26　沉浸式冷凝器

1—进气　2—出液　3—出水　4—水箱　5—盘管　6—进水

空冷式冷凝器的结构多为蛇管式，制冷剂的蒸气在管内冷凝，空气在管外流过。根据空气运动的方式不同，空冷式冷凝器有自然对流和强迫对流之分。

（1）自然对流空冷式冷凝器

自然对流空冷式冷凝器依靠空气受热后产生的自然对流，将制冷剂释放出的热量带走。这种冷凝器的传热效果比强迫对流空冷式冷凝器差。它主要用于家用电冰箱和微型制冷装置。由于不用风机，故节省了风机电耗，而且避免了风机运转时的噪声。由于其依靠空气自然对流带走制冷剂的热量，所以它的传热效率很低，不适合冷库制冷系统使用。

（2）强迫对流空冷式冷凝器

如图 2—27 所示为强迫对流空冷式冷凝器。为了使冷凝器的结构紧凑，通常由几根蛇形管并联在一起做成长方体。制冷剂蒸气从上部的蒸气集管进入每根蛇形管中，凝结成的液体沿蛇形管下流，汇于液体集管中，然后注入储液器内。蛇形管一般是用直径较小的紫铜管制成。每根蛇形管的总长度不宜过长，否则蛇形管的后部将被液体充满，影响传热效果。沿空气流动方向蛇形管的排数，与风机的形式有关，对于小型冷凝器，一般为 3～6 排。当冷凝器的容量较大时，可以将其宽度增大，用两个风机或者冷凝器设计成并联工作的几组。

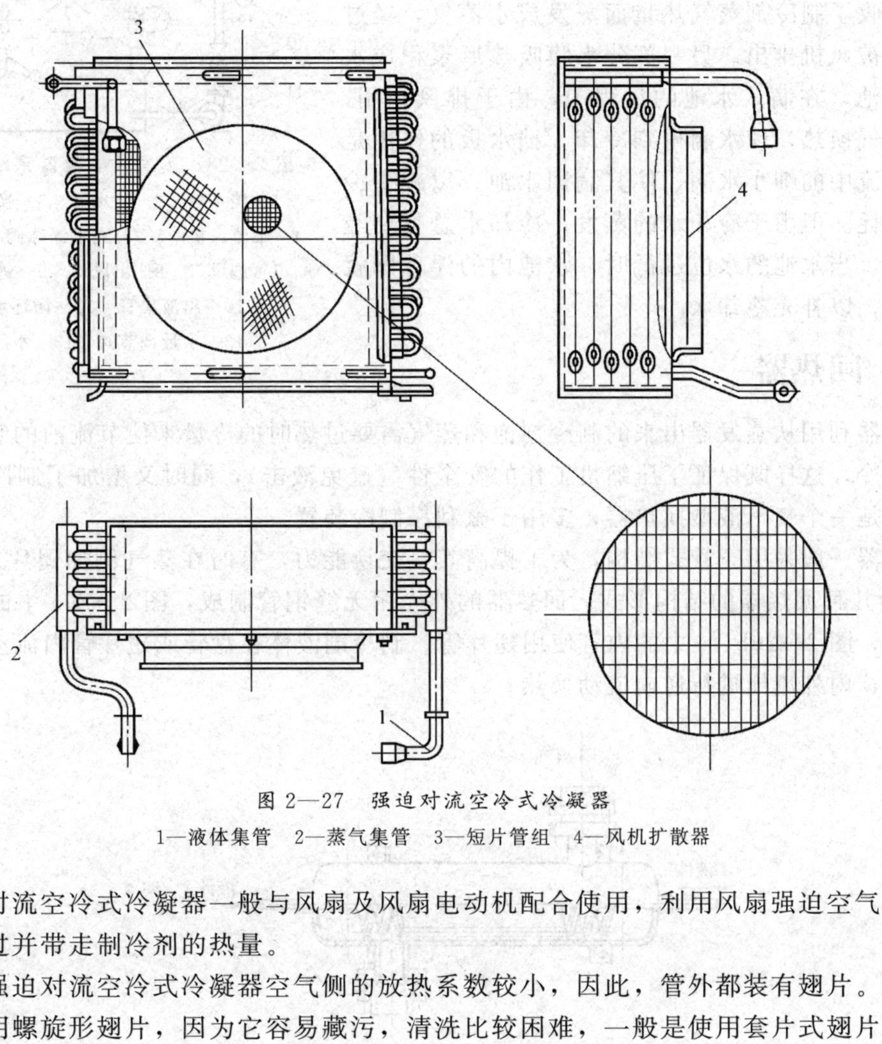

图 2—27 强迫对流空冷式冷凝器

1—液体集管 2—蒸气集管 3—短片管组 4—风机扩散器

强迫对流空冷式冷凝器一般与风扇及风扇电动机配合使用，利用风扇强迫空气从冷凝管路表面流过并带走制冷剂的热量。

由于强迫对流空冷式冷凝器空气侧的放热系数较小，因此，管外都装有翅片。这种冷凝器很少使用螺旋形翅片，因为它容易藏污，清洗比较困难，一般是使用套片式翅片。翅片用厚 0.2～0.6 mm 的铜片或铝片制成，翅片间距为 2～4 mm。

强迫对流空冷式冷凝器的传热系数仍然较低，当迎面风速为 2～3 m/s 时，按全部外表面（包括翅片在内）计算的传热系数为 24～29 W/(m^2 · K)。由于夏季室外温度高达 35 ℃甚至以上，采用强迫对流空气冷却式冷凝器时，其冷凝温度也较高（为 45～50 ℃），所以它适用于冷凝压力较低的制冷剂。

空冷式冷凝器的最大优点是不需要冷却水，因此，特别适用于缺水地区或者供水困难的地方。在小型氟利昂制冷装置中，采用空冷式冷凝器的较多，如各种空调器、小型组装式冷库等大都采用这种冷凝器。

3. 蒸发式冷凝器

蒸发式冷凝器是空气与水联合冷却式冷凝器。蒸发式冷凝器的结构如图 2—28 所示，其冷却介质是水和空气，但主要是靠冷却水。

水泵将冷却水送至喷水器，经喷嘴而喷淋在冷凝管的外表面，使冷凝管外表面附有一薄层水膜，一部分水膜吸收了制冷剂蒸气热量而蒸发成水蒸气，经过挡水板而被风机排出。另一部分水膜吸热后聚积成水滴落至水池，在滴入水池的过程中，由于排风作用，水滴与空气换热，使水滴得到冷却。挡水板的作用是阻挡空气流中的细小水滴，使其滴回水池，以减少冷却水的消耗。但由于冷却水的蒸发，冷却水总是要经常补充的，当水池的水位过低时，水池内的浮球阀就自动打开，以补充冷却水。

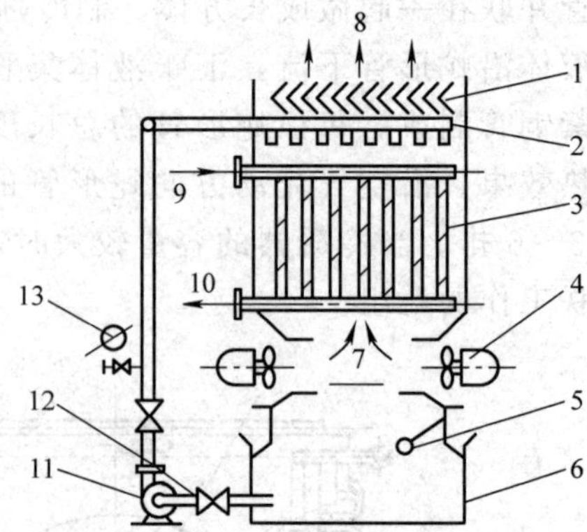

图 2—28　蒸发式冷凝器系统示意图

1—挡水板　2—喷水器　3—换热管组　4—轴流风机　5—补充水浮球阀　6—水箱　7—进风口　8—出风口　9—进气集管　10—出液集管　11—循环水泵　12—水量调节阀　13—水压表

三、回热器

回热器利用从蒸发器出来的制冷剂饱和蒸气需要过热时的冷量来使节流前的制冷剂液体进一步过冷，这样既保证了压缩机工作的安全性（避免液击），同时又增加了制冷装置的制冷量。它是一个气—液型换热器，多用于氟利昂制冷装置。

回热器一般采用壳管式结构，为了提高其热交换能力，有时在蒸气侧加翅片。如图 2—29 所示为几种回热器的结构形式。回热器的外壳用无缝钢管制成，图 2—29a 中的盘管用紫铜管绕制，图 2—29b、c 中的内管使用翅片管。制冷剂液体在盘管或翅片管内流动，蒸气在管间流过，内外流体进行逆向流动换热。

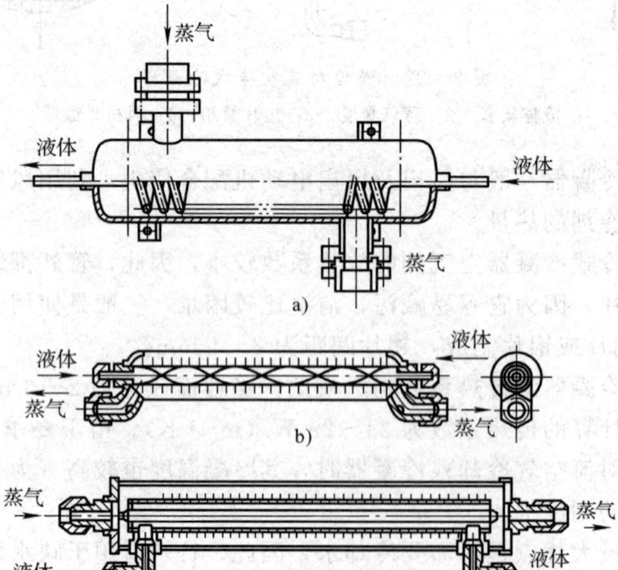

图 2—29　回热器

对回热器的安装及其位置没有特殊的要求，但回热器应尽可能靠近蒸发器，以增强热交换效果，因为通常制冷剂蒸气在这里的温度比较低。

在某些小型制冷装置中（以氟利昂为制冷剂），有时不装设专门的回热器，而是把制冷剂供液管与蒸发器回气管并靠在一起，两管外部共同包以隔热材料，这样也可以起到回热器效果。

四、中间冷却器

中间冷却器应用于双级压缩制冷系统的第一级压缩与第二级压缩之间，利用制冷剂中压蒸发而使冷凝出液过冷，其蒸气可以对第一级排气进行冷却。冷凝器的高压液态制冷剂经过滤器进入中间冷却器，它分成两部分流动，一小部分液体经膨胀阀节流后进入中间冷却器筒体内蒸发吸热，另外大部分液体进入中间冷却器的双头螺旋管内进行再冷却，使这部分液体获得过冷，以避免液体在进入膨胀阀节流过程中的“闪气”现象。由于液体的过冷，还可以增大制冷设备的制冷量。图 2—30 所示为氨双级压缩制冷系统用中间冷却器。

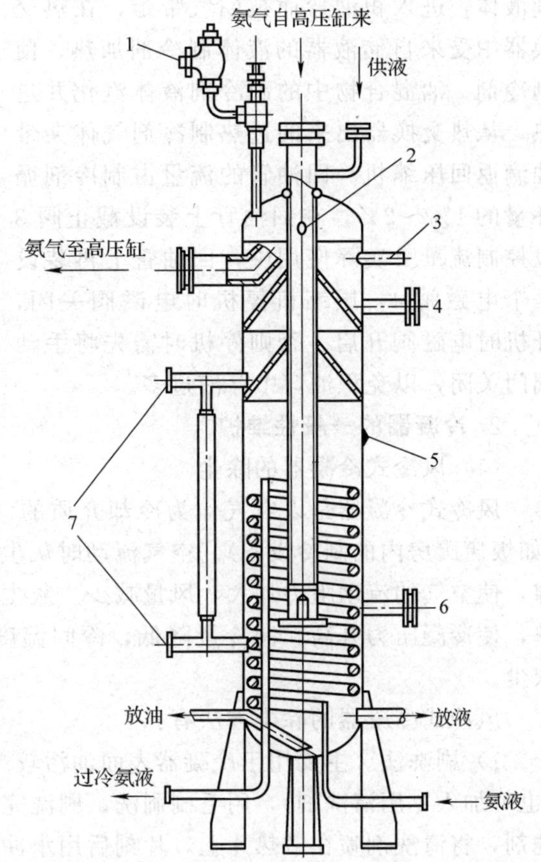

图 2—30　氨用中间冷却器

1—安全阀　2—平衡孔　3—压力表接口
4—气体平衡管　5—液面标志　6—液体平衡管　7—液面计

五、换热设备的日常保养

在冷库用的换热设备中，回热器和中间冷却器的外表面通常都采取保温隔热措施，与外界介质不发生热交换。只要保持其保温层不损坏，各管道连接部位不泄漏，一般不需要保养维护。在日常生产运行中，蒸发器和冷凝器因与外部介质（如水、空气等）进行热交换，外表面会因结垢、泥沙沉结、油漆脱落和金属表面氧化等而降低换热性能，甚至导致泄漏，造成制冷系统不能正常工作，所以需要经常维护保养。

1. 蒸发器的一般性维护

（1）盐水蒸发器长期停用时，如制作冷饮的盐水池，可将盐水放出，用自来水冲洗后，池内充满自来水保存。

（2）冷库的冷风机应经常或定期除霜。

（3）满液式（壳管式）蒸发器内冷冻油的处理。对氟利昂系统中的满液式蒸发器，除了要进行上述的维护保养之外，还要注重对机油的处理。满液式氟利昂蒸发器的回油方法较多，如图 2—31 所示为一种常用的回油措施。在蒸发器 1 液面稍低的地方，引出一根回油管 2 并接至回气管 5 上的积油弯，在回气管上装设热交换器 6。沿回油管流出的混有油的制冷剂液体，进入积油弯而被回气带走，在热交换器中受来自储液器的液体制冷剂加热，使制冷剂、油混合物中的制冷剂液体汽化并过热，从热交换器出来的过热制冷剂气体夹带油滴返回压缩机。回油管的流量占制冷剂循环量的1%～2%，在回油管上装设截止阀3以控制流量。实际使用中，回油管上再装设一个电磁阀4，压缩机停机时电磁阀关闭，开机时电磁阀开启。否则停机时需先将手动阀门关闭，以免积油弯中存液过多。

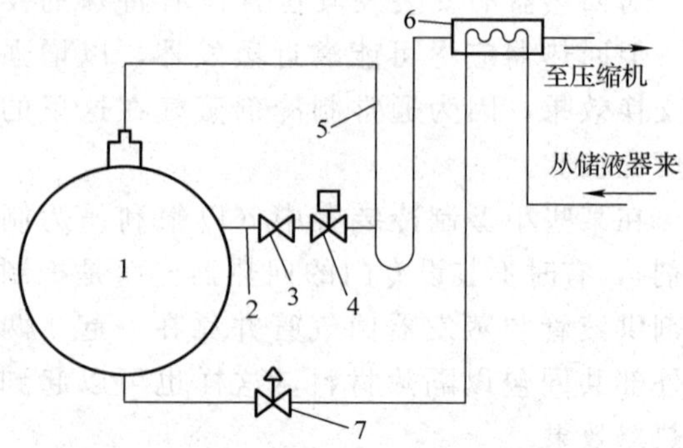

图 2—31　满液式氟利昂蒸发器的回油系统示意图
1—蒸发器　2—回油管　3—截止阀
4—电磁阀　5—回气管　6—热交换器　7—膨胀阀

2. 冷凝器的一般性维护

（1）风冷式冷凝器的除尘

风冷式冷凝器是以空气作为冷却介质的。在空气中总混有一些灰尘，有时还混有油雾（如饭店厨房内的制冷设备）。空气流动时灰尘和油雾黏结在冷凝器外表面上，堵塞翅片的间隙，使空气的流动阻力加大，风量减少。灰尘和污垢的热阻较大，降低了冷凝器的热交换效率，使冷凝压力升高，制冷量降低，冷间温度下降缓慢。因此，必须定期清除冷凝器上的灰尘。

风冷式冷凝器的除尘方法有：

1）刷洗法。主要用于冷凝器表面油污较严重的场合。备70 ℃左右的温水，加入清洁剂（也可加入专用清洗剂），用毛刷刷洗。刷洗完毕后，再用水冲淋。有一种喷雾型的换热器清洗剂，将清洗剂喷在散热片上，片刻后用水冲洗即可。

2）吹除法。利用压缩空气或氮气将冷凝器外表附着物吹除，也可用毛刷边刷边吹除。在清洗冷凝器时，应注意保护翅片、换热管等，不要用硬物刮洗或敲击。

（2）水冷式冷凝器的除垢

水冷式冷凝器所用的冷却水在循环使用过程中，由于温升、浓缩和蒸发等原因，循环水内的碳酸氢钙和碳酸氢镁［$Ca(HCO_3)_2$、$Mg(HCO_3)_2$］中的二氧化碳（CO_2）逸出，将分解生成碳酸钙和碳酸镁［$CaCO_3$、$MgCO_3$］。它们的溶解度很低，会从水中分离出来，沉积在冷却器或管道内壁形成水垢，时间越长，垢层越厚。另外，冷却水经冷却塔时混入了空气中的尘土和细菌，也会引起冷却设备和管道的内壁形成泥垢等。

冷凝器表面的水垢与杂质使冷却水管的内径减小，水量减少。水垢的传热阻力较大，使冷凝器的换热效率明显下降，冷凝压力和温度升高，压缩机的制冷量减小。因此，必须定期除垢，清洗的周期则视冷却水的具体条件而定，一般1～3年清洗一次，使用深井水冷却时也可每年清洗一次。

对水冷式冷凝器进行除垢操作前，必须停止运行制冷系统，防止因冷凝器断水引发事故。

1）水冷式冷凝器的手工除垢。将壳管式冷凝器两端的铸铁端盖拆下，用螺旋形钢丝刷伸入冷却管内，往复拉刷，然后再用接近管子内径尺寸的麻花钢筋塞进冷却管内反复拉捅，一边捅一边用压力水冲洗。

2）水冷式冷凝器的电动机械除垢。将卧式水冷式冷凝器的端盖打开，或将立式水冷式冷凝器上边的挡水板拿掉，用专用刮刀接在钢丝软轴上，另一端接在电动机轴上。将刮刀以水平或垂直方向插入冷却管内，开动电动机就可刮除水垢，同时用水管冲洗刮下的水垢并冷却刮刀，应注意冷凝器的焊口或胀口，以防振动导致泄漏。图 2—32 所示为铰锥式刀头在管内清除水垢的情形。

除垢所用的全套清理工具包括铰锥式刀头、铣轮式刀头和机械刷子三种。铰锥式刀头的结构如图 2—33 所示，它一般被加工成 3～6 个圆弧形齿或螺旋形齿，其外径做成比被除垢管子的内径小 5～10 mm。刀头用铸钢制成，刀头底部有螺纹可与万向联轴器连接。由于软轴高速转动的结果，刀头将做锥形运动，并且具有很大的惯性力，对积垢进行刮削和冲击，而使积垢脱落下来。同一刀头可以清除标称直径相接近的几种管子。这种除垢方法不适用于铜管冷凝器，但对钢管没有损伤。应根据管内结垢厚度、锈蚀程度等情况来确定所选用刀头的直径，首次除垢时所选用的刀头直径比冷凝水管内径适当小一些，以防损伤管壁，然后选用与冷凝管内径接近的刀头再次除垢，这样 95％以上的水垢和污锈可去除掉。

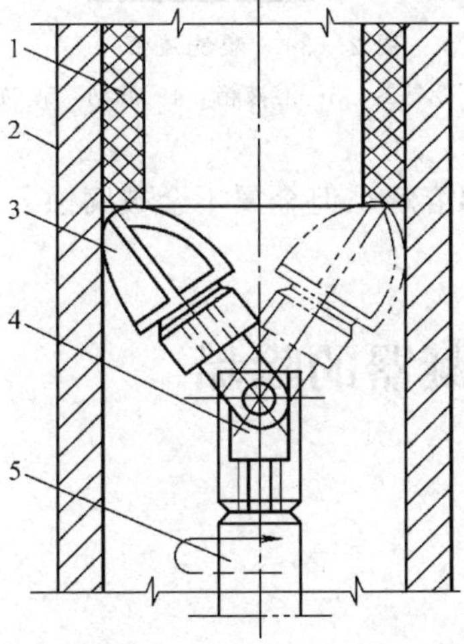

图 2—32　铰锥式刀头在管内清除水垢

1—水垢　2—水管　3—刀头　4—万向联轴器　5—传动软轴

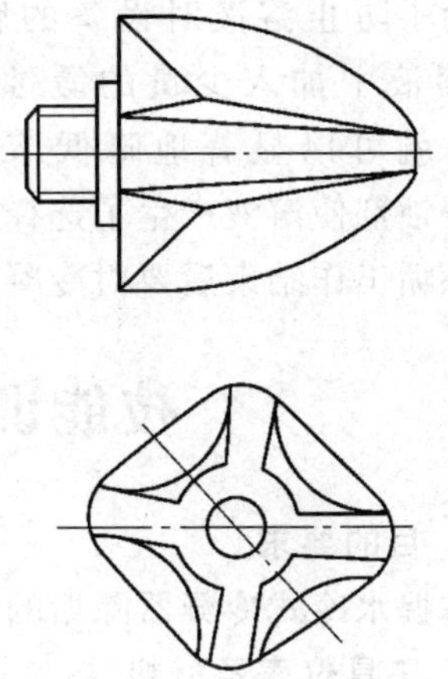

图 2—33　铰锥式刀头的结构

3）水冷式冷凝器的酸洗除垢。酸洗法除水垢适用于立式壳管式冷凝器和卧式壳管式冷凝器，尤其适用于铜质冷凝管。酸洗流程如图 2—34 所示。把质量分数为 5％～10％的稀盐酸溶液加入冷凝器的水管内，强制循环 20～30 min，使稀盐酸和碳酸钙、碳酸镁等产生化学反应，生成的氯化钙和氯化镁溶于水中，并释放出二氧化碳气体。清洗后的溶液流入沉降槽内，经过滤除去机械杂质。溶液再通过溢流管流回储液槽，继续循环使用。

除垢时的化学过程如下：

$$CaCO_3 + 2HCl \longrightarrow CaCl_2 + H_2O + CO_2 \uparrow$$

$$MgCO_3 + 2HCl \longrightarrow MgCl_2 + H_2O + CO_2 \uparrow$$

溶液在使用过程中浓度不断降低，为了使溶液保持适宜的浓度，必须适时地加入新溶液。在化学除垢过程结束时，溶液的浓度应不低于原有浓度的 1/3～1/2。水垢是否完全被除净，可以从是否产生二氧化碳气体来判断。如果停止产生二氧化碳气体，则认为水垢已除净。

水垢被软化后，打开壳管式冷凝器的端盖，用钢丝刷在管内来回拉动，将水垢刷去，这时的水垢较松软，比较容易刷掉。装上端盖，用质量分数为 19% 的氢氧化钠溶液或 5% 的碳酸钠溶液循环清洗 15 min，以中和残留在冷凝器水管内的酸溶液，再用清水循环冲洗 1～2 h，直到水清澈为止。

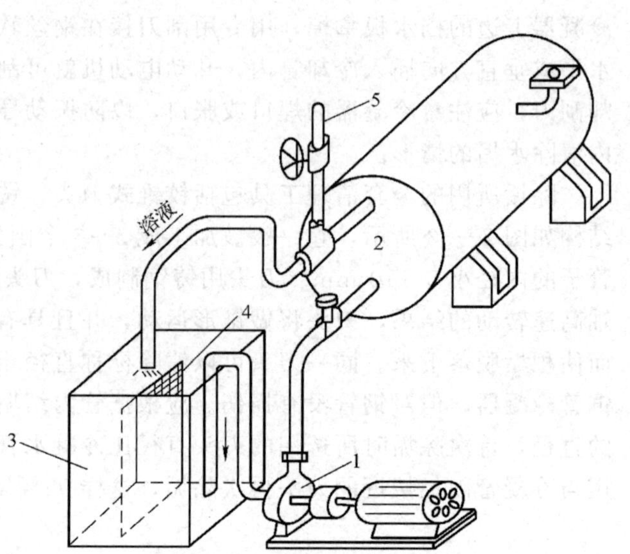

图 2—34 酸洗流程

1—泵 2—冷凝器 3—溶液箱 4—滤网 5—放气管

升高溶液的温度，虽然可以使除垢速度加快，但腐蚀速度也会加快，会产生不利的影响，故酸洗必须控制在最适宜的温度下进行，该温度要根据试验决定，一般为 40～60 ℃。

为了防止溶液对设备的腐蚀作用，可在溶液中加入少量的缓蚀剂（小于 1%），就可以显著地降低溶液的腐蚀性。缓蚀剂使溶液产生了选择性腐蚀，水垢可被破坏和溶解，但金属不会被腐蚀。

除垢工作结束后要对冷凝器进行压力检漏。

技能训练 2　水冷式冷凝器的除垢

1. 目的要求

掌握水冷式冷凝器除垢的方法。

2. 工具仪表及材料

（1）工具

套筒扳手 10# ～23# 一套，30 mm×250 mm 及 36 mm×300 mm 活扳手各一把，钢丝钳一把，尖嘴钳一把，8# ～10# 、12# ～14# 呆扳手各一把，一字旋具、十字旋具各一把，除垢所用的清理工具一套，1.5 kW 电动机（或 1 kW 手持式电钻）一台，耐压橡胶水管 10 m。

（2）材料

立式或卧式水冷式冷凝器一台。

3. 训练步骤

（1）检查并清点工具，查看电动机是否运转正常，水源水压是否正常。

（2）将卧式水冷式冷凝器的端盖打开，若是立式水冷式冷凝器，将上边的挡水板拆掉。

（3）将专用刮刀接在钢丝软轴上，另一端接在电动机轴上。

（4）将耐压橡胶水管接上水源。

（5）将刮刀以水平或垂直方向插入冷却管内，打开电动机，同时用水管冲洗刮下的水垢并冷却刮刀。

（6）将刮刀缓缓推进，直至一根冷凝管中的水垢被清除干净，再清除下一根冷凝管。

（7）除垢工作结束后将端盖或挡水板复原。

（8）先拆除专用刮刀和钢丝软轴，再拆除水源水管，最后清点工具数量。

4. 注意事项

（1）除垢过程中应注意冷凝器的焊口或胀口，以防振动导致泄漏。

（2）除垢过程中应正确使用工具，不可野蛮作业，防止损坏零部件。

（3）除垢训练应在规定的时间内完成，同时做到安全操作和文明生产。

5. 评分标准

评分标准见表 2—2。

表 2—2　　水冷式冷凝器的除垢评分标准

项目内容	配分	评分标准	扣分	得分
除垢前准备	10	（1）不准备及不检查工具　扣 5 分 （2）不检查电动机、水源水压　扣 5 分		
拆卸	25	（1）不能正确使用工具　每处扣 15 分 （2）不能将冷凝器的端盖打开或挡水板拆掉　扣 5 分 （3）不能正确连接专用刮刀　每处扣 5 分 （4）不能正确接水源　每处扣 5 分		
除垢操作	50	（1）不能正确使用工具　每处扣 10 分 （2）除垢过程中不能正确操作　每处扣 5 分 （3）由于操作不当损坏冷凝管　扣 20 分 （4）损坏端盖或挡水板　扣 15 分		
装配与检查	15	（1）除垢后不检查冷凝管　扣 15 分 （2）除垢后未将端盖或挡水板复原　扣 5 分 （3）除垢后未拆除专用刮刀和钢丝软轴，不拆除水源水管，不清点工具　每处扣 5 分		
安全与文明生产		违反安全文明生产规程　扣 5～40 分		
定额时间 120 min		每超时 10 min 扣 5 分		
备注		除定额时间外，各项内容的最高扣分不应超过配分数	成绩	
开始时间		结束时间		

§2—3　节流装置

制冷系统节流装置的作用是给蒸发器内的制冷剂提供一个低压环境，使高压制冷剂液体节流减压变成低压制冷剂液体后送入蒸发器，并在低压下沸腾吸热，以获得较低的制冷温度，实现制冷的目的。

节流装置是通过改变制冷剂液体流通截面的大小来实现节流减压的，当制冷剂液体突然通过变小的截面时，就会出现节流减压的现象，使高压力变成低压力，实现降压目的。

制冷系统节流装置安装于蒸发器的进口，用来控制蒸发器的压力和制冷剂流量。冷库中常用的节流装置有热力膨胀阀、定压膨胀阀、浮球节流阀、手动节流阀和电子膨胀阀。在冷库制冷系统中正确地选用和安装节流装置，可以使制冷系统的制冷效果得到充分发挥，是保证制冷系统正常运行的重要保证。

一、热力膨胀阀

1. 热力膨胀阀的结构和工作原理

热力膨胀阀是氟利昂制冷系统中节流减压的元件，它可以根据蒸发器出口处制冷剂的过热度，自动调节阀孔的开启度，起到自动调节流量的作用，以适应蒸发器热负荷的改变，满足不同的工况要求。

热力膨胀阀有内平衡式与外平衡式两种结构，可以配用于不同类型的蒸发器。内平衡式热力膨胀阀的结构如图 2—35 所示。它由感温包、毛细管、封盖、波纹薄膜共同组成一个密封空间，感温包内的感温剂受温度变化的影响而发生压力的变化，通过毛细管传递至波纹薄膜，使波纹薄膜发生变形，而它的变形量通过传动杆传递至阀针，阀针移动改变阀孔的开启度，使供液量发生改变。但阀针的移动会受到弹簧的约束，改变弹簧的预紧力可以改变自动调节的范围。

外平衡式热力膨胀阀与内平衡式热力膨胀阀的主要区别在于多了一根平衡管，使蒸发器出口位置的气体压力可以引至热力膨胀阀的膜片下，从而减小了蒸发器进出口压差对热力膨胀阀工作的影响，这对于阻力较大的蒸发器是有必要的。外平衡式热力膨胀阀的结构如图 2—36 所示。

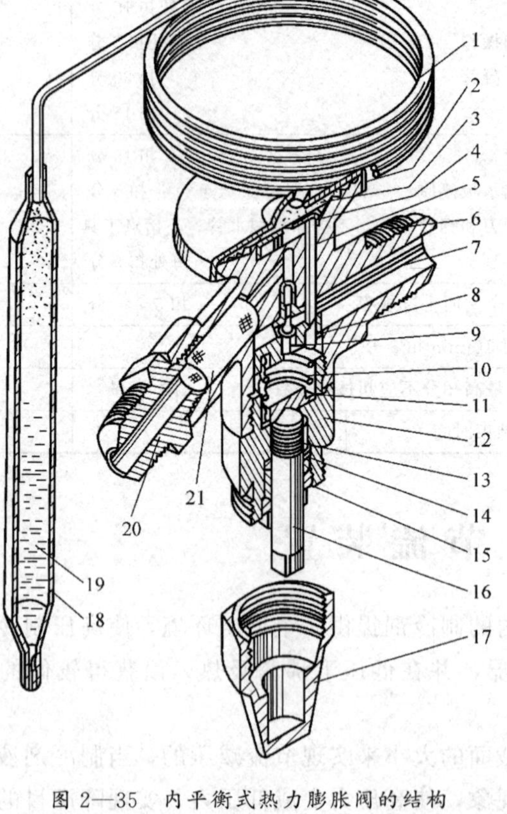

图 2—35　内平衡式热力膨胀阀的结构

1—毛细管　2—密封盖　3—波纹薄膜　4—传动盘　5—传动杆　6—阀体　7—阀孔座　8—阀针座　9—阀针　10—弹簧　11—弹簧座　12—调节座　13—垫圈　14—填料　15—压紧螺母　16—调节杆　17—帽罩　18—感温包　19—氟利昂填充剂　20—进口接头　21—过滤网

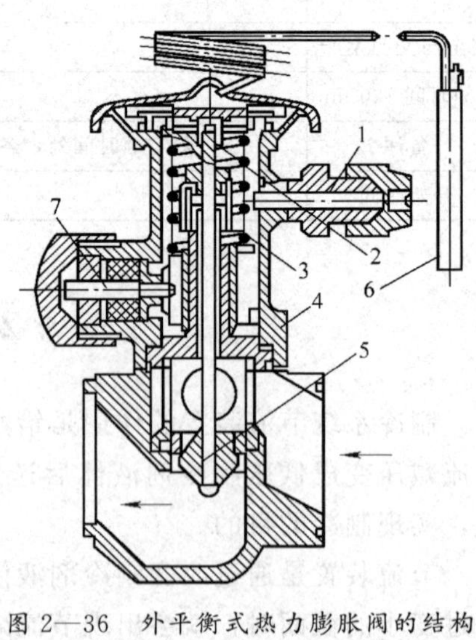

图 2—36　外平衡式热力膨胀阀的结构

1—外平衡接头　2—阀杆螺母　3—弹簧　4—阀体　5—阀杆　6—感温包　7—调节杆

热力膨胀阀一般用于氟利昂制冷系统，常采用喇叭口、螺纹连接。

2. 热力膨胀阀的安装

安装前先检查热力膨胀阀是否完好，特别是感温部分是否泄漏。检查热力膨胀阀的制冷量是否与制冷系统相匹配。

热力膨胀阀安装在蒸发器的进口，控制蒸发器的压力和制冷剂流量。感温包安装于蒸发器出口的管道外表面上，感温包通过感受蒸发器出口处制冷剂的过热度，从而实现自动调节功能，手动调节则可以旋动调节螺杆，改变弹簧压力，使自动调节范围改变。自动调节与手动调节是按热负荷的变化情况决定的，当热负荷变化量小的时候，自动调节能适应负荷的变化；当热负荷变化量大时，自动调节功能不能适应热负荷变化的需要，此时就应采用手动调节的方法来改变供液量。

热力膨胀阀的安装应尽可能紧靠冷却设备的进液管入口处，外平衡热力膨胀阀的外平衡管应从水平回气管上部接入，并接近感温包，一般安装在感温包后 100 mm 处。

安装热力膨胀阀时，应竖立放置，不允许倾斜和倒置，并应注意液体的流向，将膨胀阀的出口接在蒸发器的进口管上。

感温包应贴附于蒸发器的出口水平回气管上，当回气管直径小于 25 mm 时，感温包可扎在回气管顶部；当直径大于 25 mm 时，感温包可扎在回气管下侧中点偏 45°处或者侧面中点处，不能敷设在回气立管上，更不允许黏附在水平回气管的底部，以防底部积油影响正确感温。感温包所在位置最好低于膨胀阀，而且应水平放置或头部向下，以保证感温液体始终在感温包中。感温包同蒸发器接触面应除锈干净，并使二者良好接触无缝隙，然后缚好，外面包以保温材料。

热力膨胀阀的安装方法如图 2—37、图 2—38 和图 2—39 所示。

二、定压膨胀阀

定压膨胀阀是一种保持压差基本稳定的节流机构，结构与热力膨胀阀相类似，如图 2—40 所示。其区别是定压膨胀阀没有感应机构，而由弹簧来代替它。因此，它不能自动调节流量，可看作手动调节阀，但它在停机后阀门能自动关闭，防止开机时发生液击事故，这

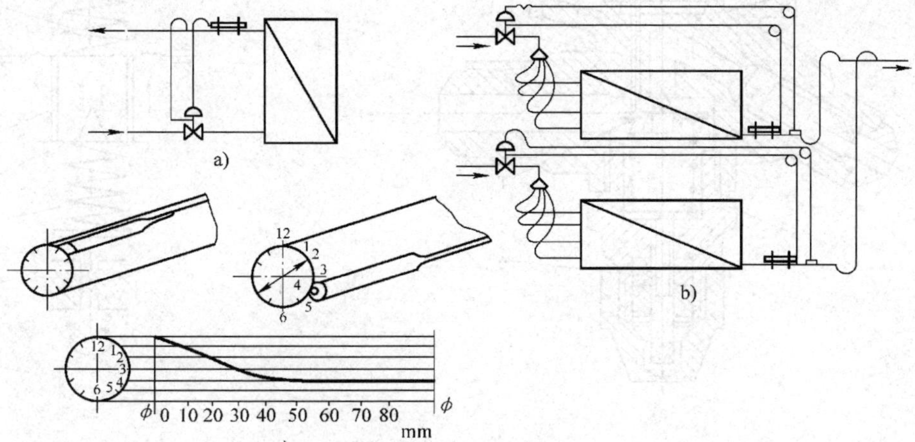

图 2—37　热力膨胀阀安装

a）单蒸发系统　b）多蒸发系统　c）不同管径回气管感温包安装位置

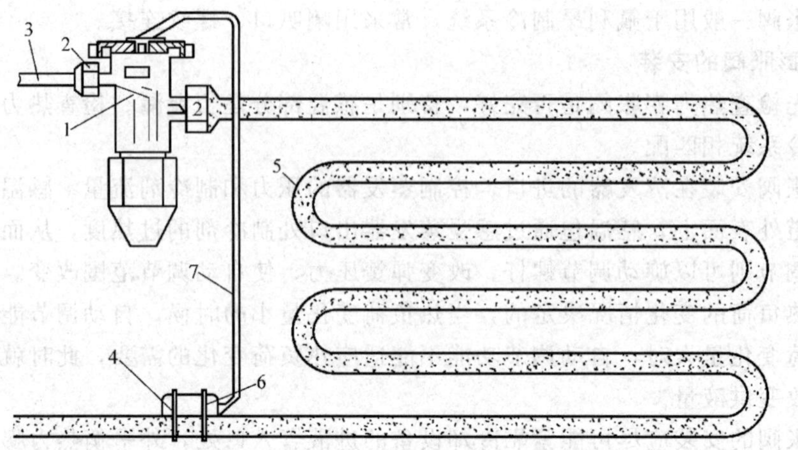

图 2—38　内平衡式热力膨胀阀安装示意图

1—阀体　2—螺母　3—供液管　4—感温包　5—蒸发器　6—感温包扎片　7—毛细管

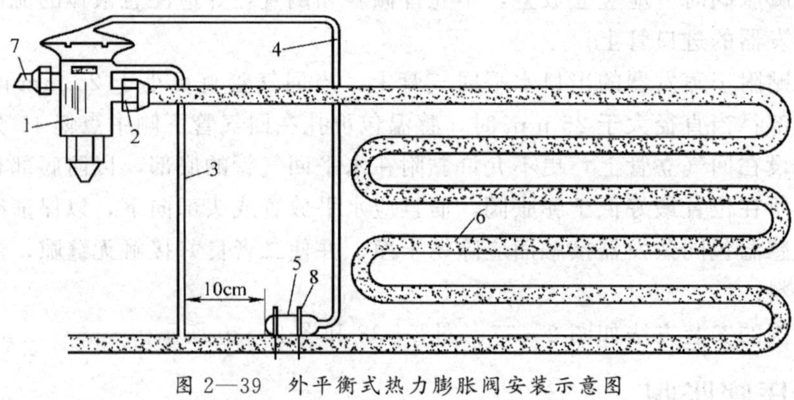

图 2—39　外平衡式热力膨胀阀安装示意图

1—阀体　2—螺母　3—外平衡管　4—毛细管　5—感温包　6—蒸发器　7—供液管　8—感温包扎片

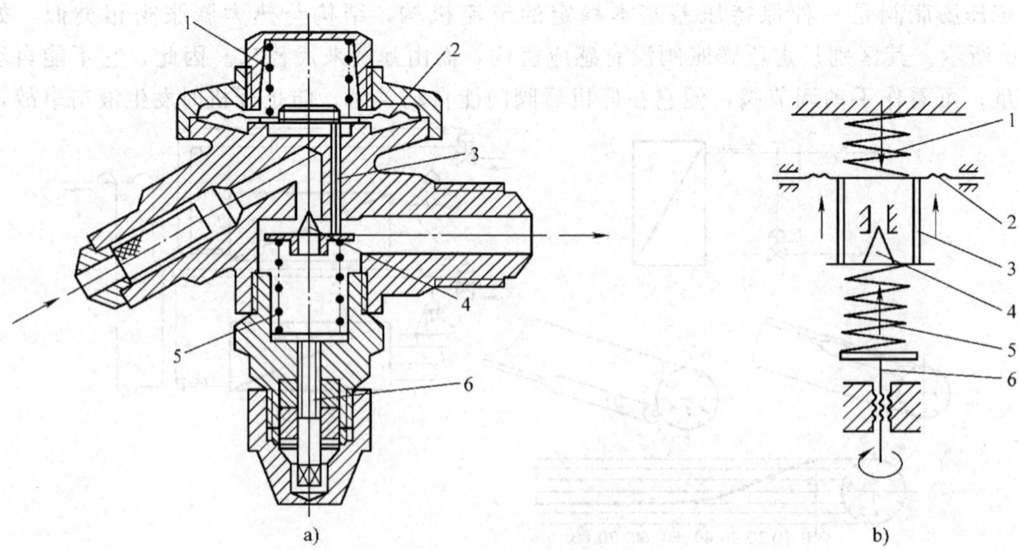

a)　　　　b)

图 2—40　定压膨胀阀

a）结构图　b）原理图

1—弹簧　2—膜片　3—传动杆　4—阀针　5—调节弹簧　6—调节杆

一点是单纯的手动调节阀所不具备的。

由于定压膨胀阀只能自动保持某一蒸发压力，一般适用于热负荷变化不大的制冷设备，如厨房冰箱、冷饮水机及冰冻冷饮的储藏箱等，不适用于热负荷变化大的制冷设备。

三、电子膨胀阀

电子膨胀阀是一种新型的节流装置，它适应制冷机电一体化的发展要求，实现了微机直接控制和调节制冷循环，具有热力膨胀阀无法比拟的优良特性，为制冷系统的智能化控制提供了条件。电子膨胀阀利用被调节参数产生的电信号，控制施加于阀上的电压或电流，进而达到调节供液量的目的。无级变容量制冷系统的制冷供液量调节范围宽，要求调节反应快，传统的节流装置（如热力膨胀阀）难以胜任，而电子膨胀阀可以很好地满足此要求。

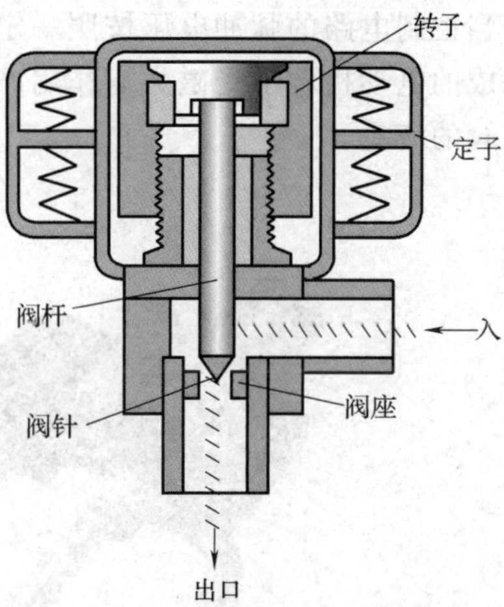

图 2—41　电子膨胀阀的结构

1. 电子膨胀阀的结构

电子膨胀阀主要由四部分组成，其结构如图 2—41 所示。

（1）转子：相当于同步电动机的转子，其连接阀杆控制阀孔开度大小。

（2）定子：相当于同步电动机的定子，将电能转化为磁场能驱动转子转动。

（3）阀针（芯）：受转子驱动，端部呈锥形，上下移动进行流量调节。

（4）阀体：一般采用黄铜制造。

2. 电子膨胀阀的类型

（1）电磁式电子膨胀阀

电磁式电子膨胀阀的结构如图 2—42 所示，它依靠电磁线圈的磁力驱动针阀。电磁线圈

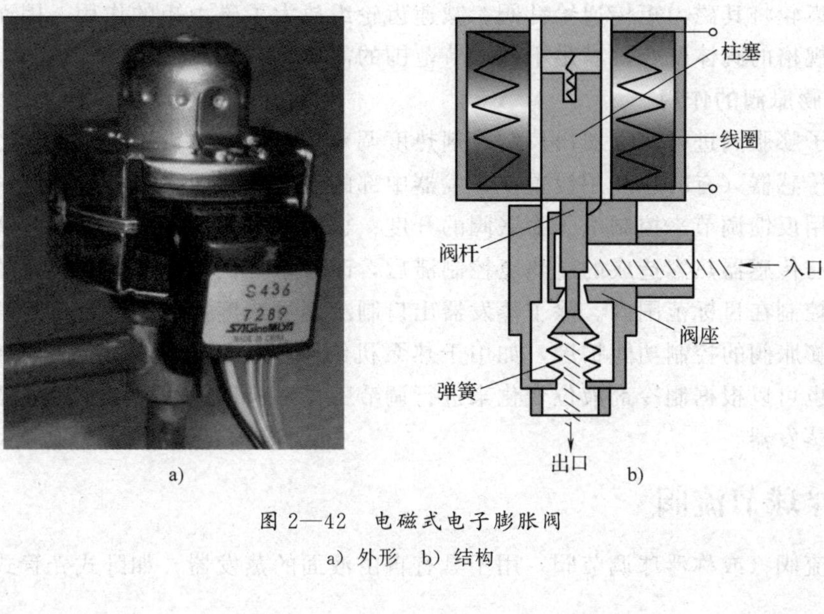

a)　　b)

图 2—42　电磁式电子膨胀阀

a）外形　b）结构

通电前，针阀处于全开位置。通电后，受磁力作用，针阀的开度减小，开度减小的程度取决于施加在线圈上的控制电压。电压越高，开度越小，流经电子膨胀阀的制冷剂流量也越小。电磁式电子膨胀阀的结构简单，动作响应快，但是在制冷系统工作时需要一直提供控制电压。

（2）电动式电子膨胀阀

电动式电子膨胀阀依靠步进电动机来驱动针阀，分为直动型和减速型两种。

1）直动型电动式电子膨胀阀如图 2—43 所示。该膨胀阀用脉冲步进电动机直接驱动针阀。当控制电路的脉冲电压按照一定的逻辑关系作用到电动机定子的各相线圈上时，永久磁铁制成的电动机转子受磁力矩作用产生旋转运动，通过螺纹的传递，使针阀上升或下降，以调节阀的流量。

a)

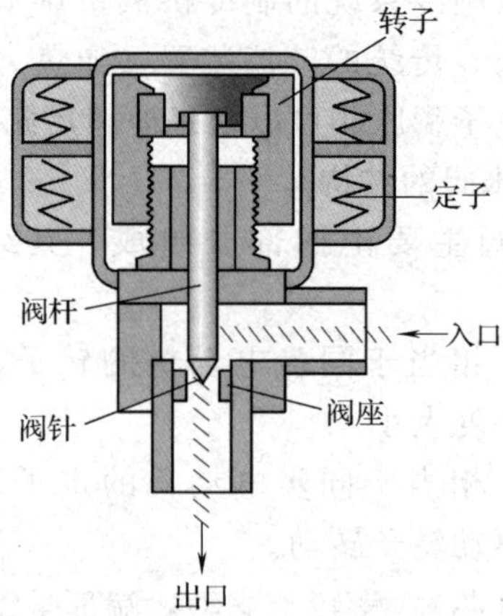

b)

图 2—43　直动型电动式电子膨胀阀

a）外形　b）结构

2）减速型电动式电子膨胀阀如图 2—44 所示。该膨胀阀内装有减速齿轮组。步进电动机通过减速齿轮将其磁力矩传递给针阀。减速齿轮组放大了磁力矩的作用，因而该步进电动机易与不同规格的阀体配合，满足不同调节范围的需要。

3. 电子膨胀阀的作用

采用电子膨胀阀进行蒸发器出口制冷剂热度调节，可以通过设置在蒸发器出口的温度传感器和压力传感器（有时也利用设置在蒸发器中部的温度传感器采集蒸发温度）来采集过热度信号，采用反馈调节来控制电子膨胀阀的开度；也可以采用前馈加反馈复合调节，消除因蒸发器管壁与传感器热容造成的过热度控制滞后，改善系统调节品质，在很宽的蒸发温度区域使过热度控制在目标范围内。除了蒸发器出口制冷剂过热度控制，通过指定的调节程序还可以将电子膨胀阀的控制功能扩展，如用于热泵机组除霜、压缩机排气温度控制等。此外，电子膨胀阀也可以根据制冷剂液位变化来进行调节工作，所以除用于干式蒸发器外，还可以用于满液式蒸发器。

四、浮球节流阀

浮球节流阀（或称浮球调节阀）用于具有自由液面的蒸发器，如卧式壳管式蒸发器、低

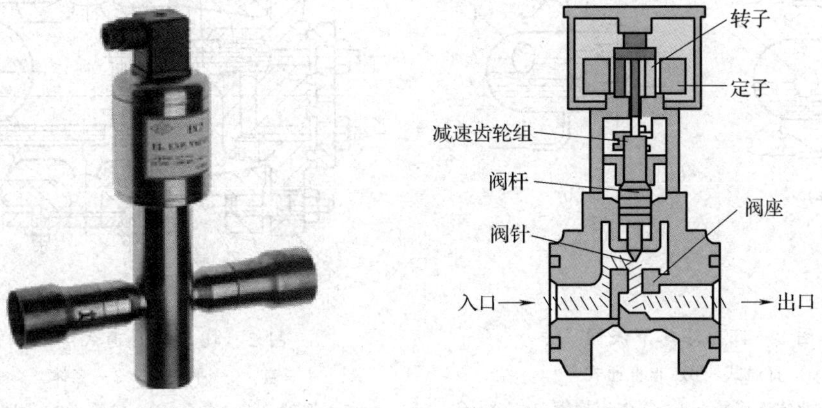

图 2—44　减速型电动式电子膨胀阀
a）外形　b）结构

压循环桶等的供液量的自动调节。浮球调节阀除起节流降压的作用外，还可以在这些设备中保持制冷剂液面的大致恒定。

浮球调节阀广泛使用于氨制冷装置中。按照其流通方式的不同，浮球调节阀可分为直通式（见图 2—45a）和非直通式（见图 2—45b）两种。浮球调节阀有一个铸铁的外壳，用液体连接管 2 及气体连接管 3 分别与被控制蒸发器的液体和蒸气两部分相连接，因而浮球调节阀壳体内的液面与蒸发器内的液面一致。当蒸发器内的液面降低时，壳体内液面也随之降低，浮子 4 落下，阀针 1 便将节流孔开大，供入的制冷剂量增大；反之，当液面上升时，浮子 4 浮起，阀针 1 的节流孔关小，使供液量减小。而当液面升高到一定的高度时，节流孔关闭，即停止供液。在直通式浮球调节阀中，流体经节流后，先进入浮球调节阀的壳体内，再经液体连接管 2 进入蒸发器中。而在非直通式浮球调节阀中，流体由出液阀引出，并另用一根单独的管子送入蒸发器中，如图 2—46 所示。

直通式浮球调节阀的结构比较简单，但壳体内液面波动较大（由进入液体产生冲击作用引起），使调节阀的工作不太稳定，而且液体从壳体注入蒸发器是依靠静液柱的高度差，因此，液体只能供到容器的液面以下。非直通式浮球调节阀的工作比较稳定，而且可以供液到蒸发器的任何部位。图 2—46 所示为非直通式浮球调节阀的结构。

为了保证浮球调节阀的灵敏性和可靠性，在浮球调节阀前都设有过滤器，以防污物堵塞阀口。在设备运转过程中，应对过滤器进行定期检查和清洗。在浮球调节阀的管路系统中，一般都装有手动节流阀的旁路系统，一旦浮球调节阀发生故障或清洗过滤器时，可使用手动节流阀来调节供液量。浮球调节阀前还装有截止阀，停机后应立即关闭。因为压缩机停止后，蒸发器中的制冷剂停止蒸发，制冷剂液体中的气泡消失，液位下降，浮球阀开大，大量制冷剂液体就会进入蒸发器。当液位升高至上限时，浮球调节阀会自动关闭。而在下次启动

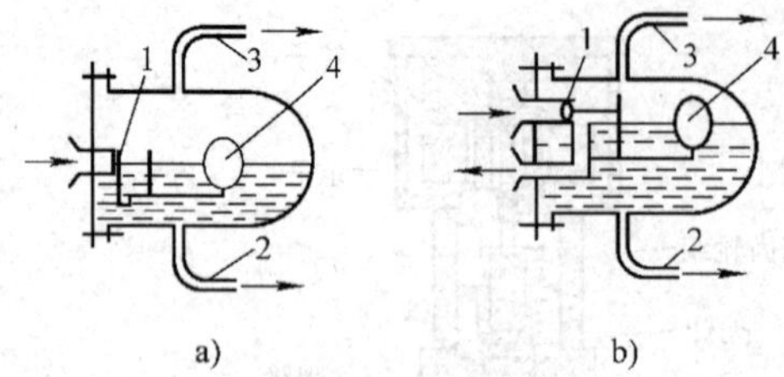

图 2—45　浮球节流阀

a）直通式　b）非直通式

1—阀针　2—液体连接管　3—气体连接管　4—浮子

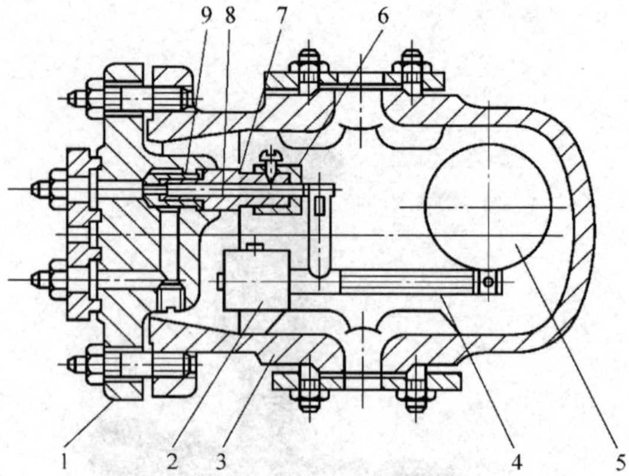

图 2—46　非直通式浮球调节阀

1—盖　2—平行块　3—壳体　4—浮球杆

5—浮球　6—盖子　7—接管　8—阀杆　9—阀座

压缩机时，制冷剂蒸发，原已处于上限的液位，因液体中充满气泡而进一步猛涨，甚至会导致压缩机发生液击。从调节特性看，浮球节流阀属于比例调节，根据负荷的大小调节供液量，即液面的变化与阀口开度的变化是成比例的。它存在静态偏差，但这种静态液面偏差一般都比较小。

五、手动节流阀

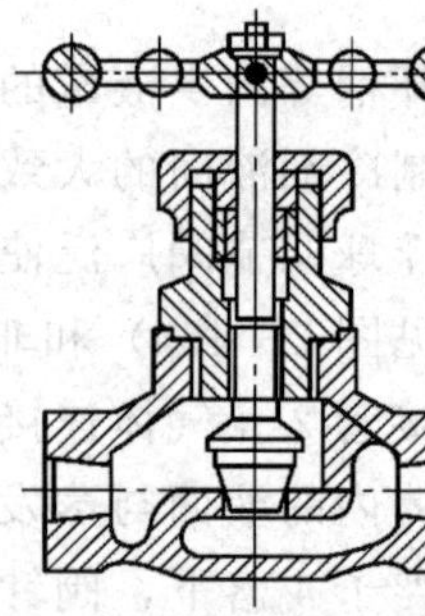

图 2—47　手动节流阀的结构

手动节流阀（又称调节阀或膨胀阀）的外形与普通截止阀相似。如图 2—47 所示为手动节流阀的结构。它由阀体、阀芯、阀杆、填料压盖、上盖、手轮和螺栓等零件组成。与截止阀的不同之处在于它的阀芯为针形或具有 V 形缺口的锥体，而且阀杆采用细牙螺纹。当旋转手轮时，可使阀门的开启度缓慢地增大或减小，以保证具有良好的调节性能。

手动节流阀开启度的大小需要操作人员频繁地调节，以适应负荷的变化。通常开启度为手轮旋转 1/8～1/4 圈，一般不超过一圈，开启度过大起不到节流（膨胀）的作用。这种节流阀在氟利昂制冷系统中已基本上被自动节流机构取代，只有氨制冷系统或试验装置中还在使用。在氟利昂制冷系统中，手动节流阀作为备用阀安装在旁通管路中，以便自动节流机构维修时使用。

六、能量调节阀

能量调节阀用来调节压缩机的制冷量，使其与蒸发器的负荷相适应，它安装于制冷系统高/低压侧之间的旁通管路上。通过旁通管路将高压侧的热气送入低压侧，以代替部分负荷，从而使压缩机的吸气压力不低于最低极限值。如图 2—48 所示为能量调节阀。

图 2—48　能量调节阀

能量调节阀的特点如下：

1. 能实现精确变化的压力调节。

2. 应用制冷量和操作范围宽。

3. 采用脉动阻尼设计，“密闭”钎焊结构。

4. 提供紧凑的角度形式设计，易于在任何位置安装。

5. 提供宽泛尺寸的喇叭口接口和外径焊接接口。

七、蒸发压力调节阀

蒸发压力调节阀安装在蒸发器后端吸气管路上，被用于维持恒定的蒸发压力，从而确保蒸发器表面温度恒定。蒸发压力调节阀通过吸气管路中的节流控制，使制冷剂的流量与蒸发器的负荷相匹配，以防蒸发压力过低（例如防止冷水机组中蒸发器结冰）。当蒸发器压力低于设定值时，调节器关闭。蒸发压力调节阀也可用于一台压缩机配置蒸发压力不同的两个或两个以上蒸发器的制冷系统。如图 2—49 所示为蒸发压力调节阀。

1. 蒸发压力调节阀的分类和特点

蒸发压力调节阀按容量大小分为直动式和导阀、主阀组合控制式两大类。前者用于小型装置上，后者用于大型装置上。如图 2—50 所示为直动式蒸发压力调节阀，它既可用于单一的蒸发器，也可用于两个以上的蒸发器，以保持不同的最低蒸发压力。

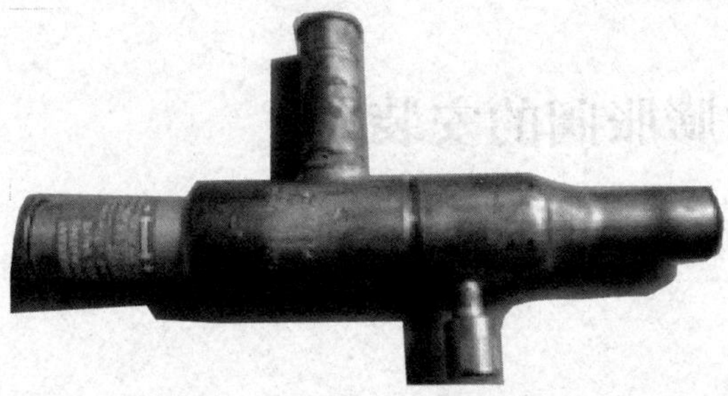

图 2—49　蒸发压力调节阀

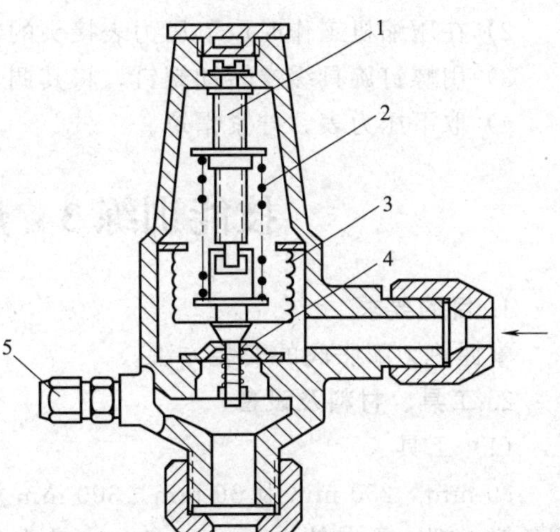

图 2—50　直动式蒸发压力调节阀

1—调节杆　2—弹簧　3—平衡波纹管

4—阀板　5—压力表接头

蒸发压力调节阀的特点如下：

（1）实现精准可变的压力调节。

（2）制冷量大，工作范围广。

（3）采用脉动阻尼设计和不锈钢波纹管，能安装在任意位置。

（4）提供喇叭口接口和外径焊接接口。

2. 蒸发压力调节阀的工作原理及作用

（1）工作原理

当蒸发器压力升高时，蒸发压力调节阀克服弹簧的压力，推动阀座上移，阀口开大，使蒸发器流出的制冷剂增多，蒸发器压力降低，保持在给定值的范围内。相反，若蒸发器压力下降，则导致阀口关小，流出的制冷量减少，使蒸发压力回升至给定值的范围。

（2）蒸发压力调节阀的作用

1）保持蒸发压力（温度）恒定，减小冷库温度波动，特别是防止蒸发压力太低，以保证冷藏物品的质量，减少干耗。

2）一台压缩机配用多个不同蒸发温度的蒸发器（一机多库）工作，如鱼、肉库－10 ℃，乳品库 2 ℃，水果蔬菜库 5 ℃，则必须在高温蒸发器出口装上蒸发压力调节阀。要注意的是在低温库出口必须装单向阀，以防止停机时，高温库制冷剂倒流至低温库，破坏低温库的正常工作。

3）防止水或盐水过度冷却而冻结；在不允许储藏空间的环境温度低于设定温度的场合，可以确保设定的蒸发温度；可以防止冷库中的冷却盘管表面过度结霜；在两台以上不同蒸发温度的蒸发器并联使用时，压缩机是以最低的蒸发温度作为运行基准的。

（3）蒸发压力调节阀的调节方法

1）按要求的库温减去设计传热温差（5～10 ℃）确定蒸发温度，求其对应的饱和压力即为要求的蒸发压力。

2）在压缩机工作时取下压力表接头的帽罩，安装压力表。

3）用螺钉旋具缓慢转动螺钉，将其调至所要求的蒸发压力（压力表读数）。

4）取下压力表，拧紧帽罩。

技能训练 3　热力膨胀阀的安装

1. 目的要求

掌握热力膨胀阀的安装方法。

2. 工具、材料及设备

（1）工具

30 mm×250 mm 及 36 mm×300 mm 活扳手各一把，胀扩管工具一套，铜管割刀一把，钢丝钳一把，手电钻一台，ϕ4.2 mm 钻头一支，螺钉、螺母各 4 个。

（2）材料

500 mm×20 mm×0.5 mm 白铁皮两块，隔热材料（宽 60～80 mm、厚 10 mm 海绵条）若干，塑料绑扎带一卷，内平衡式热力膨胀阀一个。

（3）设备

小型冷库一座或小型开启式制冷系统一台（套）。

3. 训练步骤

（1）安装前检查

1）检查热力膨胀阀是否完好。

2）检查热力膨胀阀是否与制冷系统匹配。

3）检查工具和材料是否齐全、完好。

（2）连接管管口加工

拆下热力膨胀阀与管道连接螺母套上管道，用扩管器将管口扩口。

（3）安装阀体

将热力膨胀阀与管道喇叭口进行连接、紧固。

（4）安装感温包

1）加工扎片。将 500 mm×20 mm×0.5 mm 白铁皮按蒸发器管道和感温包紧贴在一起时的实际长度尺寸加 20 mm 切断，并在两端 5～8 mm 处钻 $\phi4.2$ mm 的孔，相同尺寸加工两片。

2）固定感温包。在距蒸发器出口 100 mm 左右处将管道和感温包紧贴在一起，并用扎片进行固定。

（5）包扎保温材料

1）将海绵条缠绕包裹在蒸发器出口管道、感温包外表面，并向后包扎最少 500 mm。

2）在保温层的外表面用塑料绑扎带进行缠绕包扎，防止保温材料吸湿后降低保温性能。

4. 注意事项

（1）安装热力膨胀阀时，应竖直放置，不允许倾斜和倒置。

（2）在理直感温包毛细管时，应顺毛细管盘旋方向缓缓理直，不可用力过大，防止毛细管折断。

（3）毛细管弯曲直径不应小于 50 mm。

（4）训练中应注意安全生产，文明操作。

5. 评分标准

评分标准见表 2—3。

表 2—3　　**热力膨胀阀的安装评分标准**

项目内容	配分	评分标准	扣分	得分
安装前检查	10	（1）不对热力膨胀阀进行检查　扣 5 分 （2）不检查工具和材料　扣 5 分		
连接管管口加工	20	（1）不会使用胀扩管工具　扣 20 分 （2）扩口不符合要求　扣 10 分		
安装阀体及感温包	50	（1）阀体安装不正　扣 10 分 （2）阀体与管道喇叭口连接不牢固　扣 10 分 （3）加工扎片不符合要求　扣 10 分 （4）固定感温包位置不正确　扣 20 分 （5）感温包与管道之间松动　扣 5 分 （6）安装过程中损坏膨胀阀　扣 40 分		
包扎保温材料	20	（1）不能正确包裹保温材料　扣 15 分 （2）不能正确包扎塑料绑扎带　扣 10 分		
安全与文明生产	违反安全文明生产规程　扣 5～40 分			
定额时间 120 min	每超时 10 min 扣 5 分			
备注	除定额时间外，各项内容的最高扣分不应超过配分数		成绩	
开始时间		结束时间		

§2—4 辅助设备

为了保证冷库的制冷系统正常、安全、经济的运行，除了制冷压缩机、冷凝器、蒸发器和膨胀阀等主要设备和元件外，完善的蒸气压缩机制冷系统中还需要设置一定数量的辅助设备。在制冷系统中，辅助设备主要起到维持制冷系统循环正常工作，改善制冷系统运行指标和运行条件的作用。冷库的制冷系统中还配装有用于调节、控制与保证系统安全运行的器件、仪表和连接管道的附件等。

一、润滑油分离器

1. 润滑油在制冷系统积存的危害性

制冷系统中只有压缩机才需要润滑油，因为它能对各摩擦面起润滑、散热作用，还能提高活塞与气缸之间的密封性，这些都是有利的，但润滑油在制冷系统的其他部件中是有害的。

（1）润滑油在制冷系统中存在的状态

1）与液态制冷剂相互溶解。多数氟利昂制冷剂与润滑油有互溶作用，如 R11、R12、R21、R113、R500 与润滑油能完全互溶；R22、R114、R152、R502、R507 也会与润滑油轻微互溶；而 R13、R14 则难以与润滑油互溶。

2）未溶解的润滑油，除在压缩机曲轴箱及润滑系统中进行循环外，尚有少量油滴被压缩机排气气流带至制冷系统中。

3）在压缩机高温部分，润滑油汽化成油蒸气，它与制冷剂蒸气一起被压缩机排出至冷凝器中，遇冷后油蒸气又被凝结成液态而混于制冷剂液体中。

（2）制冷系统积存润滑油的危害

1）导致冷凝温度升高。因为空气等不凝性气体在冷凝器的传热面附近形成气膜热阻，使冷凝器的传热系数下降，放热量减少，从而导致冷凝压力和冷凝温度升高。

2）导致压缩机的排气压力升高。冷凝器内的总压力应是制冷剂蒸气的分压力和不凝性气体分压力之和。由于冷凝温度升高，相对应饱和压力（即制冷剂分压力）增加，再加上不凝性气体分压力，其总压力比无不凝性气体时的冷凝器内压力大得多。排气压力升高导致压缩机的容积效率降低，功率消耗增加，制冷量减少。另外，压缩机对不凝性气体进行压缩，也会引起功率消耗的额外增加。

3）导致压缩机的排气温度升高。冷凝压力的升高会导致压缩机排气温度升高。另外，空气的绝热指数大，压缩后的终点温度高，也会导致排气温度升高。排气温度过高会引起压缩机摩擦面的润滑恶化，也会导致冷冻机油和制冷剂分解，还会使压缩机的温度系数和输气系数下降。

4）导致腐蚀性增强。空气进入制冷系统，空气中的水分和氧气加剧了对金属材料的腐蚀作用。

为降低制冷系统积存润滑油的危害，应采用润滑油分离器（以下简称油分器），它能将混在制冷剂排气管中的润滑油大部分分离出来，并设法自动地回送至压缩机中。进入系统中的少量润滑油可在制冷剂气流带动下经吸气管返回压缩机，从而可维持压缩机曲轴箱中有一定的油位。

油分器安装在冷凝器与压缩机之间，可除去压缩机排气中含有的润滑油。

（3）油分器的分油原理

1）从压缩机排出的制冷剂蒸气进入突然扩张的容器中，由于流速的突然降低，可使油雾微粒在重力作用下分离出来。

2）排出蒸气进入锥形旋室并沿边发生旋转，由于油雾微粒的质量较大，故飞向壁面并沿壁面下流。

3）蒸气与油雾经过金属丝网或不在同一中心的多层孔板的阻挡，发生过滤分离。

4）气流方向经过多次折转变化，油雾微粒由于惯性而分离。

5）高温的制冷剂蒸气经制冷剂液体的洗涤冷却而分离润滑油。

油分器根据使用制冷剂的不同，分为氨油分离器和氟油分离器。应该注意的是氨压缩机用的冷冻机油因受高温作用而稍有变质，故分离出来的油不能直接用于压缩机的润滑。氟利昂压缩机因其正常的压缩，终了温度不会使油变质，故可把分离出来的油直接经自动或手动控制流回曲轴箱。

2. 常用油分离器

常用的油分离器主要有过滤式、离心式、填料式和洗涤式等。

（1）过滤式油分离器

过滤式油分离器如图 2—51 所示。高温高压的制冷剂蒸气经进气管进入油分离器，在其内减速、变换运动方向之后，将部分冷冻机油分离出来，并自行落入分离器下部的油池中，然后经回油阀定期排至集油器。这种氨油分离器的分油率为 65％左右。

（2）离心式油分离器

离心式油分离器如图 2—52 所示。氨蒸气从氨油分离器侧部进入，在其内做螺旋状下降运动。由于离心力的作用，部分油被甩至油分离器的筒体内壁，并自行落入筒体下部的油池

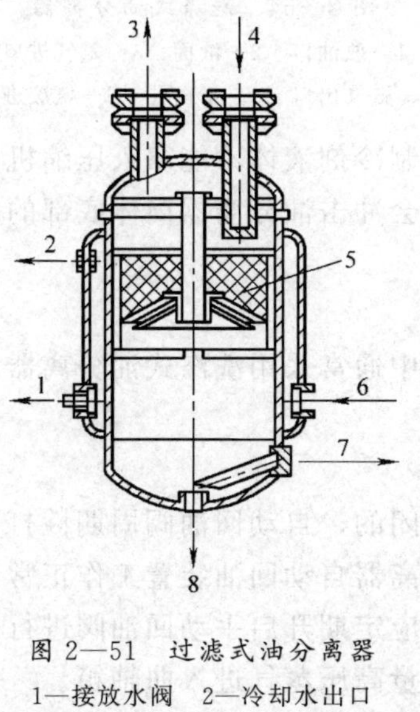

图 2—51　过滤式油分离器

1—接放水阀　2—冷却水出口

3—氨气出口　4—氨气进口　5—滤网

6—冷却水进口　7—接回油阀　8—排污

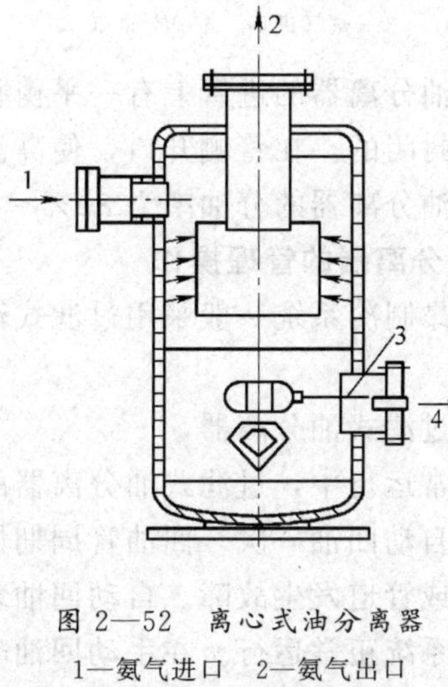

图 2—52　离心式油分离器

1—氨气进口　2—氨气出口

3—浮球阀　4—接回油阀

中。制冷剂蒸气经过多孔挡油板再次分油后，通过油分离器顶部的出气管排出。外加冷却水套能提高分油效果。这种氨油分离器的流动阻力小，具有良好的分油效果。

(3) 填料式油分离器

填料式油分离器如图 2—53 所示。填料可用金属滤网，也可用金属切屑、陶瓷环等。其他结构和油、气分离过程与过滤式油分离器相同。这种油分离器的分油效果较好，当采用金属滤网时，分油率为 96%～98%，但压力损失较大。

(4) 洗涤式油分离器

洗涤式油分离器如图 2—54 所示。高温高压的制冷剂蒸气从油分离器顶部的进气口进入，在油分离器筒体下部的制冷剂液体内放热、冷却、洗涤和分油。部分制冷剂液体经吸热蒸发，与被洗涤的制冷剂蒸气一道上行运动，再经伞形多孔挡板分油后，从分离器筒体一侧的出气口排出。位于油分离器筒体下部的制冷剂液体是由冷凝器或高压储液筒供给的。

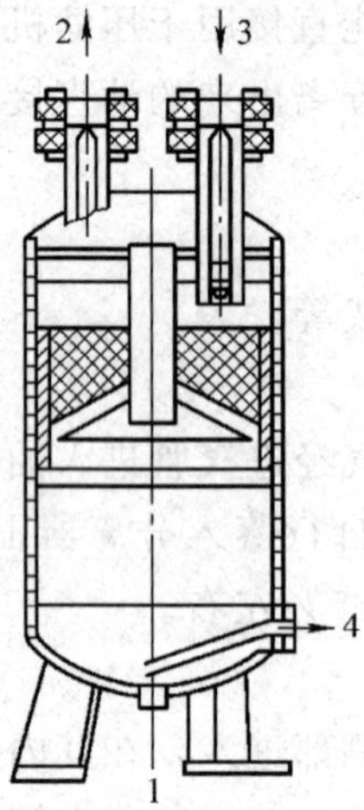

图 2—53 填料式油分离器

1—排污口 2—氨气出口

3—氨气进口 4—放油口

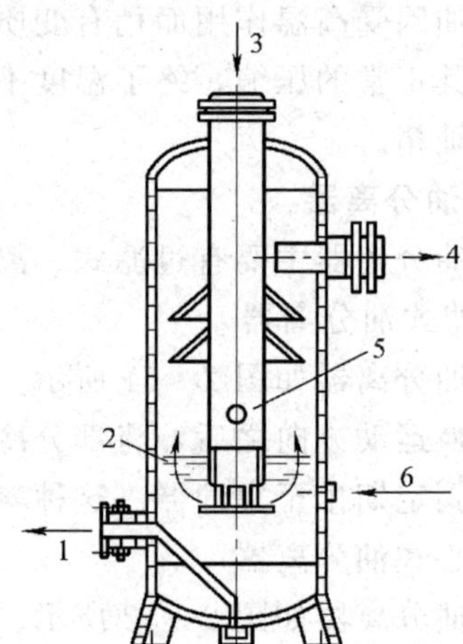

图 2—54 洗涤式油分离器

1—放油口 2—液面 3—氨气进口

4—氨气出口 5—平衡孔 6—氨液进口

这种油分离器的进管上有一平衡孔，其作用是保证制冷剂液体不能窜入压缩机。进气管的底部是封闭的，在管侧开口，使高温高压的氨蒸气不会冲击油分离器筒体底部的制冷剂液体。这种油分离器的分油率为 80%～85%。

3. 油分离器的管理操作

氟利昂制冷系统一般采用过滤式油分离器，氨系统中通常采用洗涤式油分离器和填料式油分离器。

(1) 过滤式油分离器

在正常运行中，过滤式油分离器的手动回油阀是关闭的，自动回油阀周期性打开。一般是每小时自动回油一次，回油管周期性发热则说明油分离器自动回油装置工作正常，否则表示浮球阀或管道发生故障。自动回油装置发生故障时，应定期开启手动回油阀进行回油，以保证制冷系统正常运行。在手动回油时，应注意防止大量高压蒸气进入曲轴箱。

(2) 洗涤式油分离器

在正常运行中，洗涤式油分离器的放油阀是关闭的。洗涤式油分离器内的液面高度约为其高度的 1/3，主要取决于出液管和进液管的高度差。应根据开机时间的长短和机器耗油量以及油分离器下部存油情况来确定是否放油，通常每周放油 1～2 次。填料式油分离器除无洗涤式油分离器的供液操作外，其余操作基本相同。

二、气一液分离器

1. 不凝性气体分离设备

在制冷装置的安装、维修和运行过程中，从外部渗入的空气和制冷剂自身分解生成的气体构成了不凝性气体（其主要成分为空气），它将对制冷循环产生不利的影响，因此，应设法从制冷系统中把空气分离出来。

（1）制冷系统中混有不凝性气体的危害

1）导致冷凝温度升高。由于空气等不凝性气体在冷凝器的传热面附近形成气膜热阻，使冷凝器的传热系数下降，放热量减少，从而导致冷凝压力和冷凝温度升高。

2）导致压缩机的排气压力升高。冷凝器内的总压力应是制冷剂蒸气的分压力和不凝性气体分压力之和。由于冷凝温度升高，相对应饱和压力（即制冷剂分压力）增加，再加上不凝性气体分压力，其总压力比无不凝性气体时的冷凝器内压力大得多。排气压力升高导致压缩机的容积效率降低，功率消耗增加，制冷量减少。另外，压缩机对不凝性气体进行压缩，也会引起功率消耗的额外增加。

3）导致压缩机的排气温度升高。冷凝压力的升高会导致压缩机排气温度升高。另外，空气的绝热指数大，压缩后的终点温度高，也会导致排气温度升高。排气温度过高会引起压缩机摩擦面的润滑恶化，使冷冻机油和制冷剂分解，还会使压缩机的温度系数和输气系数下降。

4）导致腐蚀性增强。若空气进入制冷系统，空气中的水分和氧气就会加剧对金属材料的腐蚀作用。

（2）空气分离器

由于不凝性气体会对制冷系统产生危害，对制冷循环产生不利的影响，因此，应设法从制冷系统中把不凝性气体分离出来。

氟利昂制冷装置不需要设置专门的空气分离器，根据空气与氟利昂蒸气的密度不同，即空气比氟利昂蒸气密度小，能比较容易地从装有氟利昂的容器顶部把空气排放出去。实践证明，如果排放操作得当，氟利昂蒸气随同空气排出的量约占排出总空气量的 3%。

氨气比空气轻，在气一液共存的氨容器中，空气层位于氨液和氨气之间，因此，氨液的蒸发和氨气的冷凝都要通过空气层，致使空气中混有大量的氨气。但是，随着混合气体温度降低，空气中的含氨量减少。这就是采用专门的冷却设备作为空气分离器的道理所在。

通常采用的空气分离器有立式（壳体盘管式）和卧式（四套管式）两种。

立式空气分离器如图 2—55 所示，它是由储液筒供给氨液的。氨液在蛇形盘管中蒸发，使壳体容器内部温

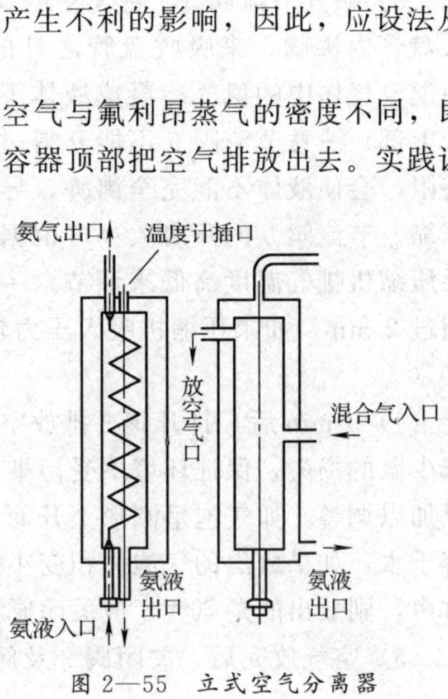

图 2—55　立式空气分离器

度降低。氨蒸气与空气的混合气体从壳体中部一侧的管路进入容器，并冷凝成为液体落入容器的下部，而空气则浮于容器上部空间，经放气阀排出。

卧式空气分离器如图 2—56 所示，它是由 4 根直径不同的无缝钢管套焊而成的，其工作原理与立式空气分离器相同。

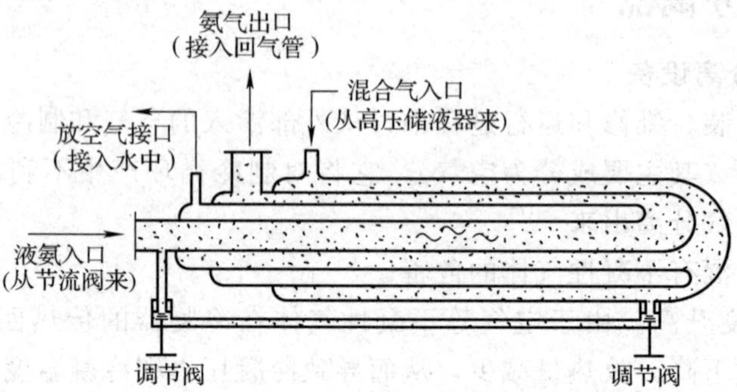

图 2—56　卧式空气分离器

国产卧式空气分离器多数只装 1 个调节阀，从混合气体中分离出来的氨液，经调节阀进入最里层套管内蒸发。

（3）空气分离器排放空气操作

1）如图 2—57 所示为氨制冷系统排放空气原理图，首先打开阀 1，让冷凝器中的不凝性气体与氨气的混合物进入空气分离器，若不再流入气体时关闭阀 1。注意应使阀 1 全开，以减少混合气体进入空气分离器的阻力。

2）打开回气阀 2，使空气分离器内的盘管与压缩机吸气口相通。

3）微开节流阀 5，使氨液经节流阀降压后，进入盘管内沸腾，来吸收盘管之外的混合气体热量，使混合气体中的氨气冷凝成液体下沉，则空气积存于上部。注意节流阀 5 不能开得过大，因盘管面积有限，会使液体不能完全沸腾，导致制冷机产生湿压缩。节流阀 5 的开启大小可根据回气管结霜情况及压缩机排气温度高低来调节。一般回气管结霜不超过 2 mm。如果压缩机吸入压力较高，回气管可能不会结霜，这时控制排气温度应不低于 70 ℃。

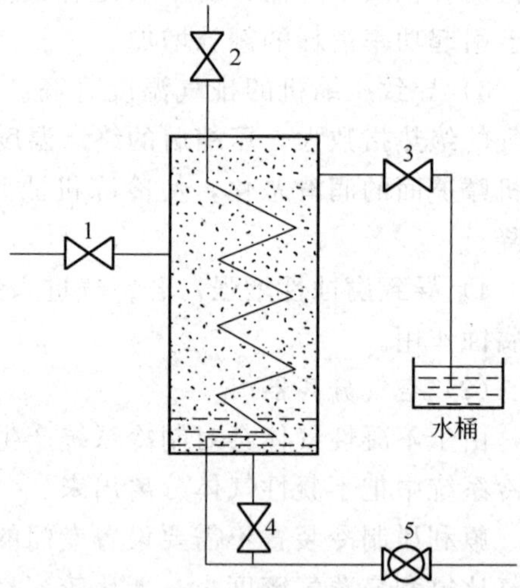

图 2—57　氨制冷系统排放空气原理图

1—混合气体入口阀　2—回气阀

3—放空气阀　4—回液阀　5—节流阀

4）5 min 后，打开阀 3 排放空气。为促使混合气体中氨气的冷凝，提高空气分离效率，减少氨的损失，保证环境不受污染，阀 3 应开小一些。阀 3 开启的程度可根据水桶中气泡情况加以调整。如气泡呈圆形上升而无体积变化，水温也不上升，则放出的是空气。由于氨易溶于水，如果放出的气泡体积变小，并有刺激性气味逸出，水渐呈白色，同时水中能听出爆竹声，则放出的是氨气，应关闭阀 3。

5）空气放完后，关闭阀 3 及阀 5，然后微开阀 4，使冷凝下来的氨液流过盘管进入压缩机，使制冷剂得以重复使用。注意阀 4 不能开得过大，以防“液击”。

2. 气－液分离设备

气－液分离设备安装在压缩机吸气室之前，实际上是在吸气管上装设一个骤然放大的空间，其中还装有一块挡板。这样，利用蒸气和液体微粒的密度不同而产生不同的惯性作用，便可防止压缩机吸入的低温低压制冷剂蒸气中含有过多的液滴。常用的气－液分离设备有氟液分离器（见图 2—58）和氨液分离器（见图 2—59）。

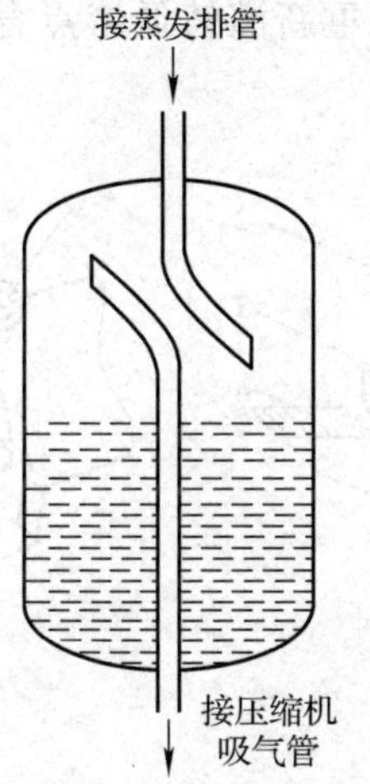

图 2—58 氟液分离器

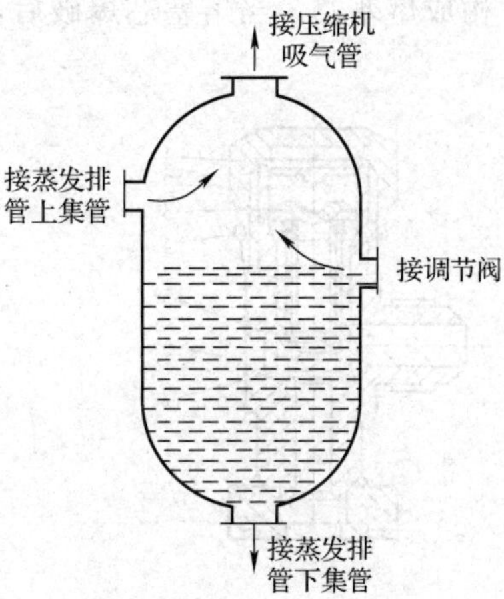

图 2—59 氨液分离器

就氨液分离器而言，氨蒸气的流速低，携带液滴的能力小，故压缩机从其顶部吸走氨蒸气后，氨液自行落至分离器下部，并通过下集管进入蒸发器而继续蒸发。此外，在分离器中，氨蒸气的运动方向是变化的，故有利于将蒸气中的液滴分离出来。

三、干燥过滤器

运行中的制冷装置，由于制冷剂与冷冻机油中的污物和微量水分、压缩机磨损产生的机械杂质、管路内的污垢等存在，均能致使节流机构的节流孔发生堵塞（脏堵或冰堵）。因此，在制冷装置的节流阀前必须装设过滤器，用以滤除污物和水分。

1. 污物过滤器通常采用金属滤网作为滤芯，或加入过滤填料，一般用于滤油、滤气和滤液等场合。

2. 干燥过滤器如图 2—60 所示。干燥过滤器除了担负过滤器的功能外，还能吸附制冷系统中的微量水分，这对氟利昂制冷装置来说尤为重要。干燥过滤器中采用的干燥剂有无水氯化钙、硅胶、活性氧化铝等。

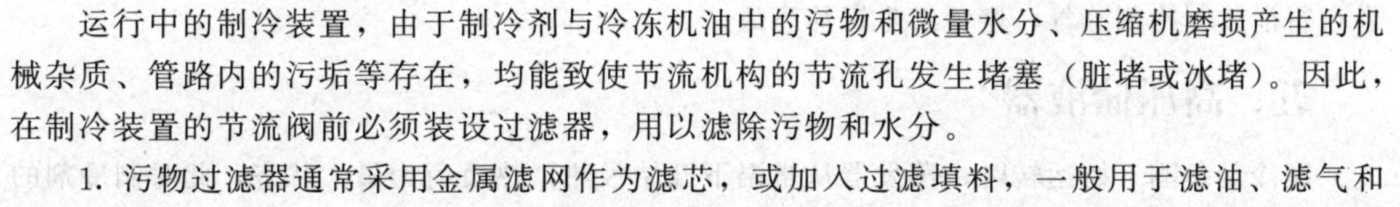

图 2—60 干燥过滤器

1—封盖 2—筒体 3—过滤网 4、6—纱布 5—干燥剂 7—过滤网支撑架 8—封盖

四、安全装置

安全装置包括紧急泄氨器、安全阀和易熔塞等。

1. 紧急泄氨器是为应付紧急状态而设置的，平时不工作，但应定期检查，以防失灵。

2. 安全阀结构如图 2—61 所示，控制的压力选定在高压侧耐压试验值的 4/5 左右开启。

3. 易熔塞结构如图 2—62 所示，在锥形小孔内，灌铸低熔点合金（熔化温度为 70～75 ℃）构成熔塞芯。当熔塞芯爆破后，应卸下锥形熔塞体，重新灌铸低熔点合金。

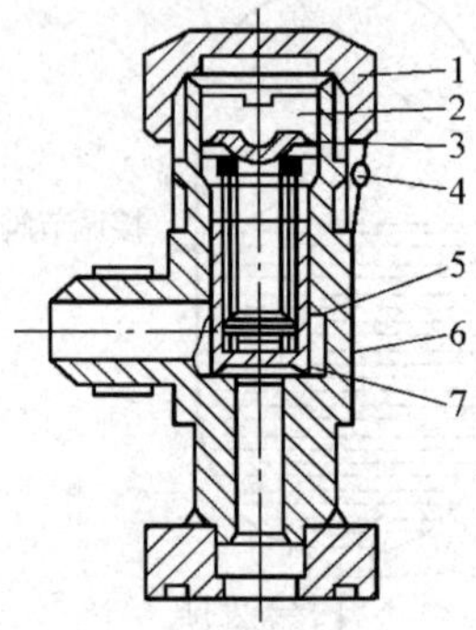

图 2—61　安全阀

1—阀帽　2—调节螺钉　3—垫片

4—铅封　5—阀芯　6—阀体　7—阀口

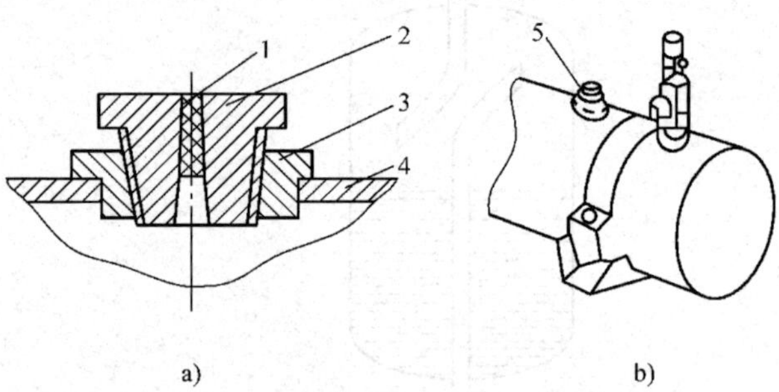

图 2—62　易熔塞

a）结构图　b）安装图

1—熔塞芯　2—锥形熔塞体　3—熔塞座

4—筒体　5—熔塞

安全装置大都装在位于制冷系统高压侧的储液器或水冷式冷凝器的壳体部。当制冷装置因断水（或其他原因）而发生异常现象（排气压力过高、高压开关失灵等）时，安全装置将会自行泄放制冷剂蒸气，避免发生爆炸事故。

五、高压储液器

制冷设备刚开始运转时，蒸发器从常温下开始吸热，热负荷为最大状态，此时制冷剂的循环量也最大。当制冷设备运转一段时间后，冷库（室）的温度有显著的下降，蒸发器热负荷逐渐减小，制冷剂循环量也相应减小。循环量大时要保证有足够的供液量，循环量小时又要将多余的制冷剂液体储存起来。因此，制冷设备中就非常需要装设储液器。当制冷剂循环量大时能足够地供给，当制冷剂循环量小时又可将其储存起来，以适应供液量的变化。制冷设备若没有储液器，多余的制冷剂就会积存在冷凝器中，这会影响冷凝器的散热效果。此时就要求制冷剂的注入量比较精确，注入量多会造成冷凝压力上升；注入量少会影响制冷量，所以很难控制。如装设储液器，就可克服上述供液波动现象。

如图 2—63 所示为储液器示意图。密封的储筒为耐高压容器，进出液口都在容器的上部，并装有可关闭的阀门，供检修时用。当出液口设在容器上部时，需装一根伸到容器底部的输液管，在工况变化时能保证供液。储液器多数为横放，竖立安装的不多，但其安装位置应比冷凝器低。

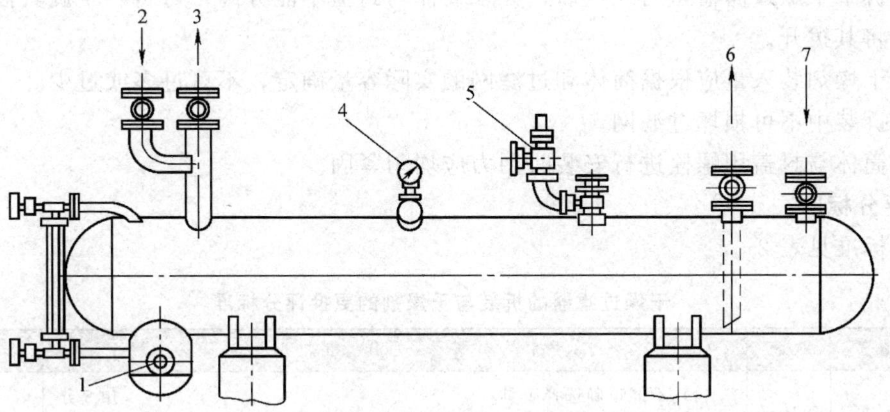

图 2—63　储液器示意图

1—放油阀　2—加压　3—减压　4—压力表　5—安全阀　6—出液　7—回液

技能训练 4　干燥过滤器的拆装与干燥剂的更换

1. 目的要求

(1) 了解干燥过滤器的结构。

(2) 会拆装干燥过滤器和更换干燥剂。

2. 工具及仪表材料

(1) 工具

开口扳手一套，150 mm 一字旋具一把。

(2) 材料

开启式干燥过滤器一只（型号自定），干毛巾一块，干燥剂（根据干燥过滤器选配），密封垫片（根据干燥过滤器选配），过滤网等。

3. 训练步骤

(1) 拆卸

1) 拆下干燥过滤器密封螺栓，使筒体与封盖分离。

2) 取下密封垫片和干燥剂封盖滤网。

3) 将干燥剂倒出，取出过滤网。

4) 清洁过滤器筒体和过滤网。

(2) 装配

1) 将过滤网装入筒体。

2) 将干燥剂装入过滤网。

3) 装上干燥剂封盖滤网。

4) 在筒体与封盖之间放上密封垫片。

5) 将筒体与封盖用螺栓进行紧固。

4. 注意事项

(1) 拆卸时应均匀松开干燥过滤器密封螺栓。

（2）拆下干燥过滤器密封螺栓后，如果筒体与封盖不能分离，可将一字旋具插在筒体与封盖之间将其拨开。

（3）干燥剂装入量应根据筒体和过滤网的实际容量确定，不可过多或过少。

（4）拆装中不可损坏过滤网。

（5）筒体与封盖用螺栓进行安装时用力应均匀紧固。

5. 评分标准

评分标准见表 2—4。

表 2—4　　干燥过滤器的拆装与干燥剂的更换评分标准

项目内容	配分	评分标准	扣分	得分
工具的使用	10	（1）不能正确选择工具　扣 5 分 （2）不能正确使用工具　扣 5 分		
拆卸与清洗	25	（1）不能正确拆卸　扣 15 分 （2）不清洗过滤网和过滤器筒体　扣 10 分 （3）拆卸过程中损坏过滤网　扣 15 分 （4）拆卸过程中将干燥剂散失　扣 5 分		
装配	50	（1）不能正确装配　扣 15 分 （2）装配过程中损坏过滤网　扣 20 分 （3）不能确定干燥剂的装入量　扣 5 分 （4）筒体与封盖装配松动，不符合要求　扣 15 分		
检查	15	（1）装配后不检查　扣 15 分 （2）检查中不能发现装配质量问题　扣 5 分		
安全与文明生产	违反安全文明生产规程　扣 5～40 分			
定额时间 120 min	每超时 10 min 扣 5 分			
备注	除定额时间外，各项内容的最高扣分不应超过配分数		成绩	
开始时间		结束时间		

第三章　冷库制冷系统

完整的蒸气压缩机制冷系统应包括制冷剂循环系统、润滑油循环系统、融霜系统、冷却水循环系统以及载冷剂循环系统等。

制冷剂循环系统由两个部分组成，一部分是指制冷剂离开节流阀进入蒸发器，经过吸气管到达压缩机吸气阀的循环回路。这部分管道和设备中制冷剂的压力接近蒸发压力，故称为低压系统。另一部分是指制冷剂从压缩机排气阀经排气管、油分离器、冷凝器、泄液管、储液器、高压输液管到达节流阀的循环回路。这部分管道和设备中的制冷剂压力接近冷凝压力，因此称其为高压系统。

低压系统的作用是向蒸发器输送低温制冷剂液体，使其在蒸发器内吸收周围环境的热量。低压系统的设备和管道大部分置于库房中，因此常被称为库房系统。

高压系统的作用是提高制冷剂蒸发压力，通过放热使蒸气冷凝为液体，恢复其蒸发吸取冷却对象热量的能力。在高压系统中，制冷剂向周围环境放出热量，管道和设备大部分置于机器间或室外，因此也称为机房系统。

§3—1　供液系统与供液方式

供液系统是制冷系统的组成部分，它通过一定的方式将制冷剂液体送进蒸发系统，使蒸发器有足量的制冷剂液体汽化吸热。按供液方式的不同，供液系统分为直接膨胀供液系统、重力供液系统和制冷剂液泵供液系统。

一、直接膨胀供液系统

制冷剂液体经过节流降压后直接供至蒸发系统，这种供液系统称为直接膨胀供液系统。其结构如图 3—1 所示。

直接膨胀供液系统一般适用于单独的冷却设备或小型的制冷系统。这种供液系统比较简单，依靠膨胀阀的开启度直接调节向蒸发系统的供液量。由于制冷剂液体经过膨胀阀节流产生的闪发气体随着液体制冷剂一起进入蒸发系统，从而降低了冷却设备的制冷效果。为了防止压缩机发生湿冲程，必须使回气维持正常的过热度状态，以及适应膨胀阀前后压差变化所引起的供液流量的变动。在配备冷却设备时，还必须增加 20%左右的冷却面积。

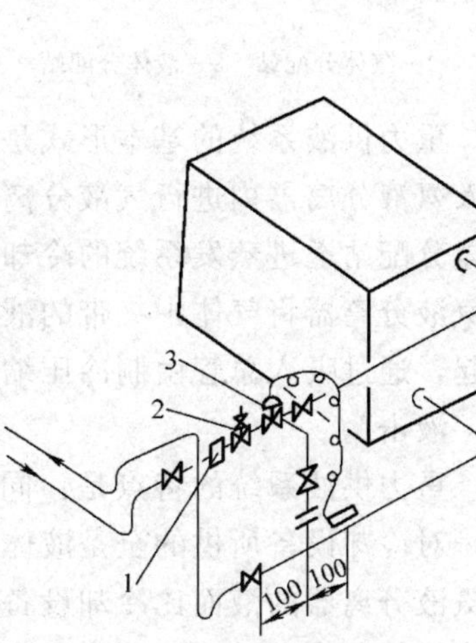

图 3—1　直接膨胀供液系统

1—液体过滤器　2—电磁阀

3—热力膨胀阀

自动控制的小型氟利昂制冷系统采用的热力膨胀阀，是依据冷却设备末端的回气过热度来自动调节供液量的。

热力膨胀阀的允许过热度一般为 3～8 ℃，即过热度在 3 ℃时，热力膨胀阀开启，随着过热度的增加，阀门的开启度增大，直至过热度为 8 ℃时全部开启。若过热度小于 3 ℃，热力膨胀阀自动关闭，停止供液。为了实现向蒸发系统供液的自动控制，还必须采用温度控制（调节器）来控制电磁阀的开关。

热力膨胀阀有内平衡式和外平衡式两种。当冷却设备内的压力降较小时，通常选用内平衡式热力膨胀阀。热力膨胀阀的容量一般应比冷却设备的热负荷大，对冷却设备热负荷较稳定的，需大 20％～30％；对热负荷波动较大的，需大 70％～80％。

二、重力供液系统

重力供液系统是在蒸发系统与膨胀阀之间设置一个气液分离器，使其中的液面高于冷却设备的工作液面，借助液柱的静压力来克服液体管道至冷却设备的液体流动阻力，将液体制冷剂送进冷却设备。重力供液系统适用于氨制冷剂的制冷系统。其结构如图 3—2 所示。

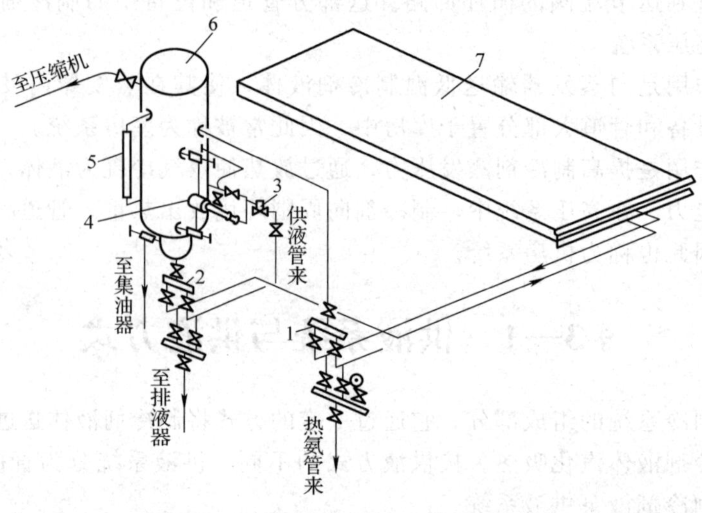

图 3—2　重力供液系统

1—气体分配站　2—液体分配站　3—氨液过滤器　4—球阀　5—液位指示器　6—氨液分离器　7—顶排管

重力供液系统的基本形式是液氨经手动膨胀阀或能自动控制液面的浮球阀节流降压后，流入氨液分离器内进行气液分离，液体借助液柱静压的作用，从氨液分离器下部的出液管经液体分配站送进蒸发系统的冷却设备，在冷却设备内吸热蒸发成气体，又经过气体分配站进入氨液分离器将气体中夹带的液滴分离出来，分离后的干蒸气与节流产生的闪发气体汇集在一起，通过吸入总管由制冷压缩机吸入，这样就可保证冷却设备的充分供液和防止压缩机发生“液击”。

重力供液系统的特点是：同一蒸发温度并联的蒸发系统可共用一个膨胀阀和氨液分离器；对冷却设备所供的全是液体，为充分发挥冷却设备的换热能力提供了必需的条件。但由于氨液分离器的液面比冷却设备的工作液面通常要高出 1.5 m 以上，两者的液位差所产生的液柱静压作用影响到蒸发温度；当采用手动操作时，要保持氨液分离器正确的液位往往比较困难，容易出现供液偏多或者供液不足，造成压缩机湿行程。此外，对于供液蒸发系统，制冷剂液体在冷却设备内的流速较小，冷却设备最低处也容易积存润滑油，将影响到制冷效果。

三、制冷剂液泵供液系统

氨泵供液系统是液泵加压供液系统的一种形式，其结构如图 3—3 所示。

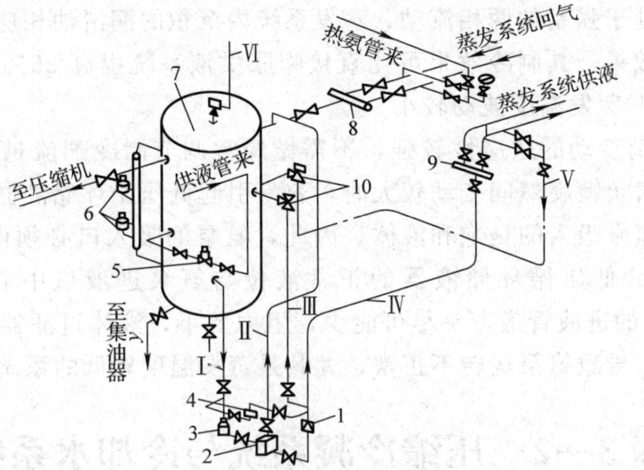

图 3—3　氨泵供液系统

1—止回阀　2—氨泵　3—氨液过滤器　4—压差控制器　5—电磁主阀　6—浮球液位计　7—低压循环储液器　8—气体分配站　9—液体分配站　10—自动旁通阀

Ⅰ—进液管　Ⅱ—抽气管　Ⅲ—液体旁通管　Ⅳ—出液管　Ⅴ—排液管　Ⅵ—安全管

与重力供液系统相比，氨泵供液系统的基本形式是用低压循环储液器代替了氨液分离器。用氨泵加压供液代替重力供液，系统功能更加完善。低压循环储液器内的液体由氨泵增压后，对蒸发系统实行强制供液，因供液量要求大于冷却设备蒸发量的数倍，所以蒸发系统属两相流蒸发系统。从蒸发系统回到低压循环储液器的制冷剂，在储液器内气液分离，分离出的蒸气连同节流产生的闪发气体被压缩机吸入，分离出的液体则参与氨泵加压供液循环。在氨泵的进液口处设有液体过滤器，其作用是将混在液体中的脏物在进入氨泵之前过滤出来，以免损伤氨泵。氨泵泵体顶部有一根抽气管Ⅱ，与低压循环储液器上部连通。在氨泵启动之前，打开抽气阀，便可将积存在泵内的气体排至低压循环储液器，确保氨泵正常启动运转。设置在氨泵出液管Ⅳ上的液体旁通管Ⅲ，其截止阀是常开的，当蒸发系统所需液量较小时，氨泵出液管压力增大到适当程度，可自动地将旁通阀打开，多余的液量回流到低压循环储液器。连接在氨泵进液管Ⅰ和出液管Ⅳ的压差控制器属于氨泵自动保护装置。氨泵启动后，在调定的时间内仍不上液，会使氨泵停止运转，免得损坏氨泵。氨泵出液管Ⅳ上的止回阀可防止氨泵停止运行后因液柱静压作用造成氨泵返回运转。液体分配站至低压循环储液器之间的排液管是用来进行热氨冲霜的。低压循环储液器液面通常采用浮球阀或液体电磁主阀和浮球液位计实行自动控制，后者是在筒体上安装两个浮球液位计，下部的浮球液位计用来控制正常液位，当筒内液位处在正常液位下限时，浮球液位计感应信号将电磁主阀打开，向筒内供液。当筒内液位到达正常液位上限时，则自动切断电磁阀主阀电源，关闭主阀，停止供液。上部的浮球液位计是筒内超高液位报警时使用的，当筒内液面因某种原因到达超高液位时，上部的浮球液位计将通过继电装置发出声或光的报警信号，并同时停止压缩机运行，操作者应迅速做超高液位处理。

氨泵供液系统的主要特点是：

1. 供液系统可设在机房内，多层冷库仍可采取集中供液的方式，便于操作管理。

2. 由于制冷剂的循环流量数倍于蒸发量（冷藏间下进上出蒸发系统为 3～4 倍；冷却间和冻结间下进上出蒸发系统为 5～6 倍，若采用上进下出的蒸发系统还要再增加 30%），冷却设备内的制冷剂处于强制的两相流动，蒸发系统内沉积的润滑油相应减少，从而大大提高了冷却设备的换热效果，其制冷效果可比直接膨胀供液系统提高 25%左右，可比重力供液系统提高 10%，同时蒸发温度波动较小。

3. 蒸发系统负荷变动的适应性较强，不需做经常调节制冷剂流量的操作。但当冷间热负荷不稳定和压缩机负荷突然间变动较大时，容易引起低压循环储液器液面的波动，造成氨泵泵不上液。由于氨泵吸入的是饱和液体，因此，氨泵的吸入口必须保持足够的液柱静压，以保证氨泵的进液。低压循环储液器的正常液位与氨泵进液口中心的位差一般不小于 1.5 m，并要求氨泵的进液管道弯头尽可能少，阻力要小，液体过滤器不能有堵塞现象，否则易产生供液汽化，导致氨泵运转不正常，尤其是蒸发温度较低的系统更是如此。

§3—2　压缩冷凝系统与冷却水系统

一、压缩冷凝系统

压缩冷凝系统在制冷系统中的作用是将从蒸发器出来的低压制冷剂蒸气转变为高压液体，以实现制冷循环。压缩冷凝系统分为单级压缩冷凝系统和双级压缩冷凝系统。

1. 单级压缩冷凝系统

在氨制冷系统中，当冷凝压力与蒸发压力之比小于或等于 8 时，以及在氟利昂制冷系统中，当冷凝压力与蒸发压力之比小于或等于 10 时，均采用单级压缩冷凝系统。单级压缩冷凝系统主要由压缩机、油分离器、冷凝器和储液器（高压储液器）等组成。如图 3—4 所示为氨单级压缩冷凝系统（卧式冷凝器）。

由氨液分离器或低压循环储液器来的低温低压制冷剂气体，经回气总管被压缩机吸入并压缩成高温高压过热气体，先进入油分离器进行分离。分离出的润滑油通过浮球阀自动或定期打开手动阀门返回压缩机曲轴箱；分离出的制冷剂气体则流进冷凝器，凝结成高压液体，然后流入储液器中。储液器用来储备和补偿因蒸发系统负荷变动所需供液量的变化的制冷剂液体。为了克服运行期间在冷凝器间出现的冷凝压力的差异，以及储液器内压力有稍高于冷凝压力的可能和克服液体管道的流动阻力，以便冷凝的氨液能靠重力很快自流到储液器中，除冷凝器出液口至储液器进液管水平段的高度差应大于 0.3 m 外，冷凝器与储液器还与气体均压管Ⅲ相连通。冷凝器和储液器都设有安全阀，相连通的安全管Ⅰ一般高出机房屋面 1.5 m，因某种原因超过容器允许的最高压力（表压 1.8 MPa）时，安全阀自动跳开，向大气排出部分气体，以防止发生事故。冷凝器和储液器还设有排放空气管Ⅱ和排放油管Ⅵ，分别与排放空气器和集油器相连接。系统各容器设置有压力表，以便随时观察各设备的压力。两个以上的储液器之间应与气体均压管和液体均压管连通起来，以保持彼此液面均衡。

以氨为制冷剂的单级压缩冷凝系统，常采用立式或卧式冷凝器和洗涤式油分离器。立式冷凝器的系统结构如图 3—5 所示。洗涤式油分离器需要维持一定的液位，其进液管从冷凝

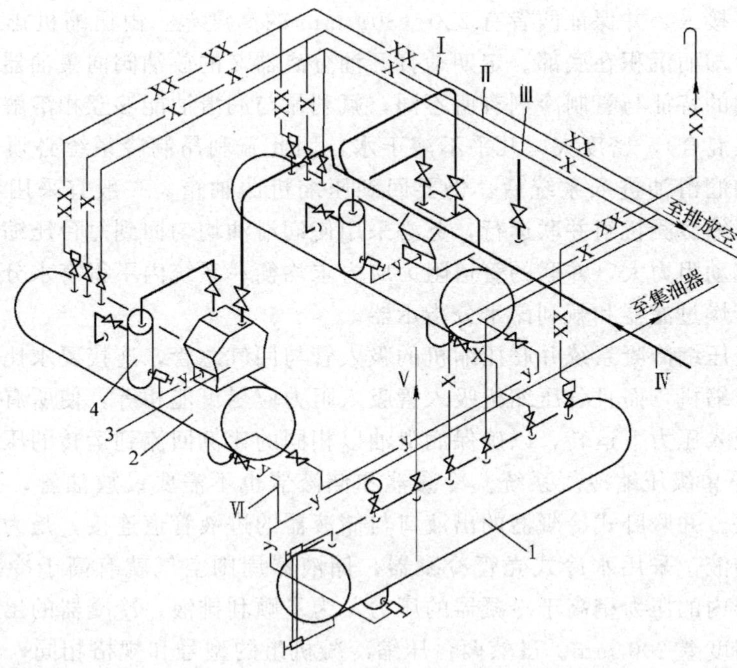

图 3—4 氨单级压缩冷凝系统（卧式冷凝器）

1—储液器 2—冷凝器 3—压缩机 4—油分离器

Ⅰ—安全管 Ⅱ—排放空气管 Ⅲ—均压管 Ⅳ—回气总管 Ⅴ—供液管 Ⅵ—排放油管

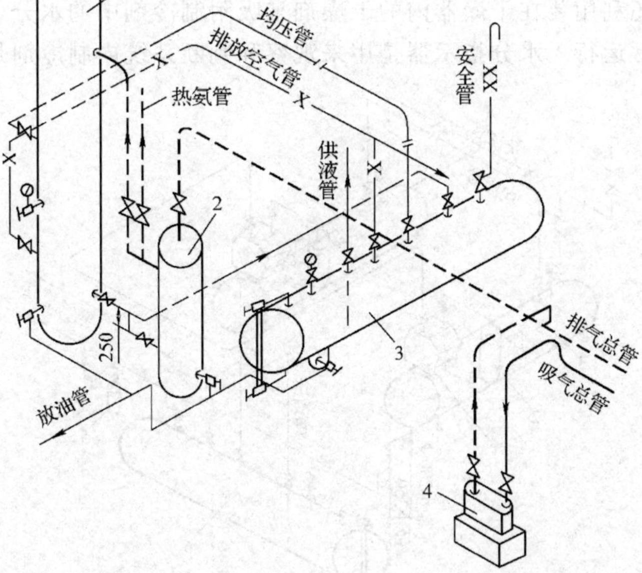

图 3—5 氨单级压缩冷凝系统（立式冷凝器）

1—冷凝器 2—油分离器 3—储液器 4—压缩机

器1的底部出液口接入，并保证两者有250～300 mm的高度差。由压缩机排出气体中的油滴，经液氨洗涤冷却而沉积在底部。定期地打开油分离器2的放油阀向集油器排油。

氟利昂制冷剂的特征与氨制冷剂有所不同，氟利昂与润滑油能够互相溶解（R12是无限混合，R22是有限混合），密度大，几乎不溶于水，因此氟利昂制冷系统必须保证每台压缩机在排气中带出的润滑油进入系统后，仍要回到压缩机曲轴箱，一般宜采用独立的冷凝机组。若采用多台压缩冷凝机组并联运行，务必采用使润滑油均匀回到每台压缩机去的措施。

其次，管道流动阻力大，并联的管道阻力应力求均衡；系统内不得有水分，因此，高压液管上必须设置干燥过滤器和氟利昂水分指示器。

氟利昂的单级压缩冷凝系统并联压缩机的吸入管与回气总管，连接要求比较严格，不仅连接管要倾斜于压缩机，而且各压缩机吸入管吸入阻力应尽可能相等，使所有并联的压缩机尽可能在相等的吸入压力下运转，以确保润滑油以相同的比例回流到运转的压缩机中。如图3—6所示为氟利昂单级压缩冷凝系统。冷凝器和储液器也不需要设放油管，排放空气仅设排放空气阀就可以。并联卧式冷凝器的出液口与储液器的进液管道连接，是为了确保各冷凝器向储液器自流排液。采用水冷式壳管冷凝器，储液器周围空气就有高于冷凝器温度的可能，这将使储液器内的压力稍高于冷凝器的压力，为了顺利排液，冷凝器的出液管至截止阀处必须维持最小高度差200 mm。虽然两台压缩冷凝机组的型号和规格相同，压缩机吸气管也是对称式布置，但在实际运转中，一台机组满负荷运转而另一台卸载（能量调节）运转的情况也不可避免，冷却水的供应量两者也不可能绝对均衡，因而并联的两台冷凝器之间就会出现压差，所以冷凝器出液管至储液器水平进液管至少要有350 mm的液位差，来调整在运行期间冷凝器之间出现的压差。如果并联液管的液体最大流速超过0.5 m/s，两者的最小高度差还要相应增大。否则，压力低的冷凝器冷凝液面会升高，占据部分有效冷却面积。设置液封是为了防止冷凝器之间气体串通。储液器的出液管段上装设的干燥过滤器，除了对液体脏物进行过滤外，还利用装在干燥器内的干燥剂来吸附制冷剂中的水分，以免造成热力膨胀发生冰堵而影响正常运行。水分指示器是用来观察和判断系统内制冷剂是否含水的。

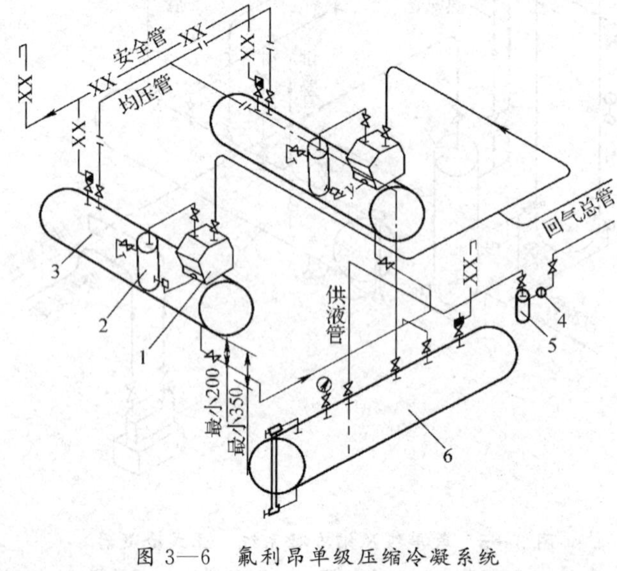

图3—6 氟利昂单级压缩冷凝系统

1—压缩机 2—油分离器 3—冷凝器 4—水分指示器 5—干燥过滤器 6—储液器

2. 双级压缩冷凝系统

在氨制冷系统中，当冷凝压力与蒸发压力之比大于 8，以及在氟利昂制冷系统中，当冷凝压力与蒸发压力之比大于 10 时，应采用双级压缩冷凝系统。双级压缩冷凝系统比单级压缩冷凝系统增加了两个环节：一是在压缩级数上增加了一级压缩；二是增加与压缩级数相适应的级间冷却系统，即中间冷却系统。压缩机可选用单机双级压缩机。单机双级压缩机也可采用配组式双级压缩机，单机双级压缩机的低压级机与高压级机的容积比一般为 3∶1 或 2∶1。

在氨制冷系统的双级压缩冷凝系统中，从蒸发系统来的低压气体由低压级压缩机吸入，经压缩成为中压过热气体并排至中间冷却器进行冷却，冷却后的中压气体由高压级压缩机吸入，经压缩成为高压过热气体。高压级压缩机的压缩冷凝过程同单级压缩冷凝系统，其结构如图 3—7 所示。

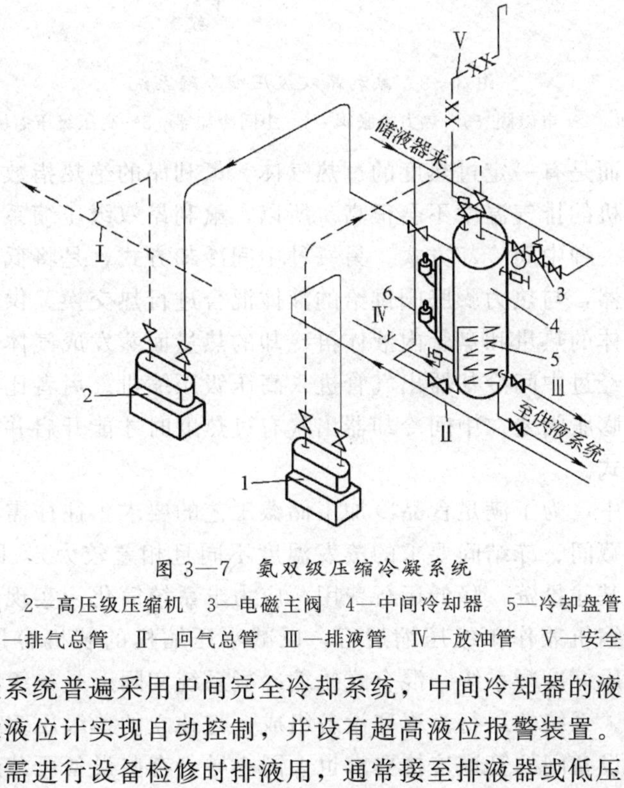

图 3—7 氨双级压缩冷凝系统

1—低压级压缩机 2—高压级压缩机 3—电磁主阀 4—中间冷却器 5—冷却盘管 6—浮球液位计

Ⅰ—排气总管 Ⅱ—回气总管 Ⅲ—排液管 Ⅳ—放油管 Ⅴ—安全管

氨双级压缩冷凝系统普遍采用中间完全冷却系统，中间冷却器的液面一般采用浮球阀或液体电磁主阀和浮球液位计实现自动控制，并设有超高液位报警装置。中间冷却器的排液管Ⅲ做超高液位处理和需进行设备检修时排液用，通常接至排液器或低压循环储液器。装设的压力表和液面指示器供操作人员观察中间冷却器内的压力和液面情况，当因某种原因造成中间冷却器内压力超过允许压力时，安全阀自动打开，并通过安全管Ⅴ向室外排出超压部分的气体，确保设备的安全。中间冷却器内的冷却盘管用来对进入供液系统的液体制冷剂进行过冷。

在运行中，要随时观察中间冷却器的液面，使其保持在正常的液位范围内。液面过高容易引起高压级压缩机湿冲程，液面过低会使高压级压缩机吸气过热，造成排气温度偏高。

氟利昂双级压缩冷凝系统与氨双级压缩冷凝系统的区别，主要是中间冷却方式不同，一般采用中间不完全冷却循环形式。氟利昂双级压缩冷凝系统如图 3—8 所示。低压级压缩机的排气不在中间冷却器内冷却，而是与中间冷却器内产生的中间压力的制冷剂饱和（接近饱和）气体在管路中混合后，一同进入高压级压缩机中，因此，高压级压缩机吸入的不是中间

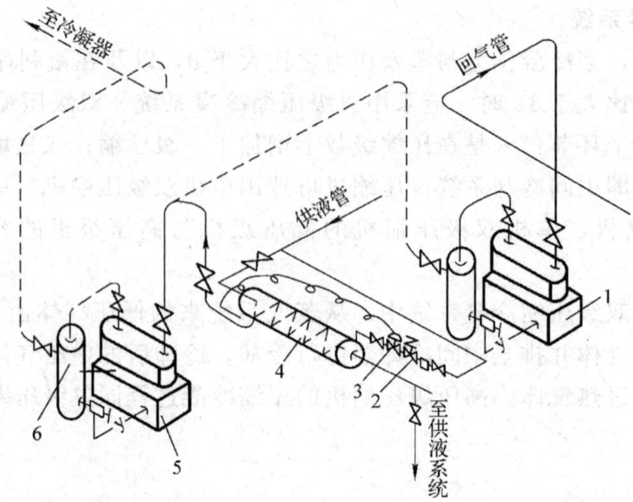

图 3—8　氟利昂双级压缩冷凝系统

1—低压级压缩机　2—电磁阀　3—热力膨胀阀　4—中间冷却器　5—高压级压缩机　6—油分离器

压力下的饱和气体，而是有一定过热度的过热气体。氟利昂的绝热指数比较小，按这种循环工作时，高压级压缩机的排气温度不会很高。所以，氟利昂双级压缩系统的级间冷却是不完全的中间冷却。这是一种中间冷却方式。另一种中间冷却方式，是将低压级压缩机排出的过热气体引入中间冷却器，与热力膨胀阀供给的液体混合进行热交换。供给的液体吸取低压级压缩机排出的过热气体的热量和盘管内液体再冷却的热量而蒸发成气体，使低压级压缩机排气被冷却，然后一起经过中间冷却器出气管进入高压级压缩机。后者比前者的中间冷却效果要好得多。由于热力膨胀阀要在中间冷却器出气有过热度时才能开启并供液，因此，也属于不完全的中间冷却方式。

在冷库制冷系统中，为了满足食品冷加工储藏工艺的要求，往往需要多个蒸发温度（如高温冷藏间、低温冷藏间、冻结间要求的蒸发温度不同且相差较大），既有单级压缩，又有双级压缩。为了减少基建投资，降低运行费用，应力求系统简化，实现各蒸发温度系统间运行，或高、低压级压缩机兼作单级压缩运行，以减小压缩机的装机容量。将各系统联合起来，就构成了混合式压缩冷凝系统。混合式压缩冷凝系统实际上是单级压缩冷凝系统和双级压缩冷凝系统的组合。系统的运行流程和设备组成，与独立的单级压缩冷凝系统或双级压缩冷凝系统是相同的，设备间的管道连接要求也大同小异，有些设备可共用，以减少台数。如选用的是压缩冷凝机组，至少有储液器可共用；若选用的不是压缩冷凝机组，则有冷凝器、储液器、油分离器等可共用。但由于既要达到一机多用，又要满足冷库多种蒸发温度系统运转的需求，因而对压缩机的吸、排气管连接方式上就有特殊的要求。

为了有助于操作管理，依据混合式压缩冷凝系统的特点，运用系统的灵活性，提高设备的利用率，充分发挥设备的效能，要求设备的选型配备必须适宜合理。同时，在实际操作运行中，操作人员应按照生产季节的不同、各蒸发温度系统负荷的变化以及设备配备的情况，正确合理地调配压缩机能量，使系统在最佳工况条件下运行。

3. 压缩机吸、排气管的连接

压缩机吸、排气管的连接是否得当合理，涉及压缩机的安全运转和操作管理。

(1) 压缩机吸、排气管的基本要求

1) 压缩机的回气（吸入）管与水平的回气总管的连接。对于氨系统，从回气总管上部顺气流方向呈小于45°引出，回气总管应倾斜于氨液分离器或低压循环储液器；而氟利昂系统则因要求润滑油能顺利流到压缩机，吸气管应倾斜于压缩机，其坡度均以0.02为宜。

2) 压缩机的排气立管与水平的排气总管连接，应从排气总管顶部接入，并顺气流方向呈小于45°连接。对自动控制运行的压缩机，其排气立管上应装设止回阀。排气总管坡度应为0.01～0.02，并倾斜于油分离器或冷凝器，这可防止排气总管中的冷凝液体制冷剂和润滑油沉积在停机的压缩机机头或排气立管中。

3) 一机两用的压缩机。系统切换阀门的布置应便于调整和操作。

(2) 氨混合式压缩冷凝系统的吸、排气管连接方法

氨混合式压缩冷凝系统的吸、排气管连接方法如图3—9所示。各压缩机排气立管是从上部接入排气总管的。吸气立管是从回气总管上侧引出的，吸、排气总管的坡度和倾斜方向要符合要求，一机两用的系统切换阀门设在压缩机吸气管上，系统调整和操作管理均方便。

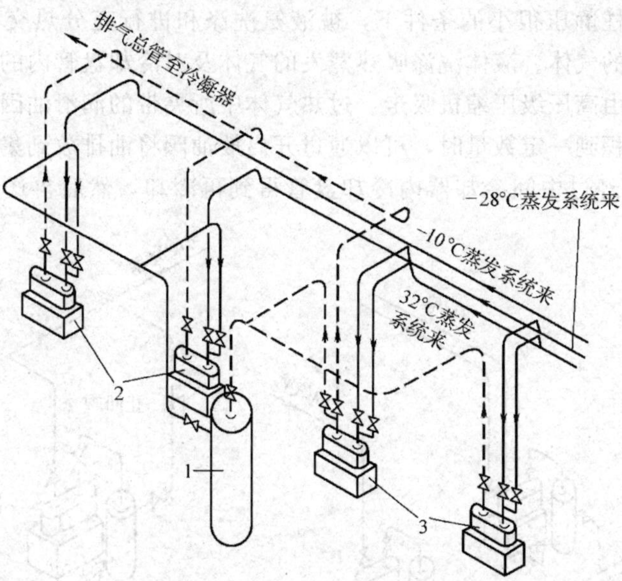

图3—9　氨混合式压缩冷凝系统的吸、排气管连接方法

1—中间冷却器　2、3—压缩机

(3) 氟利昂系统排气管道连接方法

氟利昂系统排气管道常见的两种连接方法如图3—10和图3—11所示，其功能有：

1) 在停机期间，能防止在排气总管中冷凝的液体制冷剂和润滑油自流回到压缩机机头中去，从而消除了损坏压缩机的潜在危险。

2) 可以避免一台压缩机运转时，另一台停机的压缩机机头及排气立管上沉积冷凝的液体制冷剂和润滑油。

3) 当冷凝器和储液器所处的环境温度高于压缩机机房时，在压缩机全部停机的情况下，排气管道上的止回阀可防止冷凝器和储液器汽化的制冷剂在排气管冷凝积液，以免将积液推向压缩机机头或开机时发生液击现象。

4) 双立管A和B的通径是依据带油最小气体速度来确定的，其中小截面立管A按最小

负荷时带油最小气体速度来选择其管径，以保证将润滑油及时带进冷凝器，使润滑油能顺利回流循环。其上升双排气立管的接管如图 3—10 所示。

4. 中间冷却系统及供液的再冷却

中间冷却的目的是满足和改善双级压缩系统运行的条件，使运行工况和制冷效果达到最佳状态。

中间冷却方式因所采用的制冷剂不同而有所不同。氨制冷系统采用完全中间冷却方式，氟利昂制冷系统采用不完全中间冷却方式。

中间冷却系统还有对供液进行再冷却的功能。对供液系统的供液进行再冷却，能避免供液管道中因流动阻力引起的压力降，使部分液体闪发成气体，特别是氟利昂直接膨胀供液系统，闪发气体往往导致热力膨胀阀供液不正常；还可提高冷却设备的制冷效果，降低压缩功的消耗，尤其是蒸发温度较低的蒸发系统，其节能效果更佳。

氨中间冷却系统及供液的再冷却，采用完全中间冷却系统，如图 3—11 所示。低压机排出的中压过热氨气从中间冷却器顶部进气管进入，在进口处与供给中间冷却器并节流降压的氨液相混合，使其在液柱静压很小的条件下，被液氨洗涤和进行充分热交换，冷却成为饱和气体，并会同节流闪发的气体、液体洗涤吸热蒸发的气体及对冷却盘管内的液体再冷却所蒸发的气体一起，经出气管由高压级压缩机吸走。过热气体中所夹带的润滑油因受冷却，沉积于中间冷却器的底部，当沉积到一定数量时，可以通过开启放油阀将油排放到集油器。由储液器供给供液系统的氨液，先经过中间冷却器内冷却盘管得到再冷却，然后再送至供液系统。

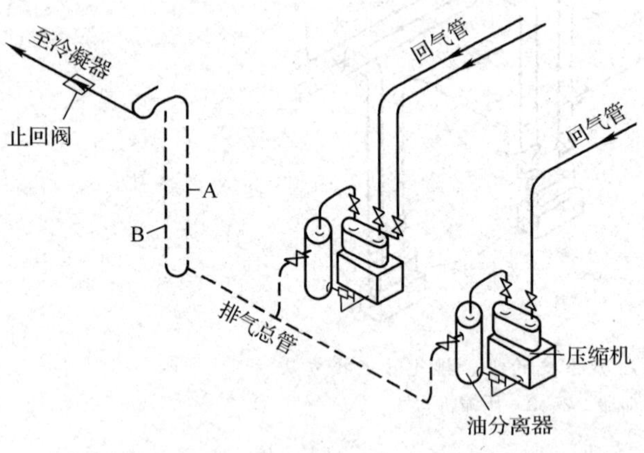

图 3—10　多台并联压缩机排气管的接管（一）

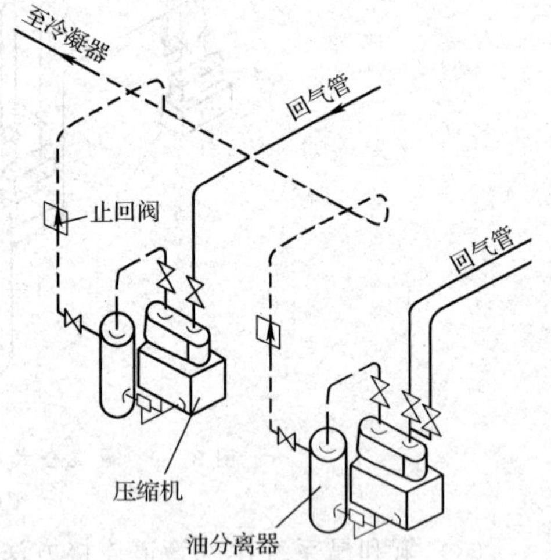

图 3—11　多台并联压缩机排气管的接管（二）

二、冷却水系统

冷却水系统用于制冷系统的水冷式冷凝器的散热，利用水来吸收冷凝器中制冷剂蒸气的热量。

1. 供水方法

根据建厂地区的水源条件，冷凝器冷却水系统可以有下述三种供水方法。

（1）一次用水

在水源充足、水温适宜的地区，应优先考虑采用直流供水系统，即一次用水系统。这种系统比较简单，除取水泵站以外，不需其他构筑物，用完以后直接排入下水道。

(2) 循环用水

为节约用水，可以采用循环用水系统，只需少量的补给水，无须另设冷却构筑物。如蒸发式冷凝器均属循环用水。当采用淋浇式冷凝器、壳管式冷凝器时，则需设冷却水塔、水池，有时还要增加二级循环泵站。

1) 如图 3—12 所示为卧式冷凝器循环用水方案，采用此方案时，必须注意冷却水在冷凝器中的温升应与冷却塔的降温能力相适应。一般情况下冷却塔的降温能力为 2~3 ℃，因此，决定冷却水在冷凝器内的温升时，只能采用与之相适应的温度。

2) 如图 3—13 所示为立式冷凝器循环用水方案，将冷却塔布置在高于立式冷凝器的地方，只需一个水池和一级循环泵，即可实现循环用水。现代冷却塔用玻璃钢作为外壳，用塑料或铝板作为填料，比较轻巧，故可架设在机房屋顶上。有些方案需要两个水池，或者将一座较大的水池分隔为两部分，需要二级循环水泵，比前者复杂很多（见图 3—14）。而且设在低处的冷却塔效果不如设在屋顶上好，两级水泵的流量也难以平衡，补给水消耗量较大。

3) 冷凝器冷却水、压缩机气缸套冷却水及融霜用水综合循环用水方案的耗水量是比较节省的，如图 3—15 所示。

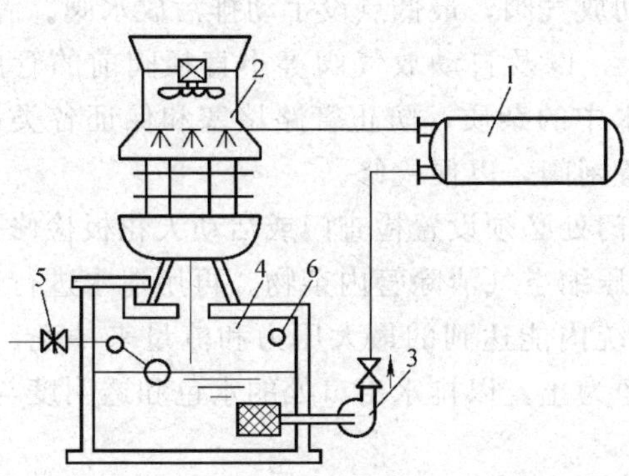

图 3—12 卧式冷凝器循环用水方案

1—卧式冷凝器 2—冷却塔 3—水泵

4—水池 5—补给水水源 6—溢水管

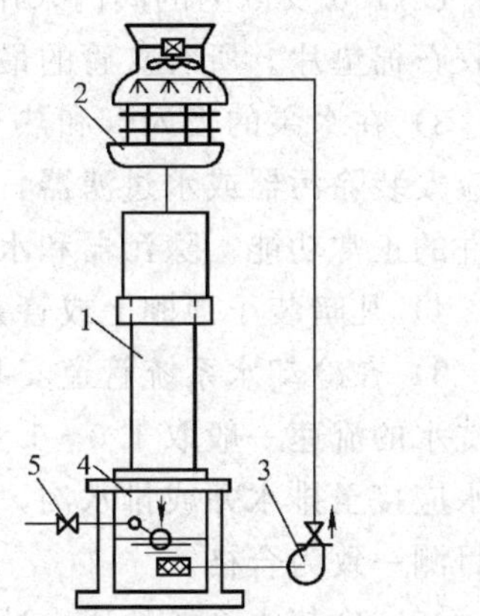

图 3—13 立式冷凝器循环用水方案之一

1—立式冷凝器 2—冷却塔 3—水泵

4—水池 5—补给水水源

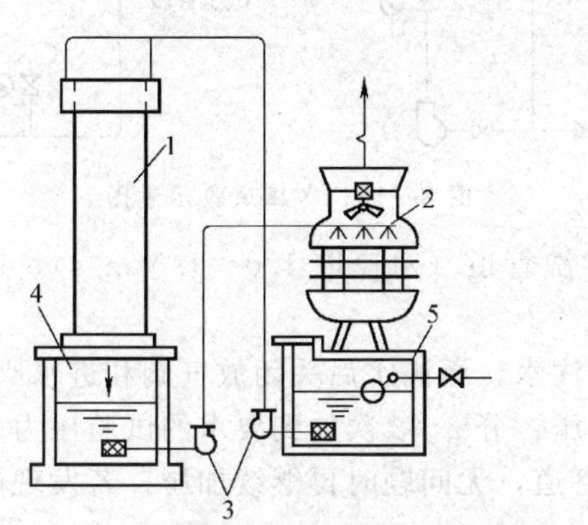

图 3—14 立式冷凝器循环用水方案之二

1—立式冷凝器 2—冷却塔 3—水泵

4、5—水池

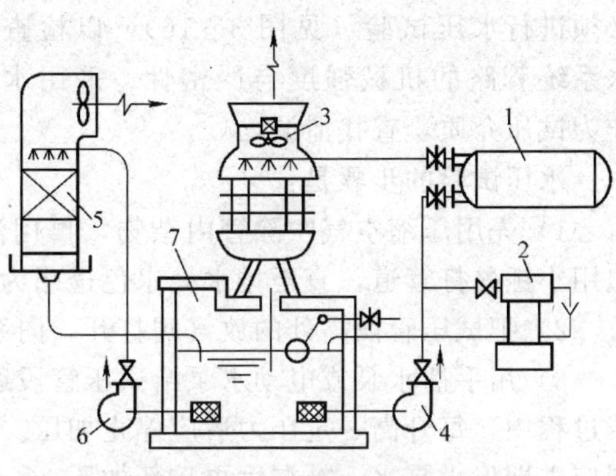

图 3—15 综合循环用水示意图

1—冷凝器 2—压缩机 3—冷却塔 4—冷却循环泵

5—冷风机 6—融霜水泵 7—水池

（3）排污法用水

以温度较低的深井水作为补给水，与部分温度较高的冷却水回水混合，作为冷凝器冷却水，习惯上称为排污法用水。从排污管排放的水量等于补给深井水量，循环泵的流量等于计算的冷却水量。

2. 冷却水系统的安装要求及压力试验

冷却水系统的安装应符合规范要求，投入使用前必须进行严格的压力试验，以保证压缩冷凝系统的正常运行。

（1）冷却水系统安装的基本要求

1）水管在竖向安装时必须垂直，不得有倾斜偏歪现象；从水平管接出的支管一般应从顶部或侧面接出，不能接成门形弯；冷凝水管的水平段应有不小于 0.01 的坡度，倾斜方向应与预定的水流排放方向一致。钢管管道支、吊、托架的使用材料、制作、安装及安装间距应符合设计要求。

2）水泵等管道的进出口处，均应安装工作压力为 1 MPa 的橡胶减振软接头。所有自动或手动阀门的标称压力应为 1 MPa，阀门手柄禁止向下安装。DN80 及以下的阀门采用丝扣阀，DN100 及以上的阀门采用法兰式阀门（要求配有双法兰）。法兰垫片采用 3～4 mm 厚橡胶石棉垫片。所有立管的最高点都应安装自动放气阀，最低点设手动排污放水阀。

3）在水泵的吸入管和热交换器的进水管上，以及自动放气阀等小直径阀前的管路上，都应安装除污器或水过滤器，用以清除和过滤水中的杂质，防止管路堵塞和保证各类设备、阀件的正常功能。除污器和水过滤器前后应设置闸阀，以便检修。

4）凡暗装于顶棚上或管井内的水管，在阀门处必须设置检查门或活动天花板检修孔。

5）在冷却水系统管道安装完毕后，应先用压缩空气清除管内杂物，再用清水进行冲洗，冲洗水的流速一般取 1.0～1.5 m/s，也可用系统内能达到的最大压力和流量来冲洗。排出的水应接至排水井或排水沟，直到排出的水干净为止，以排水出口处的水色和透明度与入口处目测一致为合格。

（2）冷却水系统的压力试验

冷却水系统在安装和排污完成后，为保证冷媒水和冷却水系统的安装质量，都必须进行水压试验（见图 3—16），以检查水系统管路的机械强度与严密性。采用水作为试压介质，查找泄漏之处。

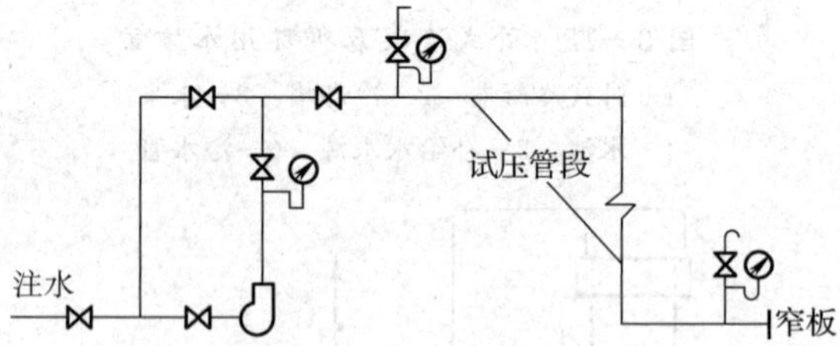

图 3—16 水压试验示意图

水压试验的步骤是：

1）先用压缩空气吹除管内杂物，再用清水冲洗管道（水速取 1.0～1.5 m/s），边冲洗边用小锤敲打管道，直至排水处水色透明为止。

2）把试压管段高处的放气阀打开，向系统内注水，灌满水后关闭放气阀和进水阀。

3）用手摇水泵或电动水泵给试压管段逐渐加压，分 2～3 次加到要求的试验压力。在加压过程中，每升高一定压力后应停止加压。检查管道，无问题时再继续加压。若发现严重泄漏应立即停止泵水，补漏后再重新加压。

4）当压力指示达到 0.9 MPa 时停止加压，保持 30 min，若压力降不超过约 0.02 MPa，管道无渗漏和变形，则强度试验合格。

5）强度试验合格后，将试验压力降至0.6 MPa，保压2 h，对管道进行全面检查，并用质量1.5 kg以下的小锤在距焊缝15～20 cm处沿焊缝方向轻轻敲击，若焊缝及管道的法兰连接处均无渗漏，且压力表指示值不下降，则严密性试验合格。

6）如果发现漏点，应做好记号。将管道内水排出后，进行补漏，直到不漏为止。

技能训练1　冷却水系统的管道安装与检查

1. 目的要求

（1）加深理解冷却水系统管道安装的要求。

（2）掌握小型冷却水系统管道的检查方法。

2. 工具及仪表材料

（1）工具：钢锯一把，钢锯条五条，呆扳手一套，300 mm×36 mm活扳手两把，管道扳手一把，500 mm管道钳一台，管道套螺纹工具一副，水压力表一块，压力表接头一个，电动试压水泵一台等。

（2）镀锌钢管（管径、长度根据实习场地自定），各种管接头、弯头、堵头（规格和数量根据实习场地和镀锌钢管管径自定），生料带一盘，密封垫片，橡胶减振软接头等。

3. 训练步骤

（1）下料：根据提供的图样，将镀锌钢管锯削成规定的长度。

（2）加工：将锯削的镀锌钢管装上管道钳，用管道套螺纹工具对管道两头进行螺纹加工。

（3）装配：根据图样用管接头等将加工好的镀锌钢管进行组装。

（4）试压：根据水压试验的步骤和要求对管路进行水压试验。

（5）检修：对水压试验中发现的水泄漏点进行维修。

4. 注意事项

（1）下料前应先熟悉图样，计算出钢管实际长度。

（2）套螺纹加工时应注意螺纹是否偏斜。

（3）管道与接头连接时应缠聚四氟乙烯生料带等密封材料。

（4）进行压力试验时，应注意试验压力不可超过1.0 MPa，以防水管爆裂伤人。

（5）训练中注意安全生产，文明操作。

5. 评分标准

评分标准见表3—1。

表3—1　　冷却水系统的管道安装与检查评分标准

项目内容	配分	评分标准		扣分	得分
下料	15	（1）看不懂图样，不能确定下料长度	扣15分		
		（2）下料长度不符合要求	扣5分		
		（3）不会对钢管进行锯削	扣5分		
加工	25	（1）不会加工	扣25分		
		（2）不能正确使用工具	扣10分		
		（3）管头套螺纹加工过长或过短	每处扣5分		
		（4）螺纹偏斜	每处扣5分		

续表

项目内容	配分	评分标准	扣分	得分
装配	30	(1) 不按图样进行装配　扣 20 分 (2) 安装中不能正确使用工具　扣 15 分 (3) 装配中不能正确使用密封材料　扣 10 分 (4) 安装不符合要求　每处扣 5 分		
试压与检修	30	(1) 不能正确进行压力试验操作　扣 15 分 (2) 试验中不能发现存在的泄漏点　扣 5 分 (3) 对试验中发现的漏点不能进行维修　扣 10 分		
安全与文明生产		违反安全文明生产规程　扣 5～40 分		
定额时间 120 min		每超时 10 min 扣 5 分		
备注		除定额时间外，各项内容的最高扣分不应超过配分数	成绩	
开始时间		结束时间		

§3—3　冻结专用设备

冻结专用设备是冷库储藏物冻结过程所需要的专用设备，可以在短时间内冻结被储藏物，使之达到储藏的温度要求。不同的储藏物可以采用不同的设备进行冻结。

一、搁架式排管冻结设备

搁架式排管通常是安装在冷间内，如图 3—17 所示。搁架式排管冻结设备是最早采用、最简单的一种半接触式冻结设备，通常是用 ϕ38 mm×2.5 mm 无缝钢管制作成蛇形排管，再由回气集管和供液集管连接若干组蛇形排管，并固定在钢制的支架上构成搁架。蛇形排管的水平间距为 80～100 mm，管间的垂直中心距为 250～300 mm。搁架式排管构成的层数宜为偶数，便于供液集管和回气集管均安排在同一侧。为了方便操作，搁架式排管的最低层应高于地面 250 mm。对于氨制冷系统，多采用下进上出的供液方式，这样可以保证并联管均匀供液。对于氟利昂制冷系统，搁架式排管采用上进下出的供液方式，并设置分液器，以保证每组排管供液的均匀性。

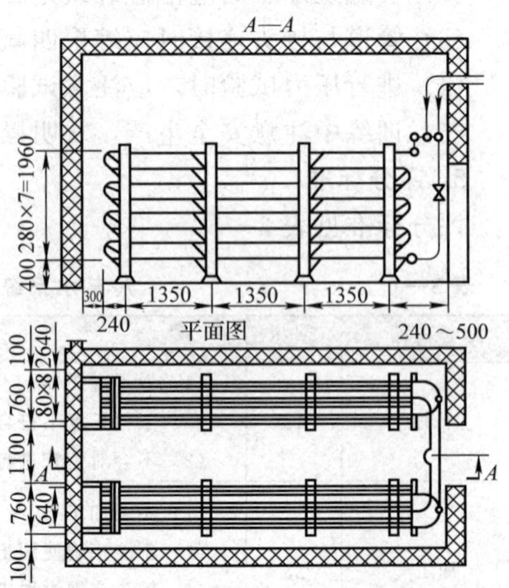

图 3—17　搁架式排管冻结设备

采用搁架式排管冻结食品时，一般是把食品装在镀锌钢板或不锈钢板制作的冻盘内，再把冻盘直接放到搁架式排管上进行冻结。由于冻盘与排管半接触，食品置于排管之间，强化了接触换热和辐射换热的作用，从而提高了速冻效果。如图 3—18 所示为强制冷风循环的搁架式排管冻结设备。

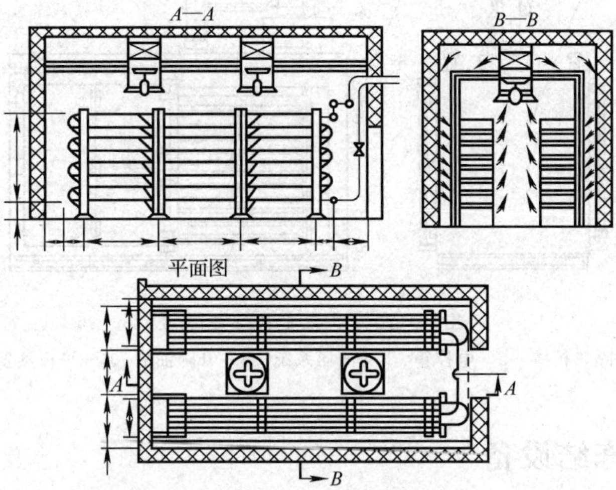

图 3—18　强制冷风循环的搁架式排管冻结设备

搁架式排管冻结设备制作简单，价格低廉，冻结效果好，耗电量小，适用于冻结分割肉、鱼类、家禽、冰激凌等小包装食品。但排管的液柱静压作用大，除霜操作较麻烦，进出货物不方便，在低温环境条件下操作的劳动强度较大。

小包装冻结食品的迅速发展，促进了搁架式设备的更新换代，在此基础上开发了柜式搁架平板速冻设备。柜式铝合金板翅式搁架冻结设备已经投放市场，其技术性能优于柜式搁架平板速冻设备。这种柜式铝合金板翅式搁架冻结设备中的铝合金板翅式蒸发器采用热挤压成形技术，板与翅片一体化，不存在接触热阻，既可增加食品与蒸发器的接触面积，增强接触热传导效果，又可强化蒸发器与被冻结食品间的辐射换热强度和蒸发器空气侧的换热强度。有组织的强制式冷风循环，大大提高了速冻效果，可使食品冻结时间缩短 20%左右。根据实际测定，厚度为 70 mm 的鱼块，冻结时间不超过 5 h。如图 3—19 所示为上海水产大学和靖江空调器机械厂研制生产的 LGS 系列板翅式搁架速冻柜。

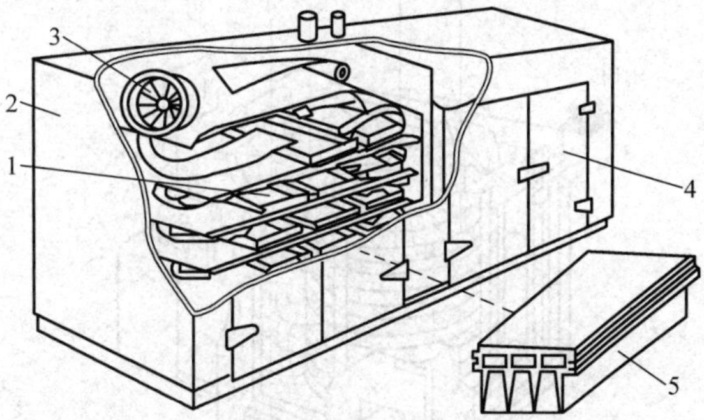

图 3—19　LGS 系列板翅式搁架速冻柜

1—板翅式搁架　2—外壳　3—风机

4—柜门　5—板翅式搁架

二、平板冻结装置

平板冻结装置是接触式冻结方法中最典型的一种，是以多块铝合金材料组成的平板蒸发器。平板内有制冷剂循环通道，平板进出口接头由耐压不锈钢软管连接。平板间距的变化由油压系统驱动进行调节，将被冻食品压紧。由于食品与平板间接触紧密，且铝合金平板具有良好的导热性能，故其传热系数较高。按平板放置方向不同，平板冻结装置分为卧式和立式两种基本形式。卧式平板冻结装置如图 3—20 所示。

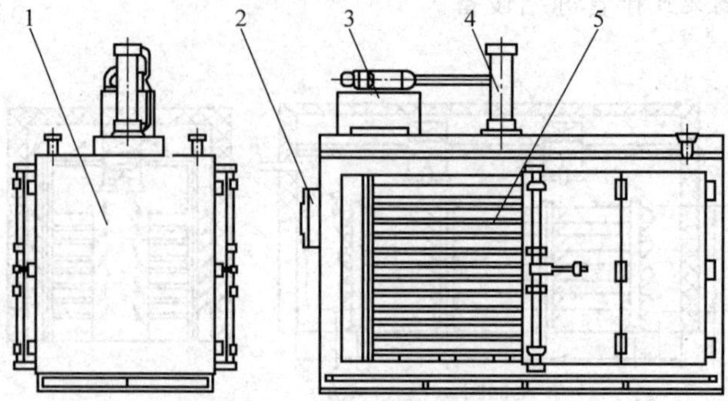

图 3—20　卧式平板冻结装置

1—隔热箱体　2—电控箱　3—油压系统　4—升降油缸　5—平板蒸发器

三、螺旋式冻结设备

螺旋式冻结设备采用一条折叠式不锈钢输送带，把所需冻结的食品放在该输送带上螺旋上升，并配备有高速强冷风循环，能使食品迅速冻结。输送带的速度可根据不同的冻结食品进行调整。这种冻结设备的占地面积小，冻结效率高，可以连续作业，适用于包子、饺子、春卷，以及鱼虾、水果、蔬菜等的快速冻结。

如图 3—21 所示为螺旋式冻结设备，输送带采用变频调速，其调速范围大，结构紧凑，主要零部件用不锈钢制作，可以整体吊装运输，便于安装。

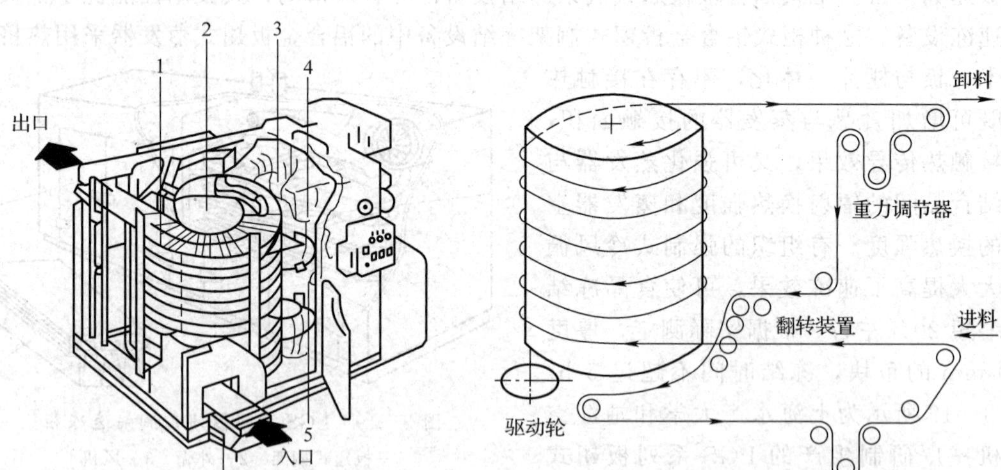

图 3—21　螺旋式冻结设备

a）螺旋式速冻机　b）设备工作原理

1—螺旋回转式外面围壁　2—中心转盘　3—风机　4—制冷机　5—蒸发器　6—输送带洗净装置

单螺旋式冷冻装置很高，操作不便，冷冻品出冻时容易造成机械损伤。改进后的双螺旋式冷结装置如图 3—22 所示，这种结构使冻品进出时均处于相同的水平位置，避免了上述缺点。

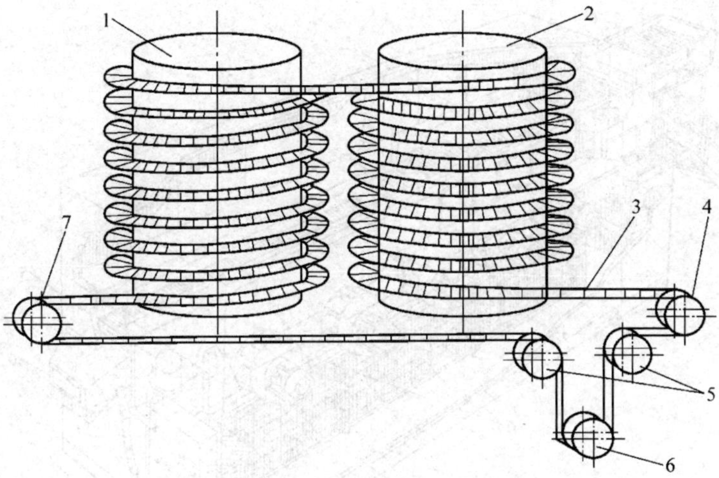

图 3—22 双螺旋式冻结装置

1—上升转筒 2—下降转筒 3—传送网带 4、7—进、出冻链轮 5—固定轮 6—张紧轮

四、流态化冻结设备

将被冻食品放在开孔率较小的网带或多孔槽板上，高速冷空气流自下而上流过网带或槽板，将被冻食品吹起呈悬浮状态，使固态被冻食品具有类似于流体的某些表现特性。在这样的条件下进行冻结，称为流态化冻结。它具有冻结速度快、冻结产品质量高、能耗低等特点，适用于冻结球状、圆柱状、片状、块状等颗粒食品，尤其适宜果蔬类单体食品的冻结。

按机械传送方式不同，食品流态化冻结设备可分为：①带式流态化冻结设备，其中又可分为一段带式和两段带式流态化冻结设备；②振动流态化冻结设备，其中又可分为往复振动和直线振动流态化冻结设备；③斜槽式流态化冻结设备，按流态化形式可分为全流态化和半流态化冻结设备。为了扩大使用功能，往往设计成流态化床和冻结隧道两用，即需要冻结较大块状食品时，将食品装在冻盘里，放在架车上，在预留冻结隧道内进行冻结。下面介绍两段带式流态化冻结设备和往复振动式流态化冻结设备。

1. 两段带式流态化冻结设备

如图 3—23 所示为在流态化床蔬菜速冻设备基础上，经过改进的流态化隧道两用的食品速冻设备，是一种典型的两段带式流态化冻结设备。其主要特点是：将食品分成两个区段冻结，第一区段为表层冻结区，第二区段为深温冻结区。颗粒状食品进入冻结区后，首先进行快速冷却，将食品表面冷却到冰点温度，随之表面冻结，使颗粒间及颗粒与传送带不锈钢网间呈离散状态，彼此互不黏结。然后进入第二区段深温冻结至中心温度为－18 ℃，冻结方告完成。

两段带式流态化冻结设备设有变频调速装置，对网带的传递速度进行无级调速。蒸发器多数为铝合金管与铝翅片组成的变片距结构，风机为离心式或轴流式。

2. 往复振动式流态化速冻设备

该设备的特点是被冻食品在冻品槽内，由连杆机构带动做水平往复式振动，以增加流化效果。如图 3—24 所示为往复振动式流态化冻结设备。它设有气流脉动机构，由电动机带动的旋转式风门组成，按一定的速度旋转，使通过流化床和蒸发器的气流流量不断增减，搅动

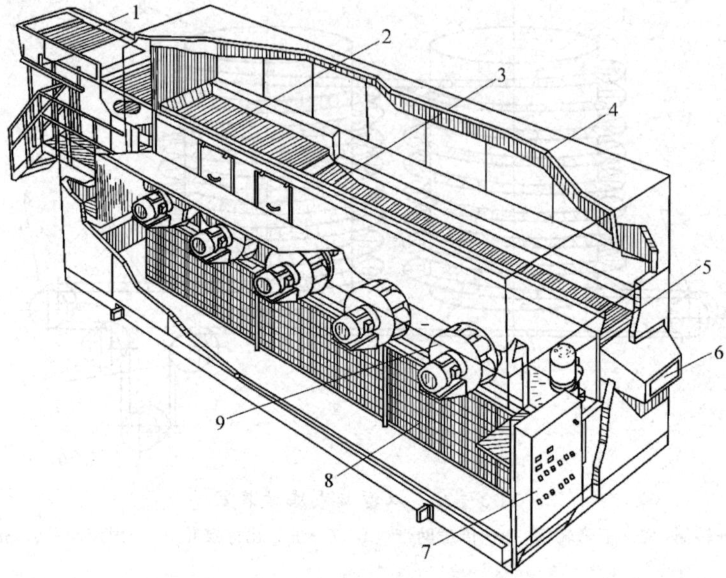

图 3—23　两段带式流态化冻结设备

1—振动布料进冻口　2—表层冻结段　3—冻结段　4—隔热箱体　5—网带传动电动机
6—出冻门　7—电控柜及显示器　8—蒸发器　9—离心式风机

被冻食品层，从而可更有效地冻结各种软嫩和易碎食品。风门的旋转速度是可调的，可调节至各种被冻食品的最佳脉动旁通气流量。

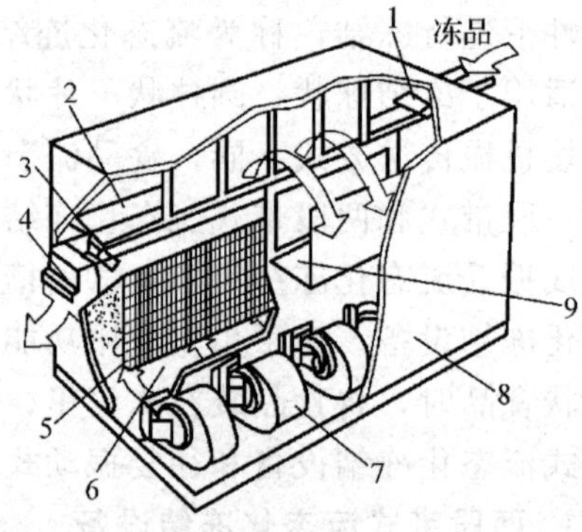

图 3—24　往复振动式流态化冻结设备

1—布料振动器　2—冻品槽　3—出料挡板
4—出料口（有挡板）　5—蒸发器　6—静压箱
7—离心式风机　8—隔热箱体　9—观察台

五、沉浸式冻结设备

沉浸式冻结设备是一种以液体为传热介质的快速冻结装置。通常将食品直接沉浸于液体载冷剂中，由于食品沉浸在液体载冷剂中的换热系数要比在强冷风中的换热系数大得多，所以大大提高了食品的冻结速度。与其他快速冻结方法一样，沉浸式冻结设备使食品迅速通过冰结晶生成区域，形成的冰结晶小而均匀，不致损伤食品的细胞组织，可以防止食品解冻时汁液的大量流失，能够最大限度地保持天然食品原有的新鲜状态、色泽风味和营养成分。

技能训练 2　搁架式排管的检查与维修

1. 目的要求

（1）了解搁架式排管的结构。

（2）掌握搁架式排管的一般检修方法。

2. 工具及仪表材料

手电钻一台，直径 2～4 mm 钻头两支，电焊机一台，电焊条十根，钢锯条五条，150 mm 游标卡尺一把，钢管卡（规格根据排管直径自定）两个，2 mm 耐压橡胶皮一块，钢丝刷一把，铁砂纸五张，呆扳手一套，防腐涂料（防锈漆）一小桶，漆刷一把。

3. 训练步骤

（1）检查

1）用钢丝刷和铁砂纸除去排管表面的锈层。

2）采用钻孔法或截管法检查搁架式排管的锈蚀情况。

（2）修理

1）使用电焊机，采用焊补的方法修复管道裂缝和管道小孔。

2）加耐压橡胶皮垫堵针形漏点。

3）对局部变形的管道进行更换和修理。

（3）对修复后的管道进行检查试验。

（4）对修复后的管道表面涂刷防腐涂料进行防腐处理。

4. 注意事项

（1）操作过程中应尽量避免铁锈、锯屑进入管道。

（2）使用电焊焊补修复管道裂缝和小孔时，注意调整电焊机电流，不可将管道焊穿。

（3）进行管道更换时，新换管与切割下来的旧管尺寸要一致，不可过长或过短，防止搁架变形。

（4）操作中应注意文明操作，安全生产。

5. 评分标准

评分标准见表 3—2。

表 3—2　　**搁架式排管的检查与维修评分标准**

<table>
<tr><th>项目内容</th><th>配分</th><th colspan="3">评 分 标 准</th><th>扣分</th><th>得分</th></tr>
<tr><td>检查</td><td>35</td><td colspan="3">（1）不对排管进行检查　扣 35 分
（2）不进行除锈操作　扣 10 分
（3）不会使用检查工具　扣 25 分
（4）检查结果不正确　扣 15 分</td><td></td><td></td></tr>
<tr><td>修理</td><td>50</td><td colspan="3">（1）焊补的方法不正确　扣 15 分
（2）不会使用管卡堵漏　扣 15 分
（3）新换管与切割下来的旧管尺寸不一致　扣 10 分
（4）焊补质量不符合要求　扣 15 分</td><td></td><td></td></tr>
<tr><td>试验</td><td>10</td><td colspan="3">（1）不对修复后的管道进行检查　扣 10 分
（2）检查方法不正确　扣 5 分
（3）检查不出存在的缺陷　扣 5 分</td><td></td><td></td></tr>
<tr><td>防腐处理</td><td>5</td><td colspan="3">（1）不进行防腐处理　扣 5 分
（2）防腐处理不符合要求　扣 3 分</td><td></td><td></td></tr>
<tr><td>安全与文明生产</td><td colspan="4">违反安全文明生产规程　扣 5～40 分</td><td></td><td></td></tr>
<tr><td>定额时间 120 min</td><td colspan="4">每超时 10 min 扣 5 分</td><td></td><td></td></tr>
<tr><td>备注</td><td colspan="3">除定额时间外，各项内容的最高扣分不应超过配分数</td><td>成绩</td><td colspan="2"></td></tr>
<tr><td>开始时间</td><td colspan="2"></td><td>结束时间</td><td colspan="3"></td></tr>
</table>

第四章　气调储藏与气调库

气调储藏是当今最先进的果蔬保鲜储藏方法。它是在冷藏的基础上，增加气体成分调节，通过对储藏环境中温度、湿度、二氧化碳浓度、氧气浓度和乙烯浓度等条件的控制，抑制果蔬呼吸作用，延缓其新陈代谢过程，更好地保持果蔬新鲜度，延长果蔬储藏期和保鲜期。通常气调储藏比普通冷藏可延长果蔬储藏期 0.5～1 倍；气调库内储藏的果蔬，出库后先从“休眠”状态“苏醒”，这使果蔬出库后保鲜期可延长 21～28 天，是普通冷藏库的 4～5 倍。

§4—1　气 调 储 藏

一、气调储藏原理

气调储藏是通过调节和控制各种环境因素，为水果蔬菜的储藏提供一个良好的气候环境，以达到果蔬长期保鲜、保质的目的。在上述环境因素中，温度的调节和控制是最主要的。在冷藏的基础上，进一步提高储藏环境的相对湿度，并人为地造成特定的环境气体成分，在维持果蔬正常生命活动的前提下，有效地抑制呼吸、蒸发、激素作用及微生物的活动。延缓果蔬的生理代谢，推迟其后熟、衰老进程，防止其腐败变质，从而减少储藏损失，延长果蔬的保鲜期，使其更长久地保持优质的食用状态。这就是气调储藏的原理。

储藏环境中的气体是多种气体的混合物。气调储藏不仅存在单一气体或单一因素的影响，更重要的是多种气体和多种因素的综合影响。这种综合影响表现在两个方面，一是相互促进，一种有利因素所产生的效果，会因另一种有利因素的同时存在而强化。如低氧抑制呼吸，加上适量的二氧化碳抑制呼吸的效果就更好。而一种不利因素所产生的恶果，会因另一种不利因素的同时存在而加剧。如二氧化碳浓度过高会引起果蔬中毒，若同时温度过低，则会使中毒加重。二是相互制约，一种有利因素产生的效果，会因另一种不利因素的同时存在而削弱。而一种不利因素产生的恶果，会因另一种有利因素的同时存在而缓解。如乙烯加速后熟和衰老，但低氧或适量二氧化碳又能抑制内源乙烯的生成和抵消外源乙烯的危害。

气调储藏是在低温高湿和改变了空气成分的环境中进行的。以往的储藏方法靠冷藏，都是在普通空气中进行的，两者有本质上的区别。称气调储藏为“气调冷藏”似乎更确切，但习惯上仍称气调储藏。

应指出的是，气调储藏是一种果蔬长期保鲜的方法。其保鲜效果不单取决于“储藏”的环节，而是取决于果蔬采收、储藏、销售等采后处理全过程。储藏只是其中的一个主要环节，采后处理全过程中任一环节出现问题，都会影响气调储藏的最终效果。

二、气调储藏的优点

1. 储藏期长

以呼吸跃变型果蔬为例，不同储藏方法的储藏期如图 4—1 所示。图中①②③号曲线分别表示呼吸跃变型果蔬在常温储藏、冷藏和气调储藏时的呼吸变化。以与呼吸强度 A 对应的时间作为储藏起点，与呼吸强度 B 对应的时间作为储藏终点，显然储藏期 $H_3>H_2>H_1$。这是因为气调储藏更有效地抑制了生理代谢的缘故。在达到同等保鲜效果的前提下，气调储藏的储藏期至少是冷藏的两倍。

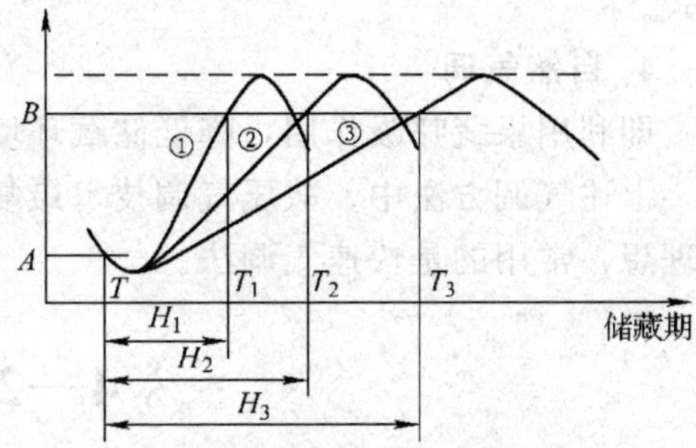

图 4—1　不同储藏条件下呼吸跃变型果蔬的呼吸强度变化曲线示意图

2. 货架期长

货架期指果蔬结束储藏转入储后经营，最终为消费者食用的商品流通期。从经营和消费的实际出发，果蔬必须有货架期，且货架期越长越好。气调储藏的货架期长，与储藏中品质损失小、储后的果蔬具有较强的抗环境因素变化能力有关。在达到同等食用品质的前提下，气调储藏的货架期为冷藏的货架期的两倍。

3. 质量损失小

气调储藏与其他储藏方法相比，不仅可减少果蔬的品质损失，而且还可以减少质量的损失。只要按要求管理好气调储藏的每个环节，储藏损失率一般不会超过 1%。

4. 保鲜效果好

气调储藏的保鲜效果体现在能很好地保持新鲜果蔬原有的品质，果蔬经过长期储藏后，仍能保持原有的色、香、味、鲜。

气调储藏的保鲜效果好，是相对于常温储藏或冷藏而言的。尽管气调储藏能把果蔬的生理活动降到尽可能低的程度，但果蔬仍要进行一定程度的生理代谢，品质也会发生轻微的变化，只是这种变化比其他储藏方法小得多。

5. 具有良好的附加经济效益

气调储藏延长了果蔬的保鲜期，从而较好地解决了果蔬“旺季烂、淡季盼”的供需矛盾。气调储藏提高了果蔬的商品率和优质率，延长了保鲜期，在果蔬淡季可带来较好的经济效益。

6. 无污染

气调储藏采用的是物理方法，果蔬不用任何化学或生物制剂处理，不存在污染或毒性残留问题，卫生、安全、可靠。

三、气调储藏的方式

1. 减压气调

减压气调即将储藏环境的气压降至一定程度并保持恒定。总气压降低后，各气体分压也相应降低，从而达到控制和调节各气体浓度的目的。

2. **最适气体成分置换**

即按果蔬特性，用人工配制的最适气体成分来置换储藏环境的气体，从而达到始终维持最适气体成分的目的。

3. **快速气调**

即人为和强制性地降低储藏环境中的氧浓度，有充氮置换降氧和循环分离降氧两种方式。

4. **自然气调**

即利用果蔬呼吸作用，降低储藏环境中的氧气含量，增加二氧化碳含量。

上述气调方法中，减压气调技术最复杂，最适气体成分置换耗气量最多，自然气调效果不理想，常用的是快速气调法。

§4—2 气 调 库

一、气调库的特点和类型

1. **气调库的特点**

按照气调储藏技术的要求，气调库既具有冷藏库的冷藏功能，又具有构造形式和管理使用上的独特之处。

（1）气密性

这是气调库在构造上区别于冷藏库的一个最主要的特点。它不仅要求围护结构隔热，以减少外界对库温的影响，而且还要求围护结构密闭，以减少库内外气体的交换，维持库内具有较稳定的气体成分。

（2）安全性

这是随气密性而伴生的要求。气调库在降温、回温以及气调过程中，因库内温度、压力变化会在围护结构两侧产生压差。如压差不及时消除或控制在一定范围内，将引起库体的损坏。既要保证库体的气密，又要保证其安全是气调库的又一特点。

（3）库内空间高

单层建筑现代气调库几乎都是单层地面建筑，库内空间较高。这种特有的建筑形式是以气密性和安全性为前提而形成的。

（4）快进整出

这是气调库在使用管理上的一大特点。快进是对货物入库时间的要求，以便使其尽早处于气调储藏状态。一旦储藏结束，库内的货物最好在短期内出完，不能采用冷藏库“先进先出、后进后出”和“随进随出”的使用管理方法。

（5）高堆满装

这是气调库在使用管理上的又一特点。除留出必要的检查通道外，货物在库内应尽可能高堆满装，使库内剩余的空隙小，减少气体的处理量，加快气调的速度，缩短气调的时间，使气调状态尽早形成。

2. **气调库的类型**

气调库有多种类型，可按用途、构造形式和气调方式进行分类。

（1）按用途分类

按储藏货物种类不同（即用途不同），可分为水果气调库、蔬菜气调库、粮食气调库等。由于果蔬的生理特性不同，气调储藏的要求也不同。以水果为例，可将水果气调库细分为苹果气调库、梨气调库、猕猴桃气调库等。此外，还可将气调储藏与高、低温冷藏组合为混合型库。混合型气调库的优点是：可扩大储藏、经营范围和增强库的使用灵活性。

（2）按构造形式分类

按构造形式分类，气调库有砌筑式、夹套式和装配组合式等。砌筑式气调库的构造基本与传统的冷藏库差不多，只是围护结构增加了气密层。夹套式气调库在冷藏库内，气密性分别由原围护结构和新增的气密层来保证。装配组合式气调库采用新型的建筑材料——彩镀夹心绝热板（又称“三明治”板）装配组合而成，是现代气调库的主要形式。装配组合式气调库又分为内结构架型和外结构架型，当库的建筑尺寸较小时采用外结构架型，当库的建筑尺寸较大时采用内结构架型。

（3）按气调方式分类

按气调方式分类，只控制氧气和二氧化碳气体浓度的气调库称为一般气调库，还要控制其他气体浓度的气调库称为特殊气调库。库内外压差控制在200～300Pa以内的称为常压气调库，库内始终维持较低负压的称为低压（或减压）气调库。在一般气调库中，利用储藏物呼吸作用降低库内氧气浓度的称为自然降氧气调库，而采用专门设备强制降氧的称为快速降氧气调库。

二、气调库的构造

1. 主体构造

如图4—2所示为较典型的气调库，为外结构架型装配组合式气调库的主体构造示意图，地坪以上建筑包括外围结构和围护结构两部分。外围结构由钢柱、钢梁等组合的钢结构架和屋面板、外围板等组成。围护结构即库体由“三明治”板装配而成。外围结构主要起保护围护结构的作用，并能改善围护结构的热工性能。围护结构则具有隔热和气密的功能。

“三明治”板是由两层表面材料（彩镀钢质或铝质波纹板）中间填充芯材（聚氨酯或聚苯乙烯泡沫塑料）复合而成，如图4—3所示。彩镀波纹板兼作围护结构的气密层和防潮隔汽层，聚氨酯或聚苯乙烯泡沫塑料为围护结构的隔热层。

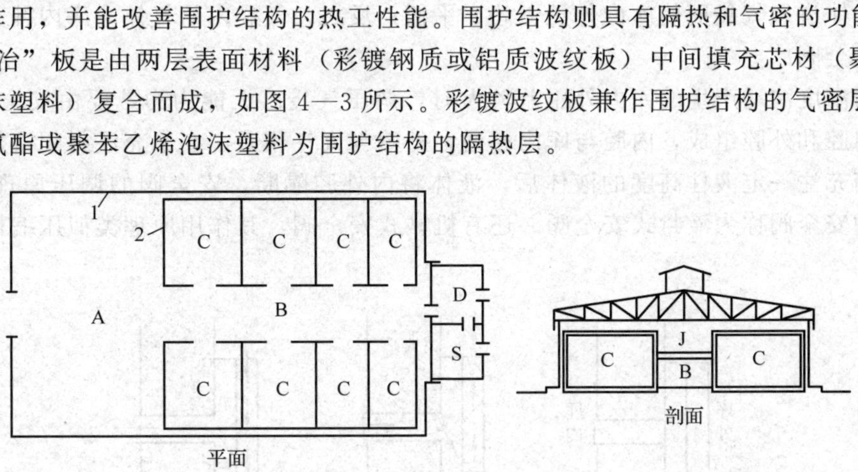

图4—2 外结构架型装配组合式气调库（平剖面）

A—包装挑选间 B—穿堂 C—气调储藏间 D—气调机房 J—技术走廊 S—制冷机房

1—外围结构 2—围护结构

气调库的地坪构造与冷藏库差不多，只是增加了一层气密层，如图 4—4 所示。

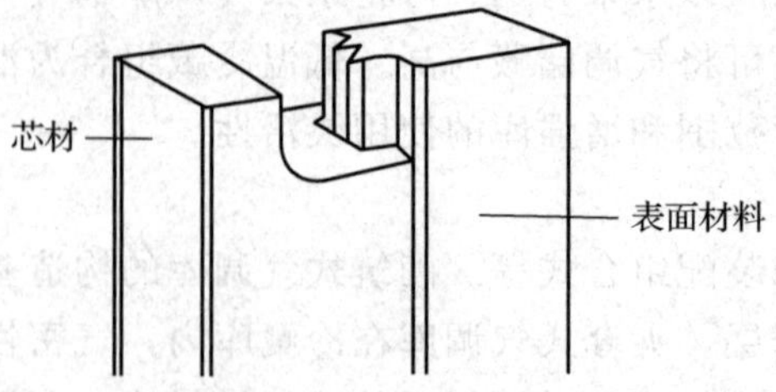

图 4—3 “三明治”板结构

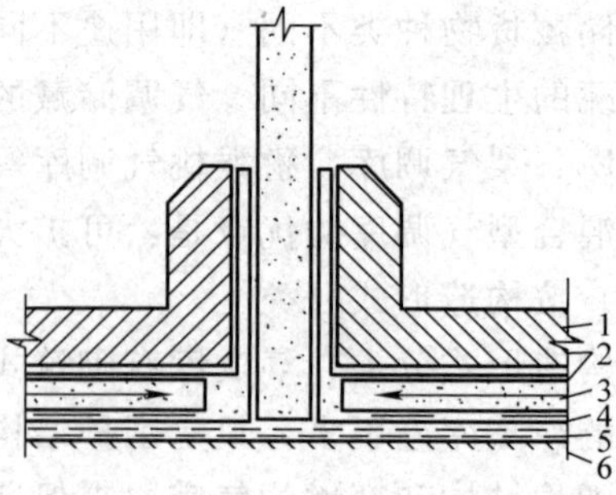

图 4—4 气调库地坪构造示意图

1—钢筋混凝土 2、4—气密层

3—隔热层 5—防潮隔汽层 6—基层

2. 特有设施

(1) 气密门

为保证库体的气密性，库门的气密性是至关重要的。气密门不但要求门扇隔热和气密，还要求关门后门缝不漏气。在气密门扇下部要开一个活动窗口，窗扇应用透明气密材料制作。透过活动窗可以看到摆放在库门口处的货物样品，打开活动窗即可伸手取出样品进行质量检查，管理人员也可以从窗口进入库内检查货物质量和检修库内设备。气调储藏过程中，一般不开门，以防止破坏已调节好的气体成分。气调库的门也可以采用双道门，外门即普通的冷藏门，起隔热作用，内门用刚性材料（如钢板、硬质塑料等）制成，起气密作用。

(2) 调压气袋

调压气袋通常装在库顶与屋顶之间，并与库内相通。气袋用柔性的气密材料制成。当因外界气温和果蔬呼吸热的影响而引起储藏温度波动（温度波动大小由温度控制装置的精度决定）时，在库体两侧形成压差。调压气袋的作用即消除压差。当库内压力高于外界大气压力时，库内气体进入气袋而使库内外压力趋于平衡；反之，气袋内的气体向库内补充。

(3) 安全阀

当库内温度波动产生的库内外压差较大时，调压气袋已无能为力，要由安全阀来实现。安全阀由内腔和外腔组成，内腔与库内相通，外腔与大气相通。在未充注封闭液体时，内外腔连通；当充注一定液柱高度的液体后，液体将内外腔隔断。安全阀的调压原理如图 4—5 所示。这种安全阀称为液封式安全阀。还有机械式安全阀，其作用原理类似压缩机的吸、排气装置。

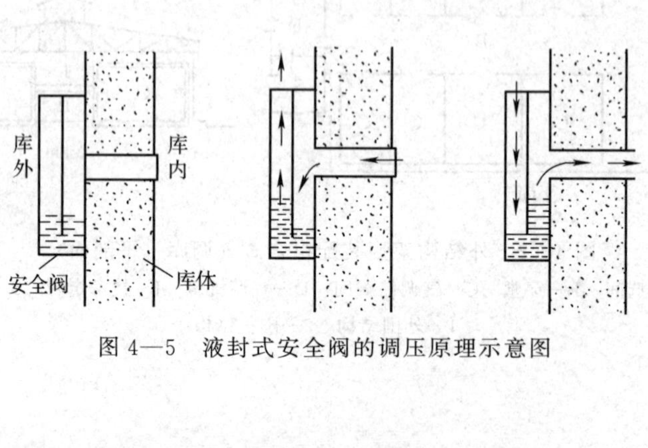

图 4—5 液封式安全阀的调压原理示意图

（4）技术走廊

技术走廊通常设在穿堂的上部（见图 4—2），它的设置是非常必要的。它既是管道、阀门和有关设备安装、调试和维修的场所，又是管理人员观察库内储藏情况和设备运行状况的通道（通过观察窗观察）。采用分散式制冷和气调系统的气调库，其设备直接安装在技术走廊上（需采取加固措施），既可省掉制冷、气调机房，又可减少工艺和水电管线。

（5）观察窗

观察窗通常设在技术走廊两边的库体墙面上，为固定式透明密封窗。其作用是方便管理人员观察库内储藏物和设备运行状况而不用进入库内。有的气调库单间储量很大，可将固定观察窗设为活动观察门（构造同气密门），管理人员可通过观察门进入库内（库内要设置高空走道）查看储藏情况以及检查、维修设备。

此外，有些单间储量很大的气调库为解决储藏中途部分货物出库而又不引起库内气体成分波动的问题，将穿堂改为封闭式穿堂。部分出货时，先把穿堂密闭并将穿堂内的气体成分调节到与气调储藏间一致，再开启气调间的气密门出货（货物放在穿堂内）。部分货物出完后，封闭气调间的气密门，然后将穿堂恢复到大气状态，再从穿堂出货。

3. 气调库的制冷系统设置

气调库的制冷系统有集中式制冷系统和分散式制冷系统两种形式，各有利弊，均应用较多。气调库的制冷系统与高温冷藏库的制冷系统基本一致。但由于气调储藏的特殊性，故其制冷系统的设置应注意以下问题。

（1）制冷压缩机和蒸发器的配置

在选配制冷压缩机和蒸发器时，应充分考虑其制冷负荷与冷藏库的不同之处。首先，气调库的围护结构耗冷量比冷藏库小，这是由于气调库要求尽量减少外界气温对储藏温度的影响，因而围护结构的热阻值要求比冷藏库大，隔热层较厚。其次，气调库在入库阶段的货物热负荷较大，与进货速度快、时间短及容积利用系数高（同样容积，气调库装货多）等有关。再次，气调库不存在与外界通风换气的热负荷，而存在气体调节的热负荷，两者相比，后者比前者小。最后，气调库的操作热负荷只有照明热量，没有开门热量和操作人员热量，操作热负荷比冷藏库小。因此，应根据气调库的冷却设备负荷和机械负荷来选配蒸发器和制冷压缩机。

由于气调库的围护结构对气密性要求严，为提高库内相对湿度，蒸发器的传热温差宜小不宜大，以降低蒸发器的结霜速度、结霜量和减少加湿器的功率消耗。

气调库在入库和储藏稳定阶段的热负荷相差较大，当蒸发器选用冷风机时，其轴流风机应采用双速风机即用改变风速的方法来调节蒸发器的换热能力，以满足热负荷变化的要求并减少货物的干耗。

（2）储藏温度的静态偏差控制

储藏温度的静态偏差控制值宜小不宜大，对降低储藏温度波动的幅度，以及相应地减小库内外压差和库内气体浓度的波动等都是至关重要的。

（3）制冷、加湿等设备的安装

为了便于管理，库内制冷、加湿等设备的安装位置应考虑易于观察和便于维修。

对于进入库内的制冷（包括加湿、气调）管道以及与之相关的水电管线，在穿墙处的气密处理十分重要，不得漏气。

库内加湿装置不宜采用电加热或蒸汽加湿之类的装置，以减小库内的热负荷。

（4）制冷冲霜方法

制冷冲霜不宜采用热介质或电化霜，宜用水冲霜，既可减少库内热负荷，又有利于提高库内相对湿度。

4. 气调库的气调系统

气调系统包括气体调节装置系统、气体成分检测装置系统和自动控制系统。这里仅介绍气体调节装置系统。

（1）降氧装置系统

降氧装置系统分自然降氧和快速降氧两种方式。自然降氧依靠果蔬的呼吸来实现，不需要任何装置。快速降氧分为开式循环系统和闭式循环系统。开式循环系统采用充氮降氧，即用制氮机将空气中的氮气分离出来并送入库内置换原有气体，也可以用罐、瓶装的氮气取代制氮装置，如图 4—6 所示。闭式循环系统采用吸附、燃烧等方法，将库内气体中的多余氧气去掉，处理后的气体经冷却后送回库内，如图 4—7 所示。

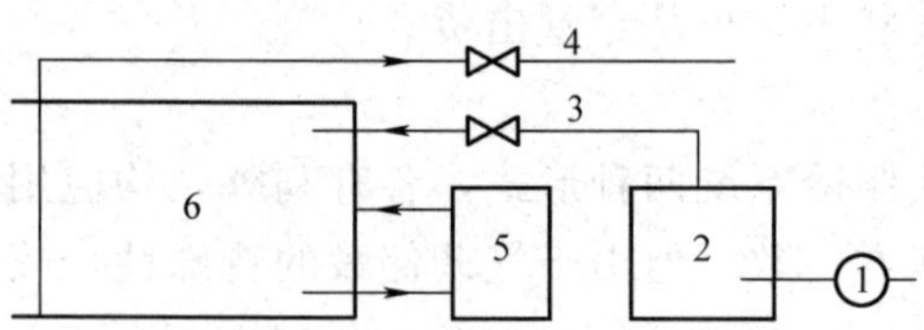

图 4—6　开式循环快速降氧系统示意图

1—空气压缩机　2—制氮装置　3—充气管

4—排气管　5—CO_2 洗涤装置　6—气调储藏间

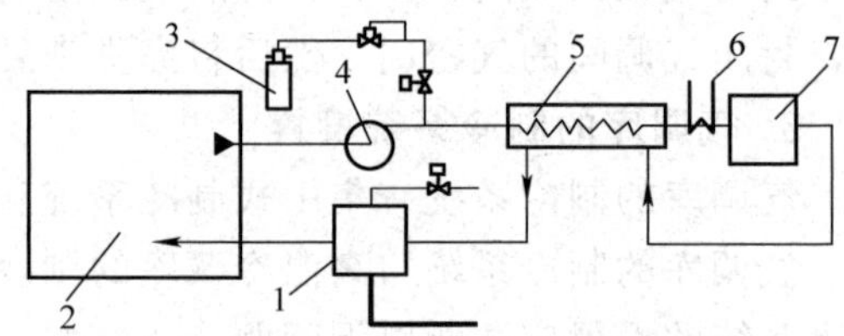

图 4—7　闭式循环快速降氧系统（燃烧式示意图）

1—冷却器　2—气调间　3—可燃性气体罐　4—鼓风机

5—热交换器　6—电加热器　7—反应燃烧室

（2）二氧化碳脱除（洗涤）装置

脱除二氧化碳的装置很多，有吸收装置、吸附装置等。吸收装置在早期的气调库中使用较多，但因存在缺陷，已被逐步淘汰。目前常用的是吸附装置。

二氧化碳吸附装置如图 4—8 所示，采用活性炭作为吸附剂，并采用闭式循环系统。库内的混合气体被送入吸附装置中，经活性炭吸附二氧化碳后再送回库内。为连续地脱除多余的二氧化碳，该装置也装有两个吸附塔，交替完成吸附和脱附。

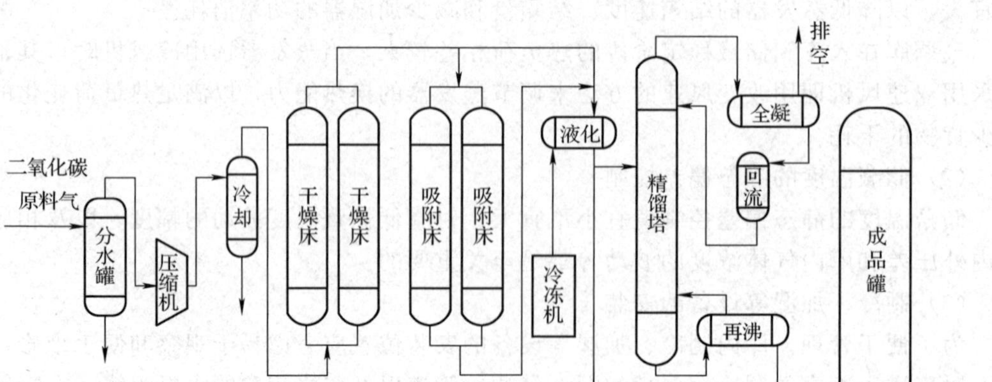

图 4—8　二氧化碳吸附装置

（3）硅橡胶袋气调装置

该装置是利用硅橡胶织物的单面硅胶涂层对混合气体中各组分气体有选择性渗透的特性而制成的气体交换扩散装置。当硅膜两侧的各组分气体存在分压差时，气体从浓度高的一侧向浓度低的一侧渗透，并且各气体的渗透速度和方向彼此独立，互不干扰。氧气和二氧化碳的渗透比为1∶6。该装置用于自然降氧型气调库，当库内氧气浓度降低、二氧化碳浓度升高后，启动该装置，就能将库内多余的二氧化碳排掉，同时向库内添加适量的氧气。使用时采用闭式循环系统。图4—9为该装置的构造示意图。

（4）除乙烯装置

乙烯在库内的含量很少，只能用10^{-6}数量级计量。气调库常用化学法除乙烯，最简单的方法是用高锰酸钾氧化。如图4—10所示为高效除乙烯装置。该装置依据以下化学原理制成：乙烯在催化剂和高温下与氧气发生反应，生成二氧化碳和水。

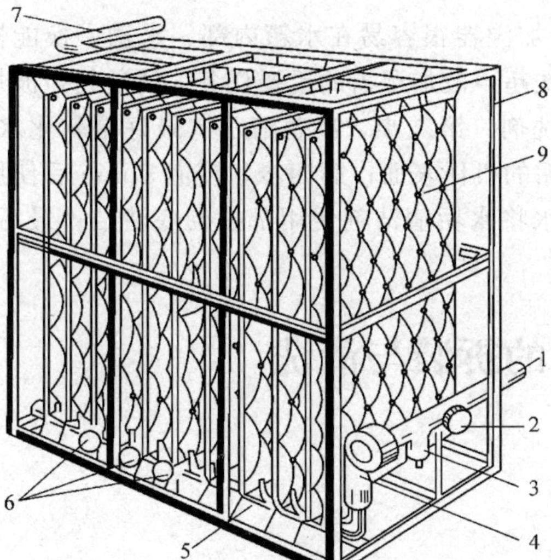

图4—9　硅橡胶袋气调装置

1—进气管　2—进气阀　3—加氧阀　4—风机　5—进气集管　6—调节阀　7—出气集管　8—支架　9—硅橡胶袋

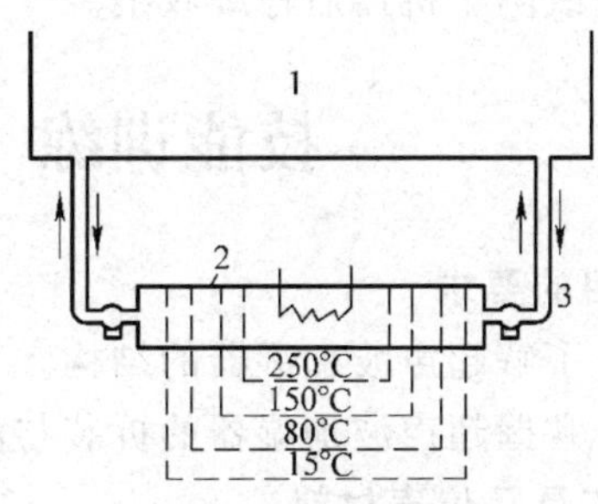

图4—10　除乙烯装置及其系统示意图

1—库房　2—除乙烯装置　3—管道系统

装置的关键是催化剂（特殊的活性银）的选择和一个从里到外形成15 ℃、80 ℃、150 ℃、250 ℃温度梯度的变温度场装置，既解决了氧化反应所需要的高温，增强了反应强度，又不会给库内增加太多的热负荷。该装置采用闭式循环系统。

（5）加湿装置

气调库使用的加湿装置为高频振荡加湿器，促使水雾化而不增加热量。其核心是能量转换头。

加湿装置主要利用雾化器将电能转换成机械能，采用电子超频振荡向水中发射1.7 MHz超声波，通过雾化片的高频谐振，把水抛离水面并产生水雾，作业不需要加热或化学剂而产生1～5 μm的水颗粒漂浮于空气中，达到等焓加湿空气的效果。

加湿装置的主机系统采用集成的超声波机芯，雾化片可换，维护简单方便。喷雾颗粒细小，直径只有1～5 μm，能有效均匀加湿保湿，实现高精度湿度控制，对当前环境有液晶显示且可调节。有进水自动控制装置，断水自动停机。主机配有万向轮，方便自由移动。

1）安装气调库加湿器的注意事项。安装时以人员容易操作、维护方便为基本原则，主机可座装也可挂装，但是主机一定要水平安装。出雾口采用PVC管路即可，喷雾口可以根据需求均匀打孔，管路连接处密封好，以防止漏气、漏水；一般水质比较硬时，每2～3周清洗一下，顺便排一下废水。主机长期不用时，需把箱体内部的水放掉，断水、断电，方便以后使用。

2）超声波加湿器的清洗方法及技巧

① 切断电源、倒净余水。在清洁超声波加湿器之前应首先切断电源并倒净加湿器中的余水。

② 清洁外观。通常使用清水与软布配合清洁加湿器的外表面。如果加湿器的外观较脏并粘有油污，则使用中性清洁剂适当稀释后配合软布对机器的外表面进行擦拭，在彻底去污之后再次使用清水擦拭机器，直至洁净。

③ 去除水垢。在使用一段时间之后，超声波加湿器很容易在水箱内部、水槽、换能器等部位积累水垢，因此，定期去除水垢就成为清洗超声波加湿器的重要任务。清洗超声波加湿器主要有以下步骤：第一步，准备专用水垢清洗剂；第二步，准备清水（最好是软化水）和专用毛刷；第三步，将专用清洗剂倒在存有水垢的机体表面；第四步，浸泡5 min后使用清水和软毛刷将水垢清洁干净；第五步，使用清水将水垢清洁剂使用部位彻底清洁；最后，继续使用或阴干机器后仔细收纳。

技能训练　加湿器的拆装与清洗

1. 目的要求

（1）了解超声波加湿器的结构。

（2）掌握超声波加湿器的拆装与清洗。

2. 工具及仪表材料

超声波加湿器一台，十字旋具、一字旋具各一把，呆扳手一套，清洗液一瓶，干毛巾一条。

3. 训练步骤

（1）切断加湿器电源，关闭水源，打开加湿器放水开关，将加湿器中的水放完。

（2）拆卸加湿器外壳紧固螺钉，打开外壳，拆下水箱连接管，取下水箱。

（3）用清洗剂清洗水箱。

（4）拆下雾化器连接导线，卸下雾化器紧固螺栓，取出雾化器。

（5）检查雾化器晶片，如晶片有水垢，用毛巾蘸清洁剂轻轻擦拭，去除水垢。

（6）将雾化器安装到原位，用螺栓紧固并连接导线。

（7）安装水箱，并连接水箱接管。

（8）安装加湿器外壳，并用螺钉紧固。

（9）关闭加湿器放水开关，打开水源开关，接通电源。

4. 注意事项

（1）拆卸加湿器外壳前必须先切断加湿器电源，关闭进水阀，打开放水阀，将加湿器中的水放完。

（2）拆卸雾化器连接导线时不可将导线和接插件损坏。

（3）安装雾化器时各螺栓的紧固力应一致，不可松动，不可有漏水现象。

（4）操作中应注意保存好易丢失的小零件，并注意安全文明操作。

5. 评分标准

评分标准见表 4—1。

表 4—1　　加湿器的拆装与清洗评分标准

项目内容	配分	评分标准	扣分	得分
加湿器的拆卸	40	（1）拆卸外壳前不切断电源、水源　扣 10 分 （2）取下水箱前不拆卸水箱连接管　扣 10 分 （3）拆卸雾化器前不拆卸连接导线　扣 10 分		
雾化器晶片和水箱的清洗	40	（1）不清洗水箱　扣 15 分 （2）不清洗雾化器晶片上的水垢　扣 15 分 （3）操作中损坏水箱　扣 10 分 （4）操作中损坏雾化器晶片　扣 25 分		
装配与检查	20	（1）雾化器安装不到位　扣 15 分 （2）连接导线安装不正确　扣 10 分 （3）加湿器外壳安装螺钉松动　扣 5 分 （4）安装中损坏元件、外壳等　扣 15 分		
安全与文明生产	违反安全文明生产规程　扣 5～40 分			
定额时间 120 min	每超时 10 min 扣 5 分			
备注	除定额时间外，各项内容的最高扣分不应超过配分数		成绩	
开始时间		结束时间		

第五章　制　　冰

制冰技术包含制冰方式、制冰装置和制冰的形状等内容。制冰过程是利用蒸气压缩式制冷系统（氟利昂制冷剂、氨制冷剂、混合制冷剂）将制冰用水直接或间接冻结，根据成冰装置的不同，制出不同形状冰的过程。

§5—1　人造冰的分类、性质和应用

所谓人造冰通常是指人们科学地运用制冷设备来吸收水或水溶液中的热量并使之冻结成固体。

一、人造冰的分类

人造冰按其物质组成可分为水冰、防腐冰、溶液冰、干冰等几种。

水冰又称普通冰，简称冰，是用普通的水制成的冰。根据冰的透明度（或称纯度），冰又可分为白冰和透明冰。用未经处理的普通水制成的冰即为白冰，其颜色发白，透明度差。将原料水进行沉淀和软化处理，并在冻结过程中将从水中析出的气泡除掉，就是透明冰。水冰还可以按用途不同制成各种形状，如雪花冰、粒冰、片冰、板冰。防腐冰是用水和防腐剂的混合溶液经冻结后制成的。其最大特点是具有杀菌能力，常用于鲜活食品尤其是水产品的加工保鲜，可防止鱼、虾等鲜活水产的腐烂变质。溶液冰是一种均匀的盐类和水的共晶体，是用盐类的共晶溶液制成，也称为最低共融冰。它的最大特点是具有较低而恒定的融化温度及较多的熔化热。某些溶液冰具有较强的腐蚀性或毒性，使用时应注意。干冰即固体二氧化碳。它是用人工制冷的方法，将气态的二氧化碳经液化冻结而成。干冰通常为透明雪状固体，也可根据需要压制成块。因其具有吸热后不经过液态而直接汽化（即升华）的特点，故称为干冰。

二、人造冰的性质

水在冻结过程中，其分子间存在两种相反的作用力：一种是分子聚合力，促使结晶的形成；另一种是分子热运动力，阻碍结晶的形成。水要冻结成冰，必须克服后一种作用力。因此，在水的冻结过程中，要设法将水的热量移走，使其温度降低而减弱分子热运动力。当水与低于 0 ℃的冷媒体（如空气、管道、冰桶等）接触时，冷媒体将处于接触界面处的一层水的热量取走，使该层水首先冻结。首先冻结的薄冰层又成为热的传导体，将未冻结的水的热量不断地传给冷媒体。这样使水一层一层地冻结，冻结的冰量越来越大，冰层越来越厚，直至水全部冻结或某一冰水界面处的温度维持在 0 ℃时，冻结过程终止。

冰是水的结晶体，其晶体构造属透明六方晶系，但冰块系多向结晶。根据其形成时的条件不同，透明度、形状也各不相同。

冰的密度与形成时的环境温度和压力以及内部的空气和杂质含量等有关。在常压下，冰的密度大约为 $0.917 \times 10^3\ kg/m^3$，比水的密度小，故水冻结成冰后，体积大约要增加 9%。冰形成时的温度越低，密度越大。

冰的熔点即水的冰点，也和形成时的环境压力有关。在大气压力状态下，其熔点为 0 ℃。在一定的压力范围内，随着冰形成时的压力升高，冰的熔点降低。冰的密度和纯度决定了其在常温范围内的融化速度，密度越大，纯度越高，融化的时间就越长；反之，则融化时间越短。

冰的质量比热容与其温度有关，在 −20～0 ℃的范围内，其平均质量比热容约为 2.09 kJ/(kg·K)，其平均融化热为 335 kJ/kg。

冰的导热系数也与其温度有关，温度越低，导热系数越大。在 −20～0 ℃的范围内，其平均导热系数为 2.326 W/(m·K)。

冰的抗压强度与温度有关。在一定温度范围内，温度越低，抗压强度越大。

干冰具有密度大、升华吸热量大、升华温度低、干净卫生等特点。干冰的密度与制取方法有关，其平均密度为 $1.4 \times 10^3\ kg/m^3$。在常压下的升华温度为 −78.5 ℃，在真空状态下的升华温度为 −100 ℃。在大气压力状态下，干冰的升华潜热约为 573.6 kJ/kg，加上升华后的气体温度由 −78.5 ℃升至 0 ℃，则总共可吸热 636.4 kJ/kg，约是水冰融化热的两倍。由于干冰的密度大，故其单位容积吸热量也大，为 891 kJ/m^3，约为水冰融化热的三倍。

三、人造冰的应用

人造冰主要是利用其冷却效应，即利用水冰（或防腐冰、溶液冰）融化或干冰升华时的吸热来获取低温。和机械制冷获取低温相比较，具有设备简单、操作简便等优点。在常压下，利用水冰可获取 0 ℃的低温。利用干冰在常压下可获取 −80 ℃的低温，如果将其置于密闭的容器中，用真空泵不断抽气，可得到 −110～−105 ℃的低温。还可以用干冰制造盐水冰，如将干冰与硫酸、氯甲烷或二氧化硫液体混合，可达到 −82 ℃；与乙醚混合则可得到 −100 ℃的低温。

人造冰在国民经济、科学研究和日常生活中得到广泛应用。在炎热的暑季，工业厂房、公共场所、医院病房和家庭等常用水冰防暑降温。在气温偏高的季节，新鲜果蔬和冷冻食品在长途运输过程中，常用水冰来降低车厢内的温度，以防止食品的变质腐烂。某些饮料和冷饮的生产加工，如起泡饮料的生产、冰镇冷饮的加工等都离不开干冰或水冰。人造冰可为科学试验研究提供低温环境，用以检测仪器仪表、金属材料、电子电器元件等在低温状态下的性能。水冰可用于温度仪表的零点温度校验。干冰升华时生成温度低、不含水分和无氧化作用的二氧化碳气体，可用于生物标本制作的干燥过程等。此外，在疫苗的短期存放，冷冻医疗，灭火器的生产，二氧化碳保护焊，切削、研磨等机加工中的刀具和工件的冷却，局部地区实施人工降雨，影视舞台艺术中特定的环境布景等方面都要应用人造干冰。

§5—2　制冰方法及设备

一、制冰方法

制冰方法有两种，一是直接冷却制冰法，即利用制冷剂的蒸发吸热直接将水冻结成冰。

此方法具有冻结快、设备小巧、占地少、投资少、无腐蚀、成套性强等优点。二是间接冷却制冰法，即在水和制冷剂之间增加载冷剂，如盐水制冰法。这种设备装置具有安全可靠、操作方便、制冷系统机器运转工况稳定、所生产的冰块体积大、形状规则、质地密实强度大，便于储存堆放、搬运输送，在制冷应用中单位体积制冷量大、融化慢等优点。

二、制冰设备

制冰设备主要包括制冰、融冰、倒冰、运输、注水、起吊等设备。在盐水池内有一个沉浸式的蒸发器产生冷量，通过由搅拌器搅动的盐水进行热量的传递，使冰模与制冷设备的蒸发器进行换热，让冰模内的水溶液散热而被冻结，由此而实现制冰目的。如图 5—1 所示为盐水制冰装置。

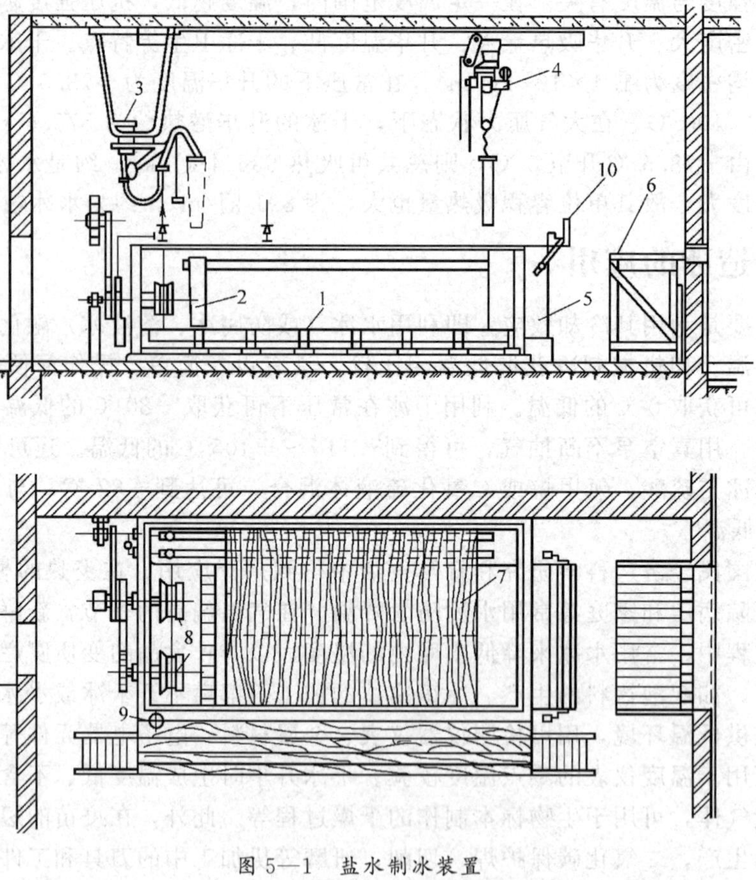

图 5—1　盐水制冰装置

1—制冰池　2—冰桶　3—冰桶加水器　4—双钩桥式吊车　5—融冰池
6—滑冰台　7—蒸发器　8—搅拌器　9—推进机构　10—倒冰架

1. 制冰池

制冰池是用于盛装盐水溶液、蒸发器及制冰桶等设备的长方体容器。在制冰池中焊有横隔板，将制冰池分成放置蒸发器和制冰桶两部分空间。隔板上有孔，便于盐水循环流动，制冰池上部有溢水管接头，底部有泄水管接头。在制冰池内有用角钢焊成的架子，用以搁置冰桶架。为了减少外部热量的传入，池底及四周敷设隔热层和隔气层，也有的在制冰池底部设置通风管道或防冻加热装置，以防地坪冻鼓。制冰池面敷设木盖板，木盖板用 50～80 mm 厚的双层木板制作，中间夹有防水油毡。为减少盐水对金属材料的腐蚀，池壁、蒸发器及搅拌器等均涂有防锈漆。

图 5—1 中制冰池 1 自带盐水冷却蒸发器。蒸发器 7 通常安装在池内的一侧或两侧的隔离槽中。制冰时，池内盛装着配制好的盐水，装有原料水的冰桶 2 浸泡在盐水中。液态制冷剂在蒸发器 7 内蒸发吸热，将盐水的热量带走，使盐水冷却并维持一定的低温。低温盐水流经冰桶 2 时，将桶内的水冷却并最终冻结。

在制冰池的一端装有螺旋搅拌器 8，强制盐水以较快的流速并按一定的流向沿冰桶和蒸发器的表面流动，以增强传热效果和使池内盐水保持较均匀的温度。

2. 蒸发器

常用的蒸发器有螺旋管式、V 形管式、立管式（见图 5—2）。根据制冰池的大小和结构，蒸发器在制冰池中有集中布置和分散布置等方式。集中布置的优点是：由搅拌器强制盐水以较大流速通过集中布置的蒸发管组，可提高热交换效率；蒸发管组可预先制作，安装快而方便。缺点是检查、维修、清洗等工作不方便。而分散布置的优点是：盐水温度均匀，检查、维修方便。缺点是盐水通过蒸发器时流速慢，换热效果差。

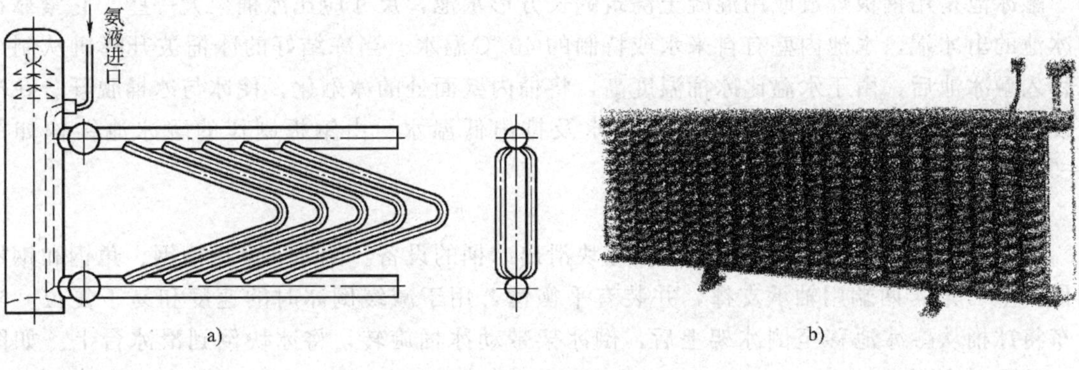

图 5—2 常用蒸发器

a）V 形管式蒸发器 b）螺旋管式蒸发器

3. 冰桶架和冰桶

冰桶架是搁置在制冰池上的钢制框架，用于搁置冰桶和提冰，冰桶用 1.5～2.0 mm 厚钢板焊制而成，桶的上下两端均有钢板箍加固。为了便于脱冰，冰桶做成上大下小的梯形。冰桶制成及试漏后需涂刷防锈漆。冰桶常用的规格有每块冰重 25 kg、50 kg、100 kg、125 kg 等。

4. 搅拌器

盐水制冰设备中的搅拌器有卧式（见图 5—3）和立式（见图 5—4）两类。卧式搅拌器由外壳、传动轴、叶轮以及填料压盖等组成。搅拌器伸进制冰池内，由安装在制冰池一端上部的电动机通过带轮带动工作，因而传动轴与制冰池的密封性要求高，安装维修麻烦，但卧式搅拌器工作时阻力较小。

立式搅拌器由叶轮、传动轴、电动机等组成。立式搅拌器的电动机安装在制冰池一端上部，电动机与叶轮通过联轴器连接。工作时，盐水由斗形外壳的上面进入，通过叶轮搅拌，从侧面的出水口送出。出水口设置在蒸发器底板下部，使盐水全部通过蒸发器。立式搅拌器不存在传动轴与制冰池壁面的密封问题，维修较方便，但工作时阻力较大。

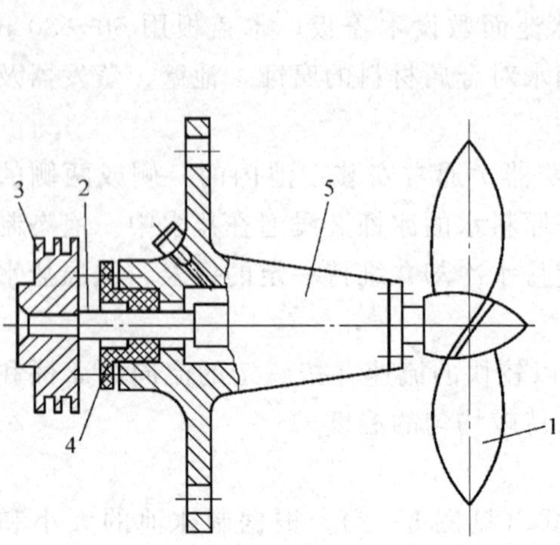

图 5—3　卧式搅拌器

1—叶轮　2—传动轴

3—带轮　4—填料压盖　5—外壳

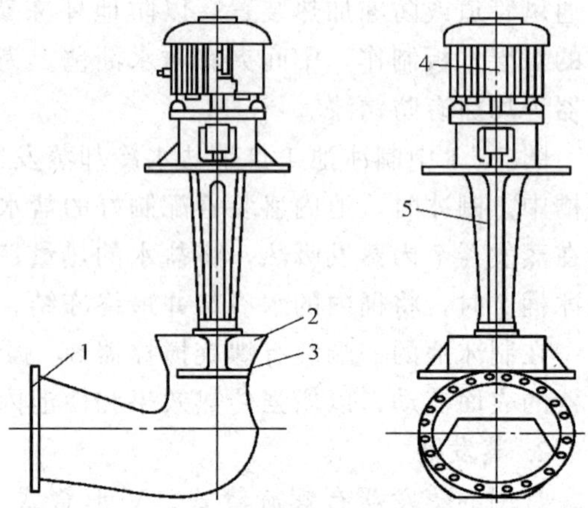

图 5—4　立式搅拌器

1—出水口　2—进水口　3—叶轮

4—电动机　5—传动轴

5. 融冰池

融冰池是用钢板焊成或用混凝土浇筑的长方形水池，尺寸应比冰桶架大一些。它紧靠在制冰池的出冰端，水池内盛有自来水或特制的 40 ℃温水。当冻结好的冰桶被升降机从制冰池移入融冰池后，由于水温比冰桶温度高，将桶内壁面处的冰融化，使冰与冰桶脱开。在池上设有进水和排水管道，以便补充高温水及排出低温水。由钢板制作的融冰池结构如图 5—5 所示。

6. 倒冰架

倒冰架是将融冰后的冰桶翻倒，使冰块滑出冰桶的设备。倒冰架多用槽钢、角钢和钢板制作，呈 L 形，两端用轴承支撑，并装有平衡锤，用于减缓倒冰时的速度和易于复位。当吊车将冰桶从融冰池移至倒冰架上后，倒冰架带动冰桶旋转，将冰块倒到滑冰台上。如图 5—6 所示为倒冰架。

图 5—5　融冰池

图 5—6　倒冰架

7. 滑冰道

滑冰道是将冰桶中倒卸出来的冰块顺利滑入冰库、码头、月台的专设冰道。它利用冰块的重力，在一定坡度的滑道内输送冰块。滑冰道按输送要求有平面输送和垂直输送两种形式。

（1）平面输送

平面输送采用直行滑冰道，在制冰间至冰库、月台等之间平面输送冰块。

（2）垂直输送

垂直输送采用螺旋滑冰道，多用于制冰池建在冰库上方的制冰系统中。冰块靠重力沿螺旋滑冰道从制冰池送至不同方向、不同标高的冰库中。

各种滑冰道的结构尺寸取决于倒卸冰块的数量和大小、距冰库或其他用冰处的距离和滑冰道的形式等。滑冰道各段的坡度是不同的，起始段坡度较大，使冰块能加速滑行；中间段坡度小些，使冰块等速滑行；末段坡度较小，使冰块能减速滑行，避免碰撞损耗。表5—1列举了几种常用滑冰道的坡度。

表5—1　　常用滑冰道的坡度

冰块质量（kg）	冰块顶端面横截面尺寸（mm×mm）	直行滑道			螺旋滑道		
		坡度（%）			坡度（%）		
		起始段	中间段	末端段	起始段	中间段	末端段
50	380×190	15	5	0	15	7.4	7.4
100	500×250	12	4.5	0	12	7.0	7.0
125	550×275	10	4	0	12	6.5	6.5

8. 冰桶加水器

冰桶加水器是把自来水或预冷后的制冰水加注到冰桶的装置。冰桶加水器由与冰桶数相应的旋转水嘴和定量水箱组成，以确保向各个冰桶中同时等量加水，如图5—7所示。

图5—7　冰桶加水器

9. 双钩桥式吊车

双钩桥式吊车类似于行车结构，其机身可水平前后移动，吊钩上下移动，用于冰桶的升降和移位。双钩桥式吊车的运行由操作人员手持开关盒控制。

三、对盐水溶液的要求

（1）盐水浓度不能过高。盐水浓度越高，盐水密度就越大，流动密度也越大，而热容量却越小。这样为了传递同样的热量，就得增加更多的盐水循环量。为此，盐水浓度越高，功耗越大。

（2）盐水的凝固点要低于蒸发温度。为了保证蒸发器中盐水不含冰，要求盐水的凝固点应低于蒸发温度。一般在选择盐水浓度时，应使其凝固点比制冷剂的蒸发温度低6～8 ℃。且此时的浓度应低于共晶点浓度。例如，氯化钠盐水的共晶点温度为－21.2 ℃，蒸发温度应高于－16 ℃时才能采用。

（3）由于盐水会不断吸收空气中的水分，使浓度下降，凝固点升高，因此，必须定时向盐水中添加盐，以维持所要求的浓度。

（4）盐水对金属有强烈的腐蚀性。为了减少腐蚀，需在盐水中加入一定量的防腐剂。常用的防腐剂一般采用含氢氧化钠（NaOH）的重铬酸钠（$Na_2Cr_2O_2$）。加入防腐剂后必须使盐水溶液呈碱性，pH 值为 9.5。可用酚酞试剂来测定，酚酞试剂和盐水混合时呈淡玫瑰色。

技能训练 1　配制载冷剂

1. 训练内容

载冷剂的配制。

2. 工具、器材、材料

自来水、水桶、盐、防腐剂、温度计、密度计、量筒等。

3. 训练步骤

（1）将自来水倒入水桶中，并投放适量的盐，搅拌后使盐溶化。

（2）用温度计测得盐水温度为 15 ℃后，用量筒取出部分盐水。

（3）将相对密度计放入盐水溶液中，在盐水的液面处读出相对密度的数值。一般情况下盐水溶液的相对密度为 1.15～1.18，波美度为 20.0～21.2°Be′，质量浓度为 21.2%～22.4%。

（4）按此比例，根据制冰池的容积计算出所需的水和盐并进行配制，最后加入防腐剂。正常情况下，每 100 kg 水中含有 29 kg 氯化钠和 0.41 kg 的防腐剂。这时盐水的共晶点是 −21.2 ℃，质量浓度是 22.4%，相对密度是 1.17。

4. 注意事项

（1）配制载冷剂溶液时需戴好橡胶手套，以防伤及皮肤。

（2）温度计、密度计、量筒等均是玻璃制品，需轻拿轻放。

（3）识读相对密度的数值时，一定要正视其液面的数值，不可从上方向下看，造成误差。

5. 评分标准。

评分标准见表 5—2。

表 5—2　　配制载冷剂评分标准

项目内容	配分	评分标准		扣分	得分
配制前准备	10	（1）不准备及不检查工具 （2）不准备记录纸笔	扣 5 分 扣 5 分		
配制	50	（1）不能正确使用工具 （2）不按操作步骤配制 （3）损坏器具 （4）不按规定配制材料	每处扣 15 分 每处扣 5 分 每处扣 10 分 扣 20 分		
配制后检查	40	（1）配制后不自检 （2）配制后盐水浓度不正确	扣 15 分 扣 25 分		
安全与文明生产		违反安全文明生产规程	扣 5～40 分		
定额时间 120 min		每超时 10 min 扣 5 分			
备注		除定额时间外，各项内容的最高扣分不应超过配分数		成绩	
开始时间		结束时间			

技能训练 2　拆装盐水泵

1. 训练内容

盐水泵的拆装。

2. 工具、器材、材料

盐水泵一台（见图 5—8），盐水泵教学挂图一幅，拉具一套，8 mm×12 mm 活扳手、套筒扳手若干把，钢丝钳一把，煤油，钠基油脂等。

3. 训练步骤

图 5—8　盐水泵

(1) 切断电源，拆开盐水泵电动机接线盒内的电源线。

(2) 用活扳手将电动机与联轴器的连接螺栓松开，拧下螺母，取下联轴器，使电动机与盐水泵叶轮传动轴分离。

(3) 松开盐水泵两边端盖的紧固螺栓，取下两边端盖。

(4) 将叶轮连同传动轴一同从泵体中取出。

(5) 拔下螺栓的开口销，松开叶轮的紧固螺母。

(6) 用拉具螺杆顶着传动轴中心后，旋动拉具螺杆，将叶轮卸下。

(7) 将卸下的传动轴、叶轮、螺栓、螺母、月牙键等放入煤油中浸泡，除去锈层。

(8) 将上述零部件抹上钠基油脂后重新安装。

4. 注意事项

(1) 拆卸前应切断电源，防止发生触电事故。

(2) 正确使用拉具。拉具螺杆必须顶正传动轴中心，以免歪斜而受力不匀损伤叶轮。

(3) 安装两边端盖时各螺栓紧固力要一致，防止侧盖泄漏。

5. 评分标准

评分标准见表 5—3。

表 5—3　　拆装盐水泵评分标准

项目内容	配分	评分标准		扣分	得分
拆装前准备	10	(1) 不准备及检查工具 (2) 不准备记录纸笔	扣 5 分 扣 5 分		
拆装	40	(1) 不能正确使用工具 (2) 不按拆装步骤操作 (3) 损坏零部件 (4) 拆装过程中不对易错装部位进行标记	每处扣 10 分 每处扣 15 分 每处扣 10 分 每处扣 5 分		
拆装后检查	50	(1) 拆装后不自检 (2) 拆装后盐水泵叶轮卡阻 (3) 拆装后盐水泵水密封漏水	扣 15 分 扣 20 分 扣 15 分		

续表

项目内容	配分	评分标准		扣分	得分
安全与文明生产	违反安全文明生产规程		扣 5～40 分		
定额时间 120 min	每超时 10 min 扣 5 分				
备注	除定额时间外，各项内容的最高扣分不应超过配分数		成绩		
开始时间		结束时间			

第六章　冷库的安装

冷库用制冷设备有组装式和散装式两种形式。

组装式制冷设备是把压缩机、冷凝器、储液器、油分离器、过滤器及机架等组装成一体，以压缩机组的形式整体出厂、整体安装。蒸发器、膨胀阀等设备现场安装。将这两部分连接起来成为一个完整的系统后，按技术要求供电、供水即可投入使用。氟利昂冷库大多是这种安装方式。

对于散装式制冷设备，其压缩机、冷凝器、蒸发器、膨胀阀及其辅助设备是零散出厂，在现场统一组装。先由施工或安装人员进行设备的就位安装和管道的连接，使各设备组件连接成一个整体系统，之后还要对系统进行吹污、气密性检查、抽真空、加注制冷剂及试运行和调整等工作，等到合格后方能投入使用。氨冷库安装大多如此。

因此，冷库的安装质量直接影响到设备的运行性能、操作管理和维护检修等。

§6—1　系统设备及管道的安装

与其他机械装置相比，制冷系统有其特殊性，安装时必须考虑下列情况：

第一，制冷系统中的所有部件及管路均为压力容器，它们组成了一个密闭的系统。系统内的制冷剂不能外漏，环境中的空气、水分及其他的机械性杂质也不允许进入系统，因而要求设备及管路有较高的机械强度和严格的气密性。对存放已久、锈蚀严重的设备和管道，在安装前需进行机械强度和气密性试验。

第二，必须做好系统各部件及各连接管道内的清污工作，将氧化层、焊渣等其他机械性杂质彻底地清除出系统，以免损坏压缩机气缸和堵塞有关通道，影响制冷系统的正常运行。

第三，各制冷设备和管道在安装前和安装过程中必须保持干燥。

一、压缩机的安装

1. 基础制作

在安装制冷压缩机（见图 6—1）前，应先检查压缩机基础的位置及尺寸是否符合技术要求。压缩机的基础应采用不低于 150 标号的水泥与砂石和适量水拌和成混凝土，浇入事先预制好的基础框架中。基础的螺钉孔根据图样尺寸预先留出。在混凝土基础的浇制过程中应随时捣实，以排除空气，达到密实程度。压缩机是动力设备，其基础既要承受负荷载重，又要接受振动力，因此，要有足够的强度，以免在运行中发生基础沉降、倾斜和机器振动过大等现象。

图 6—1　8AS125 制冷压缩机

2. 定位安装

在基础面上采用拉线的方法，找出纵、横中心线，然后用起重设施（如电动葫芦或链式起重葫芦）的钢丝绳将压缩机的整个机架吊起（吊装时钢丝绳不允许套在轴上起吊），将随机附带的地脚螺栓安在（连接在）公共底座上，然后将底座对准基础中心线，放在基础上。在每个地脚螺栓的两侧放置斜垫铁，利用调整斜垫铁的厚度来找正机架的水平。调整高度和水平时，可用撬锤或小千斤顶将机架抬起。找平后，用混凝土填满地脚螺栓孔，边浇边捣实，待混凝土干硬后，重新校正联轴器中心，并在校正后的电动机和压缩机的支座及公共底座上各配钻 12 mm 的锥孔打入螺尾锥销，进行最后定位。然后拧紧地脚螺栓，在公共底座与基础间的空隙中用水泥砂浆填满、抹平。

如果电动机与压缩机无公共底座，在安装时应先把电动机和电动机导轨安装好。用拉线的办法，使电动机和压缩机的带轮在同一个平面上，然后调整电动机与压缩机的同轴度。要求二者的径向圆跳动应在 0.2～0.3 mm。若压缩机与电动机之间是用联轴器连接的，则首先固定压缩机，用千分表来调整电动机和压缩机两轴的同心度，其径向圆跳动和端面圆跳动允许偏差不大于 0.15 mm。对于整体机组设备，无管道连接等问题，只需放平、做好防振措施即可。

二、冷凝器的安装

对于立式冷凝器，应先将其放置在按图样要求画线的基础上，用铅垂线配合来保证安装的垂直度，其偏差每米不超过 2 mm。校正后浇入水泥砂浆，待干硬后拧紧地脚螺栓。

图 6—2 卧式冷凝器

卧式冷凝器（见图 6—2）通常与储液器一起安装，冷凝器在上，储液器在下。冷凝器用螺钉固定在支架上，支架一般用混凝土作为基础，并装有半圆形垫木，用水平仪校正。其平面度偏差每米不得超过 1.5 mm，略倾斜于放油端。冷凝器的冷却水应从端盖下部进入，上部放出。制冷剂则从上端进入，下端流出。这样做一方面能保证整个冷凝器的传热管充满冷却水，另一方面可以提高换热效率。

三、蒸发器的安装

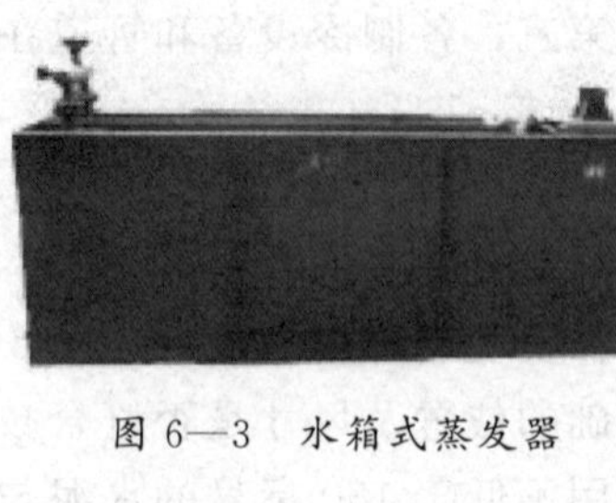

图 6—3 水箱式蒸发器

安装水箱式蒸发器（见图 6—3）时，应先用混凝土做好基础，在基础上放置用沥青处理过的垫木。垫木的长度与水箱的宽度相同，数量视水箱及蒸发器的质量而定。然后将水箱放置在垫木上，再把蒸发器吊装在水箱中，并予以固定。在水箱四周敷设隔热层，箱顶用木盖板覆盖。

卧式蒸发器的安装与卧式冷凝器类似，在支座上放置与隔热层厚度相同并经沥青浸泡处理过的圆弧形垫木，然后在蒸发器外侧敷设隔热层。

四、辅助设备的安装

在制冷装置中，辅助设备有储液器、油分离器、中间冷却器、空气分离器、气液分离器和过滤器等。这些设备的安装都有各自的技术要求。较小型的设备如过滤器、空气分离器等直接与管道连接，安装时必须把紧固螺钉拧紧。而较大型的设备，则应在容器的底座下放置垫铁，并浇注水泥砂浆，待凝固后将设备固定并旋紧地脚螺栓。

由于整个制冷系统是一个密闭的系统，要把所有的设备连接在一起，必须靠管道来完成。

1. 管道安装

制冷装置中的管道包括排气管（从压缩机排气截止阀至冷凝器出口之间的管道）、输液管（冷凝器出口至储液器出口和膨胀阀入口之间的管道）、吸气管（从蒸发器出口至压缩机吸气截止阀之间的管道）、冷却水管道、冷媒水（载冷剂）管道等。管道的正确设计、布置和安装直接关系到制冷系统的运转稳定性和经济性。各管道的管径大小应按产品说明书或设备要求规格配备和选材，不可随便更改。

（1）氟利昂制冷系统管道安装

氟利昂制冷系统管道可采用铜管，也可采用无缝钢管。管径较大时（管径不小于 25 mm）可采用无缝钢管，管径较小时则多采用紫铜管。

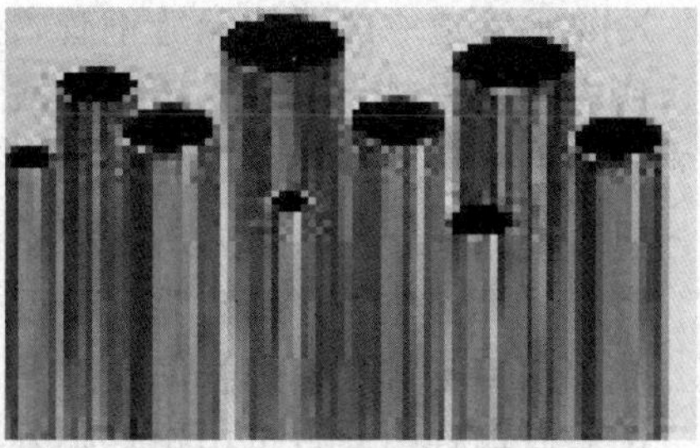

图 6—4　紫铜管

紫铜管（见图 6—4）安装前可用四氯化碳溶液充灌清洗。如管内残留氧化层等污物，可用体积浓度为 20%的硫酸溶液进行酸洗，然后用冷水冲洗，再用体积浓度为 3%～5%的碳酸钠溶液中和，最后用冷水冲洗并吹干，封堵铜管两端后待用。

紫铜管的连接可采用银钎焊或铜钎焊。银钎焊的焊接温度较低，焊料流动性好。铜钎焊的焊接强度高、价格便宜，但因焊接所需温度较高，焊接时易产生机械性氧化杂质。

同直径管道多采用胀口插入，并以钎焊的方式进行连接。

（2）氨制冷系统管道安装

图 6—5　无缝钢管

氨制冷系统的管道必须采用无缝钢管（见图 6—5），而不能采用铜管或其他有色金属管道。

管道安装前必须进行管道内壁的除锈、清洗和干燥工作。对于管径较大的管道，可用钢丝刷在管道内部往返拖拉，然后用空气吹除。对于小直径管道，可用干净白布浸以四氯化碳液体，对管道内壁进行擦洗。也可灌以四氯化碳液体，在 10～15 min 后倒出，再将管道吹干，封存备用。

氨制冷系统管道的连接一般采用电弧焊。钢管对接时，管口应事先加工成适当坡口，然后采用低碳钢焊条焊接，焊条直径按管壁厚度选择。在需要拆卸和检修处的管道连接，可采用法兰连接。用这种方式连接时，法兰盘密封面与管道轴心的垂直度偏差不允许超出 0.5 mm，两接合面用涂有黄油或石墨与机油混合密封剂的石棉橡胶垫加以密封，垫片厚度为 1.5～3 mm。管路中所需弯头可采用热弯或冷弯两种方法。冷弯适用于小管径管，并需用专用的弯管器弯制。热弯则需要将管子加热后进行。若弯曲半径在 2.5～4 倍管径之间，为防止管子弯瘪，需采用填砂法弯制，且弯制结束后必须对管内壁进行仔细的清砂处理。

（3）冷却水及冷媒水管路安装

冷却水及冷媒水管路一般采用无缝钢管、焊接钢管或镀锌钢管。其连接方式可采用电焊连接、法兰（见图6—6）连接或丝扣（见图6—7）连接。丝扣连接时，先将管口铰出管牙螺纹，除去油污等杂物，在丝扣上涂抹一层由甘油和氧化铝配制而成的糊状密封剂，再缠绕细麻丝或聚四氟乙烯薄膜，最后用活接头将其拧紧。钢管尺寸在 $\phi 8\ \mathrm{mm}\times 3\ \mathrm{mm}$ 以上时，一般不采用丝扣连接方法。

图6—6　法兰

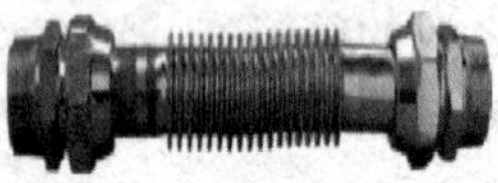

图6—7　丝扣

冷媒水管道一般采用无缝钢管，且用铜钎焊或锡钎焊连接。

所有管路安装完毕后，用氮气或干燥空气进行气密性试验。试验压力的大小应根据该管路实际工作时所要承受的压力来确定，如发现泄漏，则应采取补焊等措施。补焊时应注意：

（1）不能在管内有压力的情况下进行。

（2）补焊部位需仔细清除焊渣及锈层等，并用砂纸将表面擦净。

（3）钢管不可用铜焊补漏。

（4）原铜钎焊漏点可用银钎焊补焊，但原银钎焊漏点不允许用铜钎焊补焊。

（5）焊缝修补次数不得超过两次，如需再焊封则应截去原焊接处，换管重焊。

2. 管道安装注意事项

（1）管道在安装前必须彻底清除管内泥沙、氧化层等污物，并保持干燥。

（2）管路的布置应符合制冷工艺流程的要求，并应考虑到施工安装及运行管理的方便。管道的布置应不妨碍压缩机及其他设备的运行和操作管理，不妨碍设备的检修以及门窗的开启。

（3）管道与墙面、天花板以及管道与管道之间应有合适的距离，以便安装隔热层、管道吊架和支架。在同一个立面上，如果既有低温管道又有高温管道，高温管道应布置在低温管道上方，并保持适当距离。

（4）管道穿过墙壁或天花板时应装上套管，以便管道因温度变化时有伸缩的余地。对于低温管道，还应考虑留有足够厚度的保温层位置。

（5）压缩机的吸、排气接管都应有一定的坡度。为了防止压缩机停机后管道内的制冷剂蒸气凝结成的液体和润滑油倒流入压缩机，造成第二次启动时的“液击”现象，排气管的水平管段应有0.01的坡度，且倾向制冷剂的流动方向。对于水平段吸气管段，氨压缩机应有0.01～0.03的坡度，倾向低压循环桶（或气液分离器）。氟利昂压缩机则应有0.01～0.02倾向压缩机的坡度，以利回油。

（6）当冷凝器布置在压缩机上方，且它们的高度差大于2.5 m时，排气管的上升管下端应设U形积液弯头，如图6—8a所示。

（7）对于多台压缩机并联的制冷系统，应设均压管和均油管，保证润滑油均匀地返回每台压缩机。

（8）当蒸发器布置在压缩机上方时，蒸发器出口处立管应设U形弯头，如图6—8b和图6—8c所示。当多台蒸发器并联而总回气管又在蒸发器之上时，蒸发器回气管应采用如图

6—8d 所示结构。对设有能量调节装置的氟利昂压缩机回气管，为适应压缩机输气量发生变化时，既不影响竖管中垂直向上的气流速度，又不会使管道中压降过大，可采用双吸气竖管的结构，如图 6—8e 所示。通常两根竖管的有效截面积之和等于或稍大于单根竖管的有效截面积。在两根竖管间用一个集油弯管连接。当制冷系统处于低负荷运行时，气流流速较低，因而润滑油逐渐积聚，形成油封，制冷剂蒸气只能从 a 管上升，气流流速增大，将润滑油带回压缩机。如制冷机负荷增加时，气流速度增大，破坏油封，使制冷剂从 a 与 b 管同时上升流向压缩机，而不致使气流速度过大，导致压力损失过大。当多台蒸发器并联使用时，为了不因某一个或数个蒸发器的负荷变化而影响到其他蒸发器的正常工作，可采用如图 6—8f 所示的连接方法。

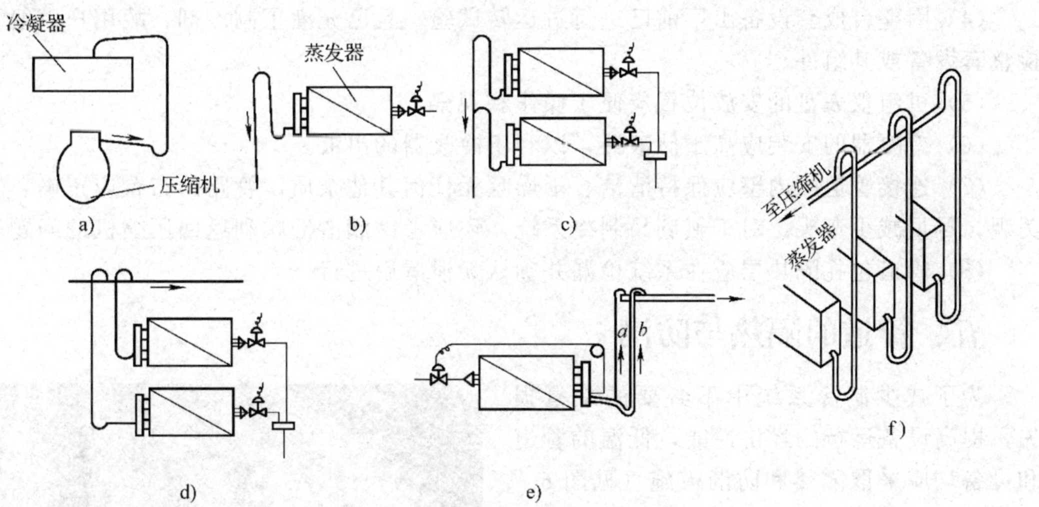

图 6—8　管路设计布置

(9) 从冷凝器（或储液器）至节流阀之间的输液管道应尽量减小流动阻力和上升高度，避免因闪发现象而影响节流机构的正常工作及均匀供液。

(10) 对于不设回热器的氟利昂系统，压缩机的吸气管与蒸发器的供液管可紧贴在一起安装，以提高系统的制冷能力。

(11) 为了防止吸气管道和排气管道在制冷系统工作时的振动，需设置一定数量的支架或吊架。在钢制的支架或吊架上安装吸气管道时，应安置经过防腐处理的木垫块，防止产生“冷桥”现象。管道很长时，应设有膨胀节或软接管，以适应热胀冷缩的现象。

(12) 节流机构应尽量靠近蒸发器，以减少冷损。如采用热力膨胀阀，则其感温包不允许装在吸气管的积液处，否则将不能正确地反映过热度，从而使节流阀误动作。热力膨胀阀中的毛细管位置应高于感温包，以保证感温包内汽化为蒸气的感温剂能在毛细管内顺利流动。

(13) 管道高空敷设时，应尽可能沿墙、柱、梁布置。装在过道上方的管道，其安装高度由室内地坪至管道不应低于 2 m。如在室外架空敷设，管道通过行车道路时，管道与地面之间的净距应取 4～4.5 m。如果在地面以下敷设管道，必须要注意地沟的防水问题，要有防水措施，并用活动盖板覆盖。

(14) 在安装前要检查设备及管道中的阀门，必要时应拆卸清洗，并重新进行气密性试验。安装时，阀体不允许朝下，而且流体应从阀底的一端进入阀体。

（15）所有测量温度、压力、流量等仪表，均应安装在光亮、清洁、干燥、便于观察和操作的地方。安装前需经过检查、校正，保证其灵敏度和准确性。

3. 安装和接管的原则

在对压缩机、辅助设备以及管道进行安装时，必须做到以下几点：

（1）机房应宽敞，空气要畅通，必要时墙上应安装排风扇，加强机房通风。

（2）在保证操作人员的操作位置和必要的检修位置的前提下，各设备应尽量靠近，以减小管道长度，减少管道中的流动阻力损失和冷量损失。各设备应远离热源。

（3）机组的电动机应用专线供电。冷却水管也应专管供水。水管的敷设应考虑冬季能放尽冷凝器及水泵管路中的积水，以免冷凝器或水泵管路冻裂。

（4）因整台成套设备出厂前已进行过运转试验，且已充灌了制冷剂，故用户一般无须拆检整套设备或其组件。

（5）机组仪表盘的安放位置应便于操作和观察。

（6）冷凝器的安装应高于储液器，以利于冷凝器的出液。

（7）连接管道的内壁应保持清洁、干燥且无任何其他杂质。管路的布置应正确、合理和美观，尽量减少弯头。对于氟利昂制冷系统，还应考虑润滑油顺利返回压缩机的问题。

（8）管道包扎隔热层应在系统检漏并确认无泄漏后进行。

五、管道的隔热与防潮

为了减少制冷系统中不必要的冷量损失，提高设备运行的经济性能，低温的管道和设备均应采取隔热和防潮措施（见图 6—9）。

图 6—9　采用了隔热和防潮措施的管道

用于隔热、防潮的材料应符合下列要求：

1. 材料的换热系数小，一般不超过 0.23 $W/(m^2 \cdot K)$。

2. 吸湿性好，不腐蚀金属。

3. 材料具有一定的孔隙率。

4. 抗冻性好，即材料在含水冻结后应不降低其机械强度；在周期性的冻融循环后，能保持主要物理性质，不会出现裂缝和表面脱落现象。

5. 耐火性好，材料不会燃烧，即使被引燃，在火源移去后应能立即停止燃烧。

6. 无气味，不易霉烂，并能避免虫蛀鼠咬。

7. 具有一定的机械强度，易于加工成形。

8. 价格低廉，易于获得并便于运输。

完全符合以上要求的材料并不存在。因此，在实际选用绝热材料时，应根据隔热对象的种类和要求，对各种材料情况进行全面的比较分析，最后确定选用最合适的绝热材料。绝热材料通常制成板块或管壳形，分层包在设备或管道的外面。敷设隔热层时，可用制成的管壳型材，也可将板材切割成所需要的形状使用。在包扎隔热材料前，应预先清洗管道和设备表面的锈层、污垢和油脂，再涂上一层沥青油或红丹漆，形成防锈层后再敷设隔热材料。方法如下：先将沥青加热至糊状，再将隔热的型材蘸上沥青并砌敷在管道或设备的表面上。砌敷时应错缝排列，并在接缝处填以玛碲脂。第一层砌好后涂以热沥青，再用同样方法砌敷第二层、第三层等，直至达到所要求的厚度。隔热层外表还需敷设防潮层，通常采用的防潮层材料有沥青玛碲脂平玻璃布、沥青油毡及塑料薄膜等。

通常在隔热层外面包裹保护层，常用的保护层有以下几种：

(1) 铝箔。

(2) 金属丝网或玻璃丝布包扎后外涂一层水泥。

(3) 玻璃钢外壳保护层或镀锌铁皮保护层。

有时还在管道保护层外表面涂上规定颜色的油漆，以区别于其他管道。

有些管道及设备的隔热层也可用松散材料制成，方法是预先用薄木板或铁皮在被隔热物周围制成圆形或正方形外套，然后将材料填入压紧。几条平行管道较为接近时，可将它们的隔热层制作在一起。当用软质泡沫作为保温材料时，可将其直接包扎在管道或设备上，然后再包以防潮材料及保护层。当用聚氨酯泡沫塑料作为保温材料时，可用现场发泡的方法，使其在管道或设备的表面直接成型，然后再加保温层。

对阀门、法兰、弯头等应采取特殊的隔热结构，如用聚氨酯现场发泡成型或用玻璃丝棉毡等加以妥善处理。应该注意，管道支架要托在管子的隔热层外部，隔热管道穿过楼板或墙壁时，隔热层不应中断，以防止产生“冷桥”现象。

技能训练 1　压缩机设备的安装

训练内容 1　压缩机的安装

1. 设备、仪表、工具

压缩机一台，电动机一台，人字架一副，链式起重葫芦一套，垫铁若干，活扳手、套筒扳手若干把，钢丝钳一把，千分表一个。

2. 训练步骤

(1) 先将压缩机连同箱底排放到焊制好的支架上，撑起人字架，固定好链式起重葫芦，吊起压缩机。

(2) 根据图样“放线”，找出安装基础的纵横中心线。抽去箱排底，吊放压缩机。

(3) 对准固定螺孔，安装固定螺栓。

(4) 安装电动机，并将电动机固定在支架上。

(5) 用垫铁调整压缩机和电动机高低位置，使电动机和压缩机带轮在一个平面上。

(6) 调整电动机与压缩机的同轴度，要求二者的径向圆跳动偏差不应大于 0.2～0.3 mm。调整方法是：先固定压缩机，然后用千分表支架固定在电动机轴或电动机的半联轴器上，表的测头抵在压缩机飞轮轮缘或内侧倒角上，飞轮旋转一周，根据千分表的读数来调节电动机的左右偏差，最终使电动机和压缩机达到规定的同轴度。

3. 注意事项

(1) 安装时要清理现场，注意安全，防止在吊装时不稳伤及他人。

(2) 电动机安装好后，不可随意接通电源进行试运行。

（3）调整好电动机和压缩机的同轴度后，紧固地脚螺栓时受力要一致。

4. 评分标准

评分标准见表6—1。

表6—1　　压缩机的安装评分标准

<table>
<tr><th>项目内容</th><th>配分</th><th colspan="3">评分标准</th><th>扣分</th><th>得分</th></tr>
<tr><td rowspan="3">安装前准备</td><td rowspan="3">30</td><td colspan="3">（1）安装工具准备不充分　扣10分</td><td rowspan="3"></td><td rowspan="3"></td></tr>
<tr><td colspan="3">（2）对压缩机设备等检查清污核对不全面　扣10分</td></tr>
<tr><td colspan="3">（3）基础表面的处理达不到要求　扣10分</td></tr>
<tr><td rowspan="4">安装</td><td rowspan="4">40</td><td colspan="3">（1）不能正确使用工具　扣10分</td><td rowspan="4"></td><td rowspan="4"></td></tr>
<tr><td colspan="3">（2）不能找出安装基础的纵横中心线　扣5分</td></tr>
<tr><td colspan="3">（3）安装压缩机时机身标高不一致　扣10分</td></tr>
<tr><td colspan="3">（4）压缩机与电动机同轴度有偏差　扣15分</td></tr>
<tr><td rowspan="3">试运行</td><td rowspan="3">30</td><td colspan="3">（1）不能正确进行无负荷运行　扣15分</td><td rowspan="3"></td><td rowspan="3"></td></tr>
<tr><td colspan="3">（2）运行中发现有泄漏点　扣5分</td></tr>
<tr><td colspan="3">（3）对运行中发现的泄漏点不能进行维修　扣10分</td></tr>
<tr><td>安全与文明生产</td><td colspan="4">违反安全文明生产规程　扣5～40分</td><td></td><td></td></tr>
<tr><td>定额时间120 min</td><td colspan="4">每超时10 min扣5分</td><td></td><td></td></tr>
<tr><td>备注</td><td colspan="3">除定额时间外，各项内容的最高扣分不应超过配分数</td><td>成绩</td><td colspan="2"></td></tr>
<tr><td>开始时间</td><td></td><td>结束时间</td><td colspan="2"></td><td colspan="2"></td></tr>
</table>

训练内容2　冷凝器的安装

1. 设备、仪表、工具

卧式冷凝器一台，混凝土适量，人字架一副，链式起重葫芦一套，半圆形垫木两块，水平仪一个，活扳手，梅花扳手，螺钉等。

2. 训练步骤

（1）撑起人字架，固定好链式起重葫芦，吊起卧式冷凝器，同时把储液器安装到位。

（2）将卧式冷凝器与储液器安装在同一处，冷凝器在上，储液器在下，并将冷凝器用螺钉固定在支架上。

（3）将混凝土浇注在指定的安装位置，作为支架的基础。

（4）在基础的两端装上半圆形垫木，再用水平仪校正，其水平度允许偏差为每米1.5 mm，放油端略低于水平面。

（5）接上冷却水管，冷却水由冷凝器端盖下部进入，上部放出。

（6）最后接上制冷剂管道，制冷剂由上端进入，下端流出。

3. 注意事项

（1）安装时要清理现场，注意安全，防止在吊装时不稳伤及他人。

（2）支架要坚固牢靠，固定冷凝器的螺钉要拧紧。

（3）冷却水管和制冷剂管道的进出口不可接错。

（4）制冷剂管道管口连接要密封，防止制冷剂泄漏。

4. 评分标准

评分标准见表 6—2。

表 6—2　　**冷凝器的安装评分标准**

项目内容	配分	评分标准	扣分	得分
安装前准备	20	（1）安装工具准备不充分　扣 10 分 （2）未进行设备和基础使用前的检查　扣 10 分		
安装	45	（1）不按图样进行安装　扣 20 分 （2）安装中不能正确使用工具　扣 15 分 （3）冷却水管进出水管口接错　扣 5 分 （4）制冷剂管进出液管口接错　扣 5 分		
安装后检查	35	（1）支架固定不牢固　扣 10 分 （2）允许偏差超出设计数值　扣 15 分 （3）管路接口有泄漏　扣 10 分		
安全与文明生产		违反安全文明生产规程　扣 5～40 分		
定额时间 120 min		每超时 10 min 扣 5 分		
备注		除定额时间外，各项内容的最高扣分不应超过配分数	成绩	
开始时间		结束时间		

训练内容 3　蒸发器的安装

1. 设备、仪表、工具

水箱式蒸发器一台，水箱一个，混凝土适量，垫木若干，沥青适量，隔热保温材料适量，木盖板一副，人字架一副，链式起重葫芦一套等。

2. 训练步骤

（1）先将混凝土浇灌在指定的安装位置，做好基础。

（2）把沥青浇淋在垫木上做防水处理。垫木的长度与水箱的宽度要相同，数量视水箱及蒸发器的质量而定。

（3）将水箱放置在垫木上，并加以固定。

（4）支起人字架，固定好链式起重葫芦，再将蒸发器吊装在水箱中，并予以固定。

（5）在水箱四周敷设隔热保温层，箱顶用木盖板覆盖。

3. 注意事项

（1）安装时要清理现场，注意安全，防止在吊装时不稳伤及他人。

（2）固定蒸发器的螺钉要拧紧，水箱要放稳。

（3）连接蒸发器的管道接口要密封，防止泄漏。

（4）水箱四周敷设的隔热保温层要均匀。

4. 评分标准

评分标准见表 6—3。

表 6—3　　蒸发器的安装评分标准

项目内容	配分	评分标准	扣分	得分
安装前准备	30	(1) 安装工具准备不充分　扣 10 分 (2) 不对设备、基础等进行检查　扣 10 分 (3) 基础达不到要求　扣 10 分		
安装	50	(1) 不按图样进行安装　扣 15 分 (2) 安装中不能正确使用工具　扣 15 分 (3) 水箱安装不牢固　扣 5 分 (4) 蒸发器吊装不平衡　扣 15 分		
安装后检查	20	(1) 水箱外侧隔热层敷设不均匀　扣 10 分 (2) 蒸发器管路接口有泄漏　扣 10 分		
安全与文明生产		违反安全文明生产规程　扣 5～40 分		
定额时间 120 min		每超时 10 min 扣 5 分		
备注	除定额时间外，各项内容的最高扣分不应超过配分数		成绩	
开始时间		结束时间		

§6—2　系统气密性检查

一、系统吹污

制冷系统是一个洁净、干燥而又严密的封闭式循环系统。如果系统中存在着机械杂质或其他污物，对设备可能产生如下影响：①加速摩擦面的磨损，严重时可产生拉缸现象损坏机器；②影响吸、排气阀片与阀座的密闭性能，使压缩机的排气压力降低、吸气压力升高；③可能造成某些通道较为狭窄的管件如热力膨胀阀、毛细管和滤网等堵塞，影响制冷剂的正常流动，进而影响制冷剂的制冷能力。因此，系统内不允许有机械杂质或其他污物，系统安装完毕后必须进行清污工作。

系统中的机械杂质及其他污物来源于设备和管道在制造加工、施工安装和维护检修时带来的铁屑、焊渣氧化皮、砂粒、铁锈以及其他杂质。

对于小型制冷系统，清污的基本方法是：断开压缩机与制冷系统其他部件的连接口，接着将高压氮气经减压阀减压至 0.5～0.6 MPa 后接到冷凝器进口进行吹扫。在气压作用下，使氮气顺原制冷剂循环方向扫遍除压缩机以外的整个制冷系统。吹扫时间的长短应视具体情况确定。

对于较大的制冷系统，为了减小气体流动阻力和气体流量，可分段清污。排污口应设置在各清污段的最低点，排污可反复进行多次，直到在排污口排出的气体吹在白纸或白布上没有明显污点时，才可认为系统已吹除干净。

如果系统中装有电磁阀，则吹污时应设法使电磁阀开启。如采用压缩机本身的压缩空气吹污，压缩机的排气温度不应超过 130 ℃，否则，必须断续进行吹污。吹污前，可适量于相关部件中加入三氯乙烯溶液，以便溶解和排出油污，待油污溶解后再行吹污。

二、系统的气密性试验

目前使用的制冷剂多具有强烈的渗透性，因此，要求制冷系统必须具有良好的气密性能。在完成吹污工作后，必须对制冷系统进行认真、细致的气密性试验。

气密性试验一般分为压力试验、真空试验和工质试验三种方式。

1. 压力试验

试验压力的大小通常由制冷系统所使用的制冷剂品种和试验部位的不同来确定。表 6—4 是常用的气密性试验的压力值。

表 6—4　　制冷系统气密性试验压力　　单位：MPa

制冷剂	高压系统	低压系统
R717	1.76	1.18
R22	1.76	1.18
R502	1.76	1.18
R507	2.52	1.76

氟利昂系统中因对残留水量有严格的要求，故多采用工业氮气进行试验。如图 6—10 所示为 R22 制冷系统压力试漏示意图。

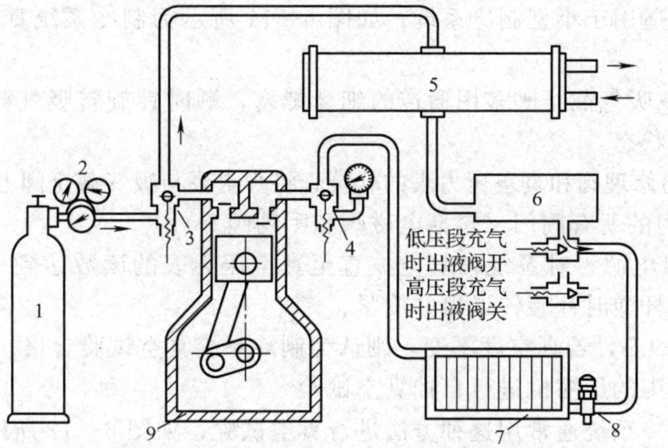

图 6—10　R22 制冷系统压力试漏示意图

1—氮气瓶　2—液压阀　3—排气截止阀　4—吸气截止阀　5—冷凝器　6—储液器　7—蒸发器　8—膨胀阀　9—压缩机

操作步骤如下：

（1）氮气瓶通过减压阀，与制冷压缩机的排气多用通道连接好。

（2）关闭除排气旁通口以外制冷系统所有通向大气的阀门，打开系统中所有的阀门。

（3）打开氮气瓶阀门，让系统先充氮升压到 0.3～0.5 MPa，进行初步试漏，认为基本无泄漏后，再对高压部分和低压部分分别进行具体的压力试验。

（4）加压到低压系统的试验压力值，待压力平衡后记下压力表的具体读数和环境温度。保持 6 h，允许压降在 0.02 MPa 以下，继续保持 18～24 h，在环境温度变化不大的情况下，若表压无变化，即认为低压压力试漏合格。

（5）关闭热力膨胀阀前的截止阀或手动旁通阀，只向系统的高压部分充压到高压系统的试验压力值，待压力平衡后记下压力表的具体读数和环境温度。保持 6 h，允许压降在

0.02 MPa以下，继续保持18～24 h，在环境温度变化不大的情况下，若表压无变化，即认为高压试漏合格。

压力试验中应注意如下几点：

1）若压缩机（或系统）本身无压力显示仪表，试验时可能临时安装。如设备可安装压力显示仪表，最好在高、低压系统分别永久性地装上真空压力表，这不仅方便压力试验，也便于日常操作、调整和检修。

2）若发现系统泄漏，但检漏困难时，可对压缩机、冷凝器和蒸发器等各管、部件分开进行压力试验，以缩小检漏范围。

3）压力试验中的压力气源也可采用先经干燥过滤，再经压缩机压缩后的压缩空气，但试验结束后必须对系统进行严格的真空处理。

4）小型制冷系统的压力试验必须用干燥氮气进行。

2. 真空试验

真空试漏是让制冷系统处在适当真空下一定的时间，从真空压力表的读数是否变化来反映和观察空气是否渗入系统，以检验系统的密封性能。对于蒸发压力接近或低于大气压力的制冷系统，必须进行这项试验。真空试验通常有如下两种方法：

（1）使用外部机械真空泵进行真空试漏

这种方法一般适用于小型制冷系统，如图6—11所示为制冷系统真空试漏操作示意图。具体操作步骤如下：

1）逆时针旋下吸气截止阀多用通道的细牙螺塞，顺时针旋转吸气截止阀杆数圈，使吸气截止阀处于三通状态。

2）用带有三通修理阀和真空压力表的软接管将真空泵与吸气截止阀上的多用接口连好。

3）打通系统内的所有阀门（包括电磁阀和手动阀等）。

4）接通真空泵电源，对系统抽真空，直至真空压力表的读数达到－0.1 MPa，适当时间后将吸气截止阀杆逆时针旋转退出并旋紧。

5）保持18～24 h，若真空度不变，则认为制冷系统真空试验合格。

（2）利用系统中的压缩机进行自抽真空试验

对于较大的制冷系统通常用这种方法进行真空试验，如图6—12所示为采用系统中的压

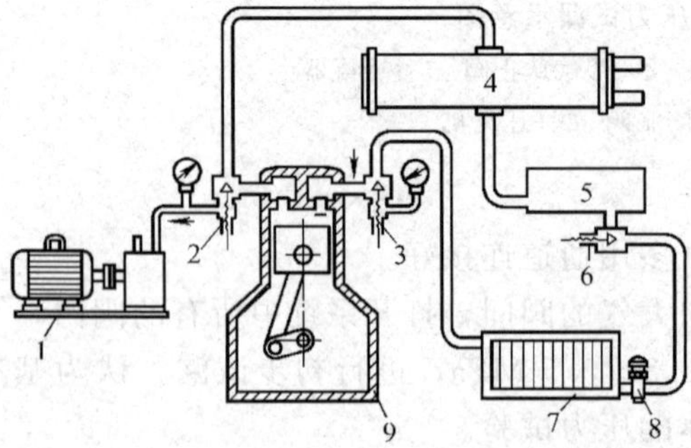

图6—11　使用外部真空泵对制冷系统进行真空试漏操作示意图

1—真空泵　2—排气截止阀　3—吸气截止阀　4—冷凝器　5—储液器　6—出液阀　7—蒸发器　8—膨胀阀　9—压缩机

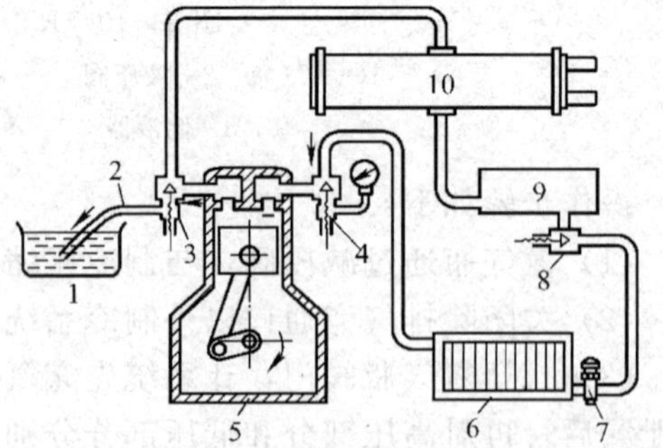

图6—12　利用系统中的压缩机自抽真空的操作示意图

1—油杯　2—排气管　3—排气截止阀　4—吸气截止阀　5—压缩机　6—蒸发器　7—膨胀阀　8—出液阀　9—储液器　10—冷凝器

缩机进行自抽真空的操作示意图，具体操作步骤如下：

1）首先将排气截止阀杆顺时针旋到底，使系统在压缩机的排气口失去循环通道。

2）逆时针旋下排气截止阀多用通道的细牙螺塞，使排气口与大气相通。

3）打开系统内的所有阀门。

4）短接低压继电器的触点，临时性撤去保护功能（事后必须复原）。

5）启动压缩机，使系统内的空气排入大气（压缩机的吸入阀门应缓慢打开，以免系统内的气体来不及排出，造成排气压力过高而引起高压保护等）。

6）观察低压端的真空压力表，直至真空压力表的读数达到－0.1 MPa，适当时间后将排气截止阀杆逆时针旋转退出并旋紧。

7）保持18～24 h，如真空度没有变化即为合格。

试验中应注意：①对采用压力润滑的压缩机制冷系统进行自抽真空时，应将油压继电器的接点做临时性的强制接通；②自抽真空的时间不能太长，否则压缩机的运动部件长时间地在较高的温度下工作容易产生较大的磨损和金属疲劳；③在自抽真空试验中，可在排气口接一软管，将软管的另一端插入油中，观察油表面的气泡逸出情况。若在较长时间内无气泡逸出，则可停止抽真空，经24 h真空度没有变化为合格。如果气泡长时间不止，可先关闭压缩机的吸气阀，检查压缩机本身是否泄漏，若油中不再出现气泡，说明压缩机本身不泄漏，系统中其他部位有泄漏；若气泡仍连续产生，说明压缩机有泄漏，这往往是轴封处不严密所造成的。

3. 工质试验

由于氟利昂等制冷剂的渗透性较强，当系统只存在微小的漏点时，仅用上述两种方法往往难以确定系统是否存在泄漏隐患。因此，这样的系统还需要进行工质试漏。

工质试漏的基本方法是，系统抽真空后充入与该系统使用的制冷剂相同的物质，充入量以系统中的压力达到比环境温度下工质冷凝压力低约0.1 MPa为准。若系统能保持16～24 h无压降，即认为工质试漏合格。

工质试漏也可以用下述方法进行：先向系统内充入0.1～0.2 MPa压力的工质，再充入干燥氮气，使总大气压力为0.8～1 MPa。若系统能保持16～24 h无压降，即认为工质试漏合格。这种方法的试漏可靠性较高。

技能训练2　系统的气密性试验

1. 设备、仪表、工具

减压阀一个，压力表两个，氮气瓶一个，耐压管两根，活扳手一把，钢丝钳一把等。

2. 训练步骤

（1）用耐压管将氮气瓶减压阀和压缩机排气多用通道连接起来，拧紧管卡，以防泄漏。

（2）关闭除排气旁通口以外制冷系统所有通向大气的阀门，打开系统中所有的阀门。

（3）打开氮气瓶阀门，向系统内先充入0.5 MPa左右的氮气，做初步试漏，在确认基本无泄漏后，再对高压部分和低压部分分别进行具体的压力试验。

（4）向低压系统加压并达到试验压力值，待压力平衡后记下压力表的具体读数和环境温度。保持6 h，允许压降在0.02 MPa以下，继续保持18～24 h，在环境温度变化不大的情况下，若表压无变化，即可视为低压系统压力试漏合格。

（5）向高压系统加压之前，先关闭热力膨胀阀前的截止阀或手动旁通阀，再开启氮气瓶阀门，加压到试验压力值。待压力平衡后记下压力表的具体读数和环境温度。保持 6 h，允许压降在 0.02 MPa 以下，继续保持 18～24 h，在环境温度变化不大的情况下，若表压无变化，即认为高压系统压力试漏合格。

3. 注意事项

（1）氮气瓶满瓶时的压力为 15 MPa，试压时钢瓶口的减压阀接口要拧紧，以便控制充气压力，确保安全操作。

（2）在对高压系统试压时，要注意关闭热力膨胀阀和开启氮气瓶阀门的顺序。

（3）试压时一定要保持足够的时间，以便随时观察压力的变化。

4. 评分标准

评分标准见表 6—5。

表 6—5　系统的气密性试验评分标准

项目内容	配分	评分标准		扣分	得分
前期准备	30	（1）工具准备不充分　扣 10 分 （2）阀门开启或关闭不正确　扣 10 分 （3）不仔细检查各接口　扣 10 分			
试压	40	（1）不能正确使用压力表、阀　每处扣 10 分 （2）不按操作步骤进行试压　每处扣 5 分 （3）损坏仪器仪表　扣 10 分 （4）试压达不到规定要求　扣 15 分			
试压后检查	30	（1）试压后不进行检查　扣 10 分 （2）系统管路有泄漏　扣 10 分 （3）各阀门未恢复到原工作状态　扣 10 分			
安全与文明生产	违反安全文明生产规程　扣 5～40 分				
定额时间 120 min	每超时 10 min 扣 5 分				
备注	除定额时间外，各项内容的最高扣分不应超过配分数		成绩		
开始时间		结束时间			

§6—3　制冷系统抽真空与充注制冷剂

一、制冷系统抽真空

制冷系统中不允许有水分和其他的不凝性气体存在，否则会严重影响制冷设备的正常工作，所以在制冷系统充注制冷剂前必须进行抽真空处理。

对制冷系统抽真空通常有如下两种基本方法：

1. 外接真空泵抽真空

这种抽真空的具体方法如下：

(1) 逆时针旋下吸气截止阀多用接口上的细牙螺塞，顺时针旋进吸气截止阀调节杆数圈，使吸气截止阀呈三通状态。

(2) 用连接软管（或附带有三通修理表阀的软接管）将真空泵与制冷系统接通。

(3) 打通制冷系统内的所有阀件后，接通真空泵电源，抽出系统内的水分和不凝性气体，使其内部呈现要求较高的真空状态。真空处理的时间长短视具体情况而定。

操作时应注意：

1) 制冷系统至真空泵的连接件及管道都不能有泄漏的隐患，自身应具有高度的密封性能。

2) 为防止空气回流，在切断真空泵电源前应先关紧工艺阀接口。

3) 抽真空时，若发现长时间达不到相应真空度要求，应停机检查各个环节及真空泵是否有问题，待故障排除后再抽真空。

2. 自抽真空法

自抽真空法是利用系统中自身的压缩机进行抽真空，这种方式仅限于压缩机上装有吸气和排气截止阀的制冷系统，具体步骤如下：

(1) 旋下排气截止阀杆护盖，顺时针旋转并旋紧此阀螺杆，切断压缩机排气口与冷凝器之间的通道。

(2) 旋下排气阀多用孔细牙螺塞，使压缩机的排气口通向大气。

(3) 在排气多用孔口上顺时针旋上并旋紧预制的带有锥牙接头的“排气短管”，注意排气短管的弯头要向下倾斜。

(4) 短接低压继电器的触点，临时性撤去压力保护功能（事后必须复原）。

(5) 接通压缩机电源，将系统内的气体经排气多用孔道再经“排气短管”排入大气。

(6) 当排气口无多少气体排出时，把“排气短管”插入油杯中，继续自抽真空。

(7) 当排气口无气泡冒出时，继续抽真空约 5 min（这时可以认为系统内气体已基本抽完，而且是整个系统已没有渗漏的情况）后逆时针退出并扳紧排气截止阀杆，切断系统与外界的联系，紧接着切断压缩机电源。

(8) 旋下“排气短管”，旋上并扳紧细牙螺塞，使系统复原。

系统自抽真空时应注意以下问题：

1) 吸气截止阀不要开得太大，否则可能会因来不及排气而打坏压缩机排气阀片。

2) 各阀门的阀杆护盖应旋紧，以防阀杆填料渗漏。

3) 若有连续或间断的气泡冒出，往往是由于轴封摩擦面不密合而出现渗漏造成的，这时可继续运转 1～2 h，让其磨合一段时间。

4) 若排气口总有气泡冒出，则系统必须重新做气密性检查。

二、充注制冷剂

一般冷库用制冷剂有氟利昂和氨两种，下面分别介绍两种不同的制冷剂系统充注制冷剂的方法。

1. 对氟利昂制冷系统充注制冷剂

对氟利昂制冷系统充注制冷剂有定量加入和非定量加入两种基本方法。

（1）定量加入法

定量加入法只适用于原制冷系统初次充注制冷剂或系统已完全失去制冷剂，且在操作人员了解系统额定制冷剂充注量的情况下对制冷系统充注制冷剂。如图 6—13 和图 6—14 所示是常见的两种定量充注氟利昂制冷剂的操作方法示意图，具体方法如下：

1）系统抽成绝对真空状态后关闭所有与大气相通的阀门。

2）带有修理表阀的软接管与制冷剂钢瓶接口连接好，稍稍打开钢瓶截止阀，当排去了软接管管道及修理表阀内的空气后，将软接管的另一端与压缩机吸气截止阀（或排气截止阀）的多用接口接好。

3）钢瓶倒置后连同制冷剂一起放到台秤上称出总质量，然后先后打开吸气截止阀（或排气截止阀）和钢瓶截止阀，让液态制冷剂注入系统内，直至制冷剂注入量正好是系统额定充注量，先后迅速关闭吸气截止阀和钢瓶截止阀。

4）开机试运行。

5）一切正常后，将吸气截止阀杆（或排气截止阀杆）逆时针退出、扳紧，旋上阀杆护盖，旋下软接管并重新将吸气（或排气）多用孔口用细牙螺塞封紧。

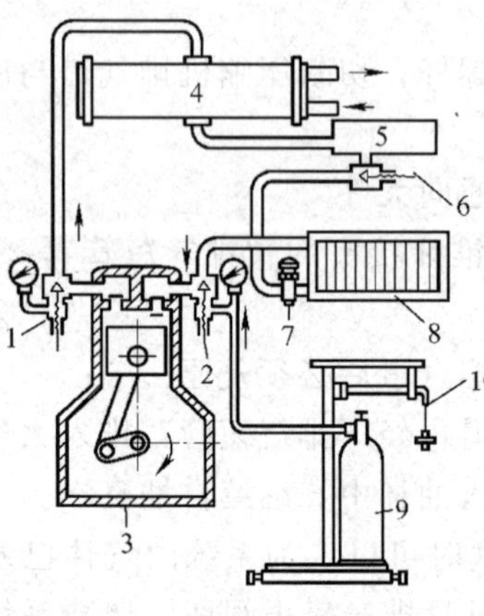

图 6—13　从系统的低压端定量充注氟利昂制冷剂示意图

1—排气截止阀　2—吸气截止阀　3—压缩机　4—冷凝器　5—储液器　6—出液阀　7—膨胀阀　8—蒸发器　9—氟利昂钢瓶　10—台秤

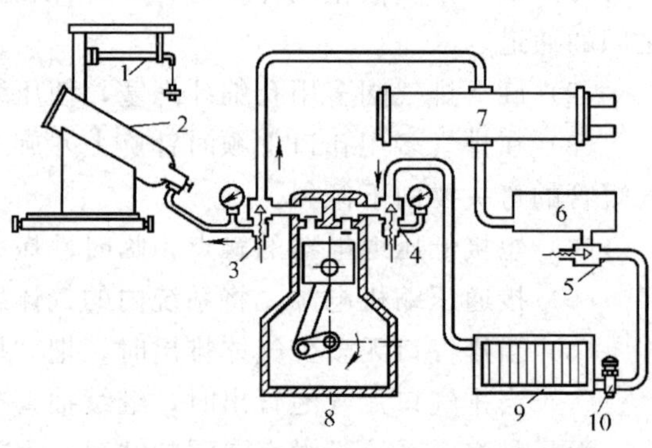

图 6—14　从系统的高压端定量充注氟利昂制冷剂示意图

1—台秤　2—氟利昂钢瓶　3—排气截止阀　4—吸气截止阀　5—出液阀　6—储液器　7—冷凝器　8—压缩机　9—蒸发器　10—膨胀阀

（2）非定量加入法

非定量加入法多用于系统因泄漏等原因造成制冷剂部分缺损后的补充，操作时可参照图 6—14（但不用台秤），具体方法如下：

1）制冷剂瓶口向上正放，将带有修理表阀的软接管与钢瓶接口连接好。

2）稍稍打开钢瓶截止阀，当排去了软接管道及修理表阀内的空气后，将软接管的另一端与压缩机吸气截止阀的多用接口接好。

3）启动压缩机，待系统稳定后，先后打开钢瓶截止阀和吸气截止阀，让气态制冷剂缓缓地注入系统，同时注意观察冷库各参数及运行状态，直至一切正常后先后关闭钢瓶截止阀和吸气截止阀，最后将吸气多用孔口用细牙螺塞封紧。

2. 对氨制冷系统充注制冷剂

如图 6—15 所示，氨制冷系统充注制冷剂的方法与步骤与氟利昂系统相似。初次充氨时，应先将系统抽成真空。方法如下：

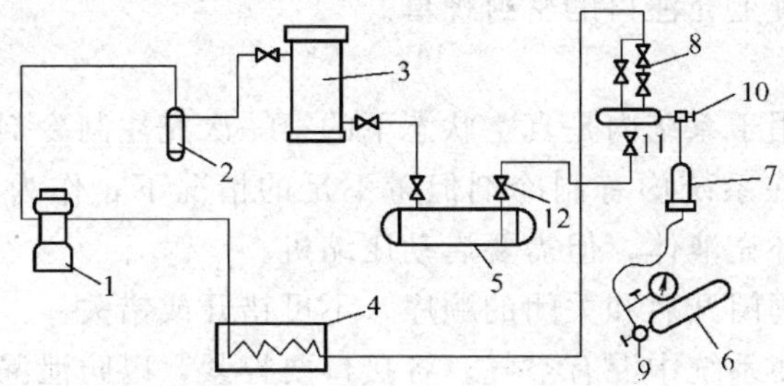

图 6—15　氨制冷设备充氨示意图

1—冷冻机　2—分油器　3—冷凝器　4—蒸发器　5—储液器　6—氨瓶　7—过滤器　8—节流阀　9—截止阀　10—充氨阀　11—总供液阀　12—储液器出液阀

(1) 按图中方法将氨瓶经软接管、修理截止阀和干燥过滤器连接好。

(2) 稍稍开启氨瓶截止阀 9 以及修理截止阀，利用氨瓶内的气压排尽软接管、修理截止阀和干燥过滤器内的空气后，将过滤器出口端与充氨阀 10 相接。

(3) 开大氨瓶截止阀 9 以及修理截止阀，并开启充氨阀 10，利用氨瓶与系统的压力差将氨注入系统。

(4) 待系统的压力升至 0.2 MPa 左右，把系统中的高压部分与低压部分切断，同时关闭储液器出液阀 12 或总供液阀 11，然后开动冷却水泵，启动压缩机，加快充氨的速度，直至达到额定充入量的 80%左右，暂停。

(5) 试运转，注意观察冷库各参数及运行状态，分析认为制冷剂不足时应及时添加，直至正常。

技能训练 3　充注制冷剂

1. 设备、仪表、工具

制冷系统一套，充氟管两根，制冷剂钢瓶一个，台秤一台，钢丝钳一把，活扳手一把。

2. 训练步骤

(1) 将制冷系统所有阀门都打开，开启冷却水系统或开启冷凝风扇，预冷冷凝器。

(2) 关闭充注口的阀门，以确保阀门处于关断状态。拆下充注口的密封螺母，接上充氟管，充氟管接制冷剂钢瓶。

(3) 将钢瓶放在台秤上，瓶口向下，尽量提高钢瓶的高度，以提高钢瓶与储液器的位差，便于提高充注速度。

(4) 打开钢瓶阀门，把充氟管的接扣拧松，排出管内空气，当喷出雾状制冷剂后拧紧接扣。

(5) 称出钢瓶总质量，减去制冷剂的充注量，就是砝码的放置位。

(6) 打开充氟口阀门。此时，压缩机没有开启，电磁阀未打开，充注口与储液器相通，与干燥过滤器隔断，钢瓶内制冷剂直接进入储液器内。

（7）当制冷剂还没有充够，而钢瓶和储液器的压力又逐渐平衡，造成制冷剂很难继续充注时，可关闭出液阀，启动压缩机，依靠压缩机的吸力来充注制冷剂。

（8）当台秤的砝码开始下落时，表明制冷剂的充注量达到了要求。关闭钢瓶阀门和充氟口阀门，拆下充氟管，旋上充注口的密封螺母。

3. 注意事项

（1）该充注方法适用于系统内是真空状态下的第一次充注制冷剂，充注的是液体。

（2）该充注方法可在系统内有制冷剂但量不足的情况下，作为制冷系统的“补氟”操作。可补充气体，也可补充液体，但需要启动压缩机。

（3）充注时要注意阀门开启和关闭的顺序，不可错开或错关。

（4）充注时切不可使系统中混有空气。各接口要拧紧，以防泄漏。

4. 评分标准

评分标准见表 6—6。

表 6—6　　充注制冷剂评分标准

项目内容	配分	评分标准	扣分	得分
前期准备	30	（1）工具准备不充分　扣 10 分 （2）接口检查不仔细　扣 10 分 （3）阀门调节错误　扣 10 分		
充注	45	（1）不按充注的步骤进行操作　扣 15 分 （2）不会连接制冷剂钢瓶和充氟管　扣 5 分 （3）充注时充氟管接口不紧　每处扣 5 分 （4）损坏仪器设备　扣 10 分 （5）充注时混入不凝性气体　扣 10 分		
充注后检查	25	（1）充注后不检查　扣 5 分 （2）充注后系统接口发现有泄漏　扣 10 分 （3）不记录充注量　扣 5 分		
安全与文明生产	违反安全文明生产规程　扣 5～40 分			
定额时间 120 min	每超时 10 min 扣 5 分			
备注	除定额时间外，各项内容的最高扣分不应超过配分数		成绩	
开始时间		结束时间		

第七章　冷库试运行、运行状态的调整和日常管理

冷库安装完成后需要经过试运行，达到正常运行标准才能正式投入使用，如温度与压力的调试、压缩机的试运行。冷库试运行必须严格参照标准参数并遵守规范要求，经过试运行，待各项指标都达标后才可正式投入生产。冷库试运行和调试的质量对以后的日常运行和维护保养有着重大影响。

§7—1　冷库的试运行

冷库安装完毕后要试运行，以保证日后冷库能正常、高效地工作。这是设备投入使用之前的一项极其重要的工作。

一、试运行前的检查

设备在试运行之前，一定要对设备及与其相关的部分进行必要的检查，以防止事故的发生。检查的对象有以下 6 种。

1. 电源

在设备使用前必须对电源进行检查，以保证其正常供电。对于三相交流电，不能忽略其相序的检查。

2. 阀门

检查所有阀门是否都处在正确的开关位置上。

3. 润滑系统

不同的制冷压缩机，其润滑系统均有所不同，应针对不同形式的润滑系统做相应的检查，其中还包括油量和洁净度的检查。

4. 换热系统

制冷设备实际上就是一台热能转移机，它要把蒸发器从低温处吸收到的热量连同系统做逆向循环时设备补偿给它的、已经转化为热能的能量，通过冷凝器及时地释放给冷却介质，以保证整个设备吸、放热的平衡。因此，要重视对换热系统的检查，保证换热系统吸、放热的顺利进行。

5. 安全保护元件

安全保护元件是制冷设备安全运行的保护装置。制冷设备中常用的安全保护元件有：压力继电器、压差继电器、安全阀、易熔塞等。在设备运行之前，对各种保护装置都必须进行仔细的检查。

6. 传动装置

传动装置是开启式压缩机与电动机的联系部件，它把电动机的动力传递给压缩机，使压缩机获得压缩动力。在压缩机启动时，应检查传动装置的可靠性和安全性。

二、试运行

试运行是设备安装后、正式运转前的一项重要工作，只有通过试运行才能对设备的设计、配置、性能和安装质量等做出一个正确的评估。人们往往通过试运行来发现设备存在的问题，并及时地进行调整和改进，以确保制冷设备在以后能够正常、高效地运转。

在试运行的过程中，人们可以利用看、听、摸、嗅等多种方法，对设备的运行情况做全面监测。

1. 冷却系统试运行

启动冷却系统后，注意观察电动机的转向、温升以及冷却介质的流向、流速和流量。发现问题应及时解决。如冷却塔在投入使用之前，应对进出水管道、水池全面冲洗，清除杂物，以免堵塞水管及管口。

2. 制冷压缩机试运行

启动压缩机，使制冷系统运行。运行中注意观察排气压力、吸气压力、油压力、压缩机温升、冷凝器和蒸发器不同管道处的温度、振动情况等。同时要注意压缩机运行声响及电磁阀开启情况。必要时还应检查压力继电器、压差继电器等保护元件的动作灵敏度。如有异常，要认真、客观地分析，并及时、妥善地解决。

三、热力膨胀阀的调试

当压缩机正常运转，制冷系统正常工作后，就可以对热力膨胀阀（见图 7—1）进行调试，调试的目的是使冷库能适应各种冷却物的需要。调试的主要对象是蒸发温度和制冷剂的供液量。

通常要求蒸发温度低一些，以保证制冷剂与被冷却物之间有足够的传热温差和较低的储藏温度。但蒸发温度的降低会引起制冷剂供液量的减少，使制冷剂在蒸发器内的蒸发量也相应地减少，因此，制冷量也就随之减少。实际中，应根据具体情况选取适当的蒸发温度。一般在保证有足够的传热温差的基础上，应尽可能地提高蒸发温度，以保证有足够的制冷剂供液量。

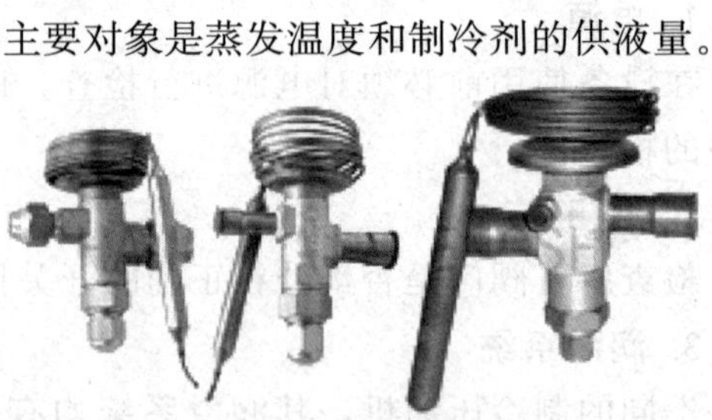

图 7—1　热力膨胀阀

正常情况下，一般通过人工调节热力膨胀阀的调节杆来控制蒸发温度和制冷剂供液量，主要依据蒸发器出口处制冷剂的状态来进行调试，一般将过热度控制在 3～5 ℃的范围之内。若过热度过小，会造成制冷剂的供液量过多；若过热度过大，则会造成制冷剂的供液量过少。

技能训练 1　冷库制冷设备的开停机操作

1. 设备、仪表、工具

制冷系统一台（套），F 形扳手一把等。

2. 训练步骤

（1）开机操作

1）开启排气阀，接通电源，启动压缩机。

2）缓慢开启吸气阀，注意电流表指针，若压缩机来霜，应立即关小吸气阀，待来霜消除后再逐步开启吸气阀，直至吸气阀完全开启。

3）调整油压，使其比吸气压力高 0.1～0.3 MPa。

4）调整能量调节装置，逐步增加容量，直至全负荷运转。

5）开启系统中有关阀门和液泵，向用冷部门供液。

（2）停机操作

1）关闭有关供液阀，待蒸发压力降至 0.05 MPa 时，关闭压缩机吸气阀。

2）切断压缩机电源，在压缩机停止运转的同时关闭排气阀，将能量调节装置调至最小位置。

3）停机 5 min 后关闭压缩机水套供水阀，若全部压缩机停止运转后，停止水泵工作。

3. 注意事项

（1）开机前必须对压缩机、系统管路上的阀门、容器液面以及其他辅助设备进行全面检查，看是否都处于正常工作状态。

（2）检查电磁阀是否正常动作。

（3）检查油泵压力是否正常，一般油压差应控制在 0.1～0.3 MPa 范围内。

（4）检查润滑油的温度，一般应不超过 70 ℃，也不低于 5 ℃。

（5）检查压缩机的排气压力和排气温度，通常 R12 制冷剂的排气压力不超过 1.27 MPa，R22 和 R717 制冷剂的排气压力不超过 1.62 MPa。

（6）检查油分离器的动作是否正常，浮球阀应能自动周期性开闭进行回油。

（7）听压缩机运转声音是否正常，听膨胀阀内是否有制冷剂的流动声。

（8）分别对油压差控制器、高低压力控制器、能量调节装置等保护和控制器件进行检查，看动作是否正常。

（9）仔细检查整个系统的管路和阀件，看是否存在泄漏处。

4. 评分标准

评分标准见表 7—1。

表 7—1　　冷库制冷设备的开停机操作评分标准

项目内容	配分	评分标准	扣分	得分
开机前准备	20	（1）不认真查看开停机记录　扣 10 分 （2）不仔细检查压缩机等各部件工作状况　每处扣 5 分 （3）不检查辅助设备及阀门工作状况　扣 5 分		
开停机操作	60	（1）不按开停机操作规程操作　扣 10 分 （2）启动后阀门调节不当造成来霜　扣 20 分 （3）不能正确调整能量调节装置　扣 15 分 （4）对系统正常运行工况不了解　扣 15 分		

续表

项目内容	配分	评分标准		扣分	得分
停机后检查	20	(1) 冷却水系统提前停转　扣5分 (2) 能量调节装置不在最小位置　扣5分 (3) 不认真做好停机记录　扣10分			
安全与文明生产	违反安全文明生产规程　扣5～40分				
定额时间120 min	每超时10 min扣5分				
备注	除定额时间外，各项内容的最高扣分不应超过配分数		成绩		
开始时间		结束时间			

§7—2　运行状态的调整

制冷系统的运行状态调整是指制冷设备在不同的外界条件和使用要求下，人为地改变相关的运行状态，以满足不同场合的使用要求。

制冷系统的运行状态与蒸发温度、冷凝温度、吸气温度和过冷度有着密切的关系，这4个参数一旦确定了下来，系统的运行状态也就基本确定了。但是，上述参数在运行过程中并不是固定不变的，它们受被冷却物体的温度与数量、环境温度、冷却水温度与水量等影响。运行参数发生变化时，将影响到制冷机的性能（制冷量及功率消耗等），因而，当有某种因素引起蒸发温度、冷凝温度、吸气温度和过冷度等改变时，制冷系统的运行状态也必须进行调整，使设备的运行在设计所要求的范围内。

一、制冷量的调整

制冷量的调整一般用改变制冷系统制冷剂循环量的方法来实现。通常有如下三种方法。

1. 改变节流阀的流通截面

多数制冷设备用手动的方法调节节流阀的开启度，以此实现流量的改变，使进入制冷系统蒸发器的制冷剂流量改变，从而达到改变制冷量的目的。

2. 改变压缩机的排气量

改变压缩机的排气量，要根据不同压缩机的结构确定操作方法。对多缸往复活塞式压缩机，可通过改变气缸的工作数目来改变制冷剂的循环量，这种操作方式仅适用于有能量调节系统的往复活塞式压缩机制冷系统，它可以通过专用的卸载机构来改变压缩机气缸的工作数目，从而实现排气量的改变。对螺杆式压缩机排气量的调节，通常是以改变滑阀的位置来改变螺杆的工作长度，从而改变压缩机排气量，以此达到调节制冷量的目的。

3. 改变吸气阀流通面积

改变吸气阀通道是用手动的方法改变压缩机吸气截止阀的流通面积，以达到改变制冷剂的流量的目的。

上述各种方法可以根据实际情况灵活运用，调节时应注意防止制冷剂流量变化过大而引起液击等。对多个并联蒸发器供液的同一个供液系统而言，进行冷量分配的操作时，要根据各个蒸发器不同的需要来进行制冷剂流量的分配。

二、蒸发温度的调整

蒸发温度的变化与库房的热负荷、蒸发器的传热面积和压缩机的容积有关。这三个条件中某一个发生变动时，制冷系统的蒸发温度和压力必然发生变化。所以，只要改变这些条件，使它们相互适应，就可以合理地控制和调节系统的蒸发温度。

蒸发温度应始终低于库温，这样才能保证蒸发器内的制冷剂液体不断蒸发而吸收库内空气及被冷却介质的热量，达到冷藏、冷冻物品的目的。

蒸发温度与库温之差称为传热温差。它的大小与传热介质的种类等有关，温差大，传热效果好，设备的传热面积可以小一点。但温差大，意味着要求蒸发温度低。蒸发温度的降低，将导致压缩机的制冷量减少，制冷系数下降。因此，传热温差有一个合理的选择问题，对于以空气作为传热介质的空气自然对流传热，其传热温差一般取 8～12 ℃；对于以液体载冷剂（水或盐水）作为传热介质时，传热温差取 4～6 ℃。

上述传热温差在运行过程中也不是固定不变的，如机组刚开始运行时，由于热负荷较大，传热温差也较大。随着制冷机组的运行，热负荷逐渐减少，被冷却物体的温度逐渐下降，因而传热温差也在逐步减小。传热温差的变化将导致蒸发温度的变化，蒸发温度过高或过低对制冷系统都是不利的，因此，要加以适当调整。

由热力学知识可知，制冷剂蒸发时的温度与压力之间是存在着对应关系的，所以蒸发温度的调整可通过调整蒸发压力来实现。

调整蒸发压力可通过改变节流阀的开启程度或调节制冷压缩机的输气量（具有输气量调节的压缩机）来实现。如关小节流阀的开启度，就减少了制冷剂的循环量，蒸发器内产生的蒸发量相应地减少，蒸发压力相应地降低。反之，如开大节流阀孔，蒸发压力将相应地提高。如改变压缩机的输气量，蒸发压力也将随之变化。

如果有多台蒸发器并联工作，改变蒸发器的工作台数，也可达到调整蒸发压力的目的。蒸发压力的高低，可通过装在压缩机吸气端的压力表上的读数反映出来。

三、冷凝温度的调整

冷凝温度是指冷凝器内制冷剂排气在一定压力下凝结时的饱和温度。冷凝温度不等于冷却介质的温度，两者之间也存在着传热温差。

冷凝温度的高低，主要取决于冷却介质的温度及流量、冷凝面积及冷凝的形式等。降低冷凝温度，可以提高设备的制冷量，减少功率消耗，从而提高制冷系数，提高运行的经济性。冷凝温度过高不仅会使制冷量下降、功率消耗增加，而且会使压缩机的排气温度增高，润滑油温度升高，黏度降低，影响润滑效果，甚至结炭，使气阀密封性能下降，直接影响压缩机运行的可靠性和使用寿命。因此，在实际运行过程中，必须密切注意冷凝温度，必要时应进行人为的降温调整。

人们对冷凝温度的调整通常用下述两种方法：

1. 提高冷却介质的流量或流速。

2. 增大冷凝器的换热面积。

因为对于确定的制冷剂工质，冷凝温度与冷凝压力之间存在着确定的对应关系，所以可以通过观察装在压缩机排气端上压力表的读数来了解冷凝温度。

四、吸气温度的调整

吸气温度一般是指压缩机吸入阀处制冷剂的温度，可用温度计测得。

吸气温度高于蒸发温度，这种现象称为过热，其温度差称为过热度。过热度的大小取决于吸气管的长度、吸气管的隔热情况、节流阀的开启度以及制冷剂的循环量等因素。

对于氨压缩机制冷系统，虽然吸气过热对压缩机的制冷量、功率消耗及制冷系数都会带来明显的不利影响，但为了避免湿压缩，通常人为地设置5～10 ℃的过热度。对于氟利昂压缩机制冷系统，吸气过热度则设在5 ℃左右。若系统中设置了回热器（气液热交换器），吸气过热度为15～30 ℃。

吸气过热度不能太大，否则会引起制冷量严重下降、排气温度及油温大大上升、功耗明显增大等现象。

吸气过热度的调整可以通过调节节流阀的开启度来实现。减小开启度时，制冷剂循环量减少，吸气过热度上升；增大开启度时，吸气过热度下降。

五、排气温度的调整

排气温度与吸气温度、压缩比、制冷剂绝热指数等因素有关。由于压缩机的排气是处于过热状态，所以排气温度比冷凝温度高得多。

吸气温度越高、压缩比越大、制冷剂的绝热指数越高，则排气温度就越高。排气温度过高会引起冷冻机油温度升高，降低黏度，影响润滑效果，易造成运转部件的磨损，甚至出现结炭，使阀片关闭不严，直接影响到压缩机运行的可靠性和经济性。在GB 50274—2010《制冷设备、空气分离设备安装工程施工及验收规范》中明确规定，R22压缩机运行时排气温度不得超过145 ℃，R502为145 ℃，R717为150 ℃。排气温度可用温度计测出，也可通过压焓图（见图7—2）查出，还可对这两个温度值进行比较。如某R22制冷系统在冷凝

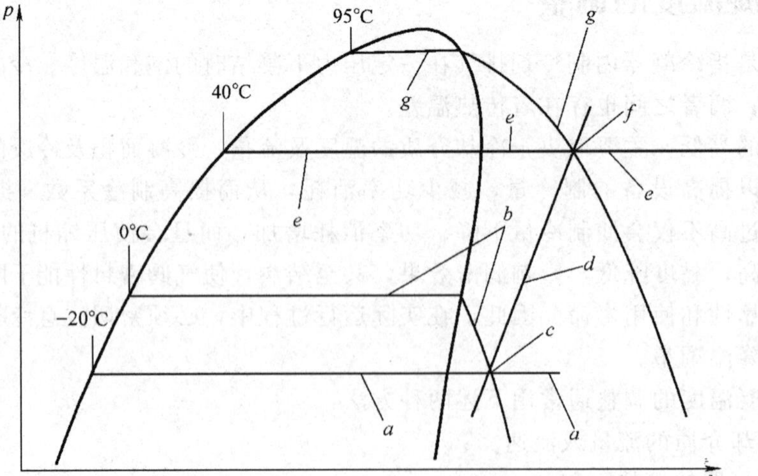

图7—2　利用压焓图查找排气温度

温度为 40 ℃，蒸发温度为 −20 ℃下运行，取吸气过热度为 20 ℃（即吸气温度为 0 ℃）。在 R22 压焓图上找到 −20 ℃对应的等压线 a，再找到过热区中 0 ℃的等温线 b，a 和 b 的交点为 c。通过 c 点作等熵线 d，再找到过热区中 40 ℃的等温线 e，则 d 和 e 交点 f 所在的等温线 g 就是排气温度，约为 95 ℃左右，这个温度值往往高于实际温度。

技能训练 2　蒸发温度的调整

1. 设备、仪表、工具

制冷系统一台（套）。

2. 训练步骤

（1）首先要了解库房热负荷变化情况，做好节流阀调整的准备。

（2）根据库房热负荷的变化，对制冷压缩机进行合理的配置。

（3）压缩机运转一段时间，系统运行稳定后，调整节流阀的开启度，控制制冷剂流量变化。一般每次旋转阀杆 1/4～1/2 圈为宜，并运转 20 min 左右再行调节。

（4）合理调整压缩机的容量，使压缩机吸气量适合于制冷剂流量。

3. 注意事项

（1）节流阀的开启度不可过大，以防止机器产生湿行程。

（2）节流阀的开启度不可过小，以免制冷剂流量过小，降温速度太慢。

（3）调整蒸发温度时不可过高或过低，以免影响压缩机的工作效率和库房温度。

4. 评分标准

评分标准见表 7—2。

表 7—2　　蒸发温度的调整评分标准

项目内容	配分	评分标准	扣分	得分
调整前准备	20	（1）不了解库房热负荷变化情况　扣 10 分 （2）对压缩机工作配置不正确　扣 10 分		
调整	80	（1）节流阀开启度过小，工效低　扣 10 分 （2）节流阀开启度过大，造成机器湿行程　扣 20 分 （3）制冷系统运行不稳定　扣 15 分 （4）对系统正常运行工况不了解　扣 20 分 （5）不能正确判定节流阀是否需调整　扣 15 分		
安全与文明生产	违反安全文明生产规程　扣 5～40 分			
定额时间 120 min	每超时 10 min 扣 5 分			
备注	除定额时间外，各项内容的最高扣分不应超过配分数		成绩	
开始时间		结束时间		

§7—3 冷库的安全操作管理

一、制冷系统的安全保护装置

为保证制冷系统的安全运行，设备及系统中必须装有必要的安全保护装置，且这些安全保护装置必须是完好有效的。

1. 压力监视设备和压力保护安全设备

（1）压力监视设备

制冷系统的运转是否处于安全状态，主要的监视手段是通过压力表显示系统各部位的压力。这样一方面便于正常的操作管理，如可以通过压力判断蒸发温度、冷凝温度等；另一方面能够及时察觉各设备有无异常或超压现象，予以控制或报警。如压力传感器不仅有显示的功能，还可以起到压力控制和报警的安全保护作用。

制冷系统中的压力表，如有下列情况，不得使用：指针失灵；刻度不清；逾期未校验；铅封损坏；截断压力后指针不归零点；玻璃表盘破碎等。

制冷系统中的压力表，如果损坏必须立即报废，并更换正式厂家生产的、具有合格证及铅封的、精度及量程满足要求的压力表。量程为最大使用压力的 1.5～3 倍，精度不小于 2.5 级。

必须指出，氨压力表标有明显的“氨”字样，氨压力表不能用普通的压力表代替。

（2）压力保护安全设备

制冷系统中不仅有压力表等监视设备，还有一些可以起到自动保护作用的安全设备。一旦压力出现异常情况，安全设备可以自动动作，降低设备压力或自动停机，防止事故的发生。因此，压力保护安全设备不得任意拆除或调整设定值。这些设备包括：

1）安全阀。分直接排放的安全阀（压力式）和旁通降压的安全阀（压差式）两种。不同设备的安全阀设定压力不同。安全阀必须定期检验，每年校验一次，并加以铅封；安全阀起跳后必须重新校验，确保其严密性和准确性。为了便于检修和更换，要求在安全阀前设置截止阀（压缩机除外），但必须处于开启状态。活塞式压缩机高压安全阀在吸排气侧压差达到 1.6 MPa 时应自动开启；双级压缩机低压级的中压安全阀，当吸排气侧压差达到 0.6 MPa 时应自动开启。系统中高压设备的安全阀设定开启压力为 1.85 MPa，低压设备为 1.25 MPa。

2）压力继电器。分为压力继电器和压差继电器两种。压力继电器主要起排气压力高保护、吸气压力低保护、中间压力高保护、断水保护等；压差继电器主要起油压差保护和泵供液的安全保护。

3）熔塞。由易熔合金制成，常用于储液器和冷凝器。遇到高温会熔化，可以防止因火灾而出现的爆炸事故。与安全阀和压力继电器不同，仅遇异常高压时，熔塞不起安全保护作用。

2. 液位监视及其安全保护设备

主要包括液面计、液面控制器、浮球阀等，在不同的设备中起着不同的作用。对于气液分离器、排液桶、集油器仅起到防止液位过高的作用；对储液器、低压循环桶、中间冷却器而言，不仅起到防止液位高的作用，还起到防止液位过低的作用。液位控制器对液位可起到监视和报警的作用，浮球阀可以自动供液，防止液位过低。

3. 温度监视及其安全保护设备

通过监视制冷压缩机及系统各部位的温度，可以判断各设备是否处于正常的工作状态，用以指导系统的操作以及设备的检修。需要监控的温度主要包括：压缩机吸排气温度、润滑油温度、冷却水进出口温度、冷媒进出口温度、库房温度、轴封室温度、电动机及压缩机的轴承温度等。有的温度测量仅起到监视作用，有的还起到报警或停机等保护作用，如油温高（低）保护、排温高保护、水温高（低）保护等。

4. 其他安全防护设备

（1）止回阀

止回阀的作用有：防止压缩机反转，防止系统高低压设备窜气，防止蒸发温度不同的蒸发器压力不平衡。

（2）平衡管

冷凝器与储液器、两台以上的储液器之间应当设置气体和液体的均压管，起到保证高压设备之间的压力均衡、液体制冷剂流动通畅以及液位稳定的作用。

（3）事故排风设备

机器间和设备间设有事故排风设备，以及时排除有害气体，设备排风能力要求每小时能将室内空气更换不少于 8 次。室内和室外都有事故风机按钮开关。

此外，机器的转动部位应设置安全保护罩，机房应配备防毒面具、带靴的防毒衣、橡皮手套、木塞、管夹、氧气呼吸器的防护用具和抢救药品，并定期检查，确保能正常使用；高压储液器放在室外时，应有遮阳棚，防止阳光直晒。

二、制冷系统的安全操作

制冷系统中的安全装置对运行起到良好的保护作用。但是，仍会有错误的操作发生，因此，还必须制定科学合理的安全操作规程，并严格执行。

为了使制冷系统安全运行，有以下三个必要的条件：第一是系统内的制冷剂不得出现异常高压，以免设备破裂；第二是不得发生湿冲程、液击等误操作，以免破坏压缩机；第三是运动部件不得有缺陷或紧固件松动，以免损坏机械设备或导致制冷剂泄漏。

1. 阀门及管路的安全操作

一般情况下，要求阀门的开启和关闭都应缓慢进行。向容器内充注制冷剂时，阀门应缓慢打开，以免引起容器的脆性破坏；开启供液和回气阀门时，应缓慢进行，防止压力波动过大或引起液击；严禁敲击、碰撞低温设备的阀门，尤其是铸铁阀门，防止低温脆性；液体制冷剂管路及水路的阀门应缓慢关闭，防止发生“液锤”现象破坏管路及阀门；在有液体制冷剂的管路和设备中，严禁将两端阀门同时关闭，防止引起“液爆”。易发生液爆的部位包括：

（1）冷凝器与储液器之间的管道。

（2）高压储液器至膨胀阀之间的管道。

（3）高压设备的液位计。

（4）容器之间的液体平衡管。

（5）气液分离器、循环储液器至蒸发器的管道。

（6）泵供液的液体管道。

（7）容器至紧急泄氨器之间的液体管道等。

开启阀门时，为防止阀芯被阀体卡住，要求转动手轮不应过分用力，当开足后应将手轮回转1/8左右，这也方便其他操作者判断阀门的开、关状态。

对于DN25以上的阀门，要求开、关时应先松开填料压盖（盘根），待阀门打开或关闭后再轻轻扭紧，以不泄漏为止，这样做是为了减轻阀杆对填料的磨损。如果阀门盘根在扭紧压盖后仍然泄漏，就必须更换新的填料。

2. 压缩机的操作

液击是造成压缩机机械损伤的一个重要因素，尤其是对活塞式压缩机。因为回液会使润滑油黏度降低，润滑效果减弱；会使油泵供油能力减弱；会使压缩机大量跑油；因为液体的不可压缩，会使气缸内产生巨大的冲击力或压缩过程出现频繁的爆炸现象。

活塞式压缩机发生液击现象时，应马上关小压缩机的吸气截止阀，并关闭节流阀停止供液。如果吸气温度继续降低，要继续关小甚至关闭吸气阀，同时启动卸载装置直至减至零位。利用曲轴旋转时与轴瓦的摩擦热使曲轴箱内的制冷剂蒸发，待曲轴箱内压力升高，投入一组气缸工作，压力降低后再卸载。反复多次进行，直至曲轴箱内的制冷剂完全蒸发。之后，稍微打开吸气截止阀，缓慢增载。如果吸气管路中仍有制冷剂液体，应重复前面的过程，直至液体完全排净，缓慢直至完全打开吸气截止阀，压缩机投入正常工作。发生液击时，应注意观察并调整油压，如没有油压或油压过低，应马上停机，将曲轴箱中的润滑油及制冷剂释放出，重新加油再开机操作。

螺杆式压缩机发生液击现象时，应马上关小压缩机的吸气截止阀，并关闭节流阀停止供液。如果吸气温度继续降低，要继续关小但不能关闭吸气阀，防止吸气压力过低出现异常声响及振动，同时启动卸载装置直至减至零位。利用螺杆式压缩机对湿行程不敏感的优点，慢慢将回气管路中的液体排到油分离器中。之后打开吸气截止阀，缓慢增载，直至压缩机投入正常工作。发生液击现象时，应注意观察并调整油压。为防止油温过低，可开启油加热设备或关小油冷却水阀。

3. 油分离器的操作

活塞式压缩机的油分离器应及时回油或放油；洗涤油分离器时注意控制供液量并及时放油；螺杆式压缩机组自带的油分离器不需放油，但必须控制油位，过滤式油分离器应及时将二次油分离器滤油网过滤出来的润滑油送回到压缩机中。

4. 冷凝器的操作管理

根据压缩机的制冷能力和冷凝器的热负荷，调整冷凝器、冷却水泵或风机的运行台数，实现经济合理地运行。同时还应当注意：

（1）运行前要检查各阀门的开关情况。

（2）冷凝器压力一般不超过1.5 MPa。

（3）经常检查冷却水的供应情况或风机的风量情况，保证水量或风量足够且分配均匀。调整合适的进出水温差，蒸发式为8～14 ℃，立式和淋激式为2～3 ℃，卧式为4～6 ℃。冷凝温度比出水温度高3～5 ℃。

（4）定期检验冷却水是否含氨，以确定冷凝器是否泄漏；定期检验水质是否含盐分过高，并及时更换。

（5）根据冷凝压力、温度与水温或空气的温度分析是否应当排放空气；氨冷凝器要根据耗油情况判断是否应当放油。

(6) 根据水质情况定期清除水垢，水垢厚度一般不超过 1 mm。一般每年清洗一次。

(7) 蒸发冷运行时，应先开风机，后开水泵，再开制冷剂的进气阀和出液阀。喷嘴应通畅，定期清除水垢。

(8) 冷凝器停止工作时，应先关进气阀，隔一段时间再关闭冷却水泵或风机电源。冬季冷凝器不使用时，要将冷凝器中存积的水全部放掉，防止冻坏设备。

5. 高压储液器的操作管理

主要注意控制液位高度，多台储液器同时使用时要打开气体、液体的平衡阀，压力不超过1.5 MPa，有空气或油时及时排放。长期停机时，应将制冷剂回收至储液器，防止其他设备泄漏造成浪费。

6. 中间冷却器的操作管理

根据液面指示器的高度和高压级的吸气温度来调整供液阀的开度；氨系统根据耗油情况按时放油。中间冷却器停止工作时，中间压力不应超过 0.6 MPa，超过时应采取降压或排液措施。

7. 低压循环桶的操作管理

使用前先检查阀门的开关情况，然后打开液体调节站或高压储液器的供液阀，待液面达到1/3 高度时，打开循环桶的出液阀，启动供液泵向系统供液。为防止桶内液体被短时间抽空，造成泵无法正常工作，泵的出液阀应适当关小，待经过一段时间的运行液面稳定后，再将出液阀开至正常位置。

运行时，液面高度应保持在容器高度的 1/3 左右，特别是开始降温、停止降温、冲霜排液时，要注意液面高度。若液位超高应关小或关闭供液阀。氨系统要定期放油，氟利昂系统要采取有效措施回油。

8. 排液桶的操作管理

在进液前，应先检查排液桶内的液面及压力，若有液体应先排液，再打开降压阀把桶内压力降至蒸发压力后关闭。打开需要排液设备的出液阀和排液桶的进液阀进行排液，桶内液位不应超过总液位的 70%。排液完毕关闭进液阀，开始放油。油放尽后，关闭高压储液器至调节站或循环储液器的供液阀，打开增压阀、排液桶至调节站或循环储液器的供液阀，将排液桶中的液体压力提高并送到低压系统中。桶内排放完毕，关闭排液桶的供液阀，打开降压阀把桶内压力降至蒸发压力，为下一次排液工作做好准备。打开高压储液器至调节站或循环储液器的供液阀，恢复系统的正常供液。

9. 集油器与放油的操作

系统运行时，应及时排放各设备中的存油。通过统计记录中记录的加油量和放油量来判断系统是否需要放油。对于氨系统，通常通过集油器来放油。设备的放油最好是在停机时进行，这样做不仅可以提高放油效果，而且安全可靠。具体操作方法如下：

(1) 打开集油器的降压阀，待压力降至吸气压力后关闭。

(2) 打开需放油设备的放油阀。应逐台放油而不能同时放油，以免互相影响。

(3) 缓慢打开集油器的进油阀，使油进入集油器；观察集油器压力表的变化，当压力较高进油困难时，关闭进油阀，重新降压。反复进行，逐步将设备中的油放出。

(4) 集油器的进油量不得超过总容量的 70%。

（5）当集油器进油阀后的管路上结霜或结露时，说明放油设备的油基本放净，应关闭设备的放油阀和集油器的进油阀。

（6）微开集油器降压阀，使油内的氨液蒸发。

（7）当集油器内的压力比较稳定不再升高时，关闭降压阀；静置一段时间后待压力升至稍高于大气压时，可以打开集油器放油阀向外放油。

10. 空气分离器与放空气的操作

氨系统中，为减少氨气对空气的污染，一般采用空气分离器排放系统中的不凝性气体。操作如下：

（1）开启混合空气进入阀（第一层），再开启降压阀（第二层），放空气时，降压阀始终开启。

（2）稍开进液节流阀（第四层），使氨液进入二、四层蒸发吸热，混合气体中氨气遇冷凝结成液体（第一层），空气积存于上部（第三层）。

（3）稍开放空气阀，将空气放入水中。

（4）当空气分离器底部外壳结霜超过 1/3 时，关闭进液节流阀，开启空气分离器上的节流阀，使空气分离器内的氨液节流后汽化，吸热直到霜层融化，然后关闭设备上的节流阀和进液节流阀。

（5）放空气结束后，先关闭混合气进入阀，然后依次关进液节流阀、放空气阀，开设备上的节流阀至霜层全部融化后关闭，关回气阀，放空气结束。操作时注意下列事项：

1）进液节流阀不应开启过大，应根据回气管道的结霜情况进行调整。回气管未保温时，管上的结霜长度不宜超过 1.5 m，回气管包保温层，则回气管不结霜。

2）混合气体进入阀应全开。

3）放空气阀要开小些，减少放空气时氨的损失，其开启的大小应根据水温升高及水中气泡的情况来判断。若气泡呈圆形并在上升过程中无体积变化，说明放出的是空气；如上升过程中气泡体积减小，则说明放出的气体中存在较多的氨气，这时应关小放空气阀。如水温明显上升，并散发出强烈的氨气味，水逐渐变成乳白色，并发出轻微的爆裂声，则说明有氨液放出，应停止放空气操作。

11. 冲霜的操作

（1）热氨融霜操作

融霜时，最好用单级压缩机排出的气体，其温度高，可缩短融霜时间。冬季融霜时，为提高压缩机的排气温度，可适当减少冷凝器的台数或减少冷却水。但严禁停止全部冷凝器，以免发生事故。融霜操作最好选择在出库后、库内无货或货物很少时进行。将排液桶调整到工作状态，没有排液桶时将液体排入低压循环储液桶，若利用低压循环储液桶，必须调节供液量，使低压循环储液桶内液面不高于 30%，以便接收融霜排液。

其操作步骤如下：

1）首先关闭调节站的供液节流阀，延时关闭回气电磁阀，停止蒸发器工作。

2）打开液体调节站上的排液阀和排液桶上的进液阀，使氨液能流入排液桶中。

3）缓慢打开热氨融霜阀，增加蒸发器内的压力，但不应超过 0.6 MPa。然后用间歇关、开调节站上排液阀的办法进行排液。排液时，排液桶的储氨量不应超过总容量的 70%，如达到总容量的 70%，应先排液后再进行融霜。

4）当蒸发器排管外霜层全部融化脱落后，再开一次排液阀，排尽管内凝液和积油，然后关闭热氨阀，排液阀停止融霜。再缓慢开启回气阀，降低排管内的压力，当降至系统回气压力时，开启供液阀，恢复制冷工作。

（2）水冲霜的操作（适用于冷风机）

首先关闭冷风机供液阀，延时关闭回气阀，停止冷风机风扇的运转。然后将冷风机排水口打开，启动冲霜水泵，开冲霜水冲霜。注意冷风机排管内压力超过 0.6 MPa 时，应开启回气阀降压。冲霜完毕后，关冲霜水阀，停水泵，开冲霜水泄空阀，放尽管内存水以免冻结。待冷却排管上的水滴尽时，缓开回气阀，待排管内压力与回气压力相等时，开启供液阀，延时 1～3 min 再开通风机，避免管表面附着的水被风带入冷间造成库内压力升高，破坏保温围护结构，同时也减轻了风机叶片及风扇外罩结冰情况，保证了风机的正常运行。

（3）热氨与水配合冲霜（适用于冷风机）

此环节的操作除与上面步骤相同外，还应注意以下事宜：

首先用热氨融霜，大约 5 min 后，霜层与排管表面脱开，然后开冲霜水泵和冲霜水阀，用水冲霜，15～20 min 可冲完。冲毕停冲霜水，开回水阀，放尽管内存水；待管壁干燥后停热氨，调整阀门，恢复正常工作。

三、氨机房的安全设施

氨制冷系统的关键问题是安全问题。氨机房是冷冻企业安全工作的重要部门，企业各级领导都应十分重视机房的安全工作。机房还应备好以下安全措施：

1. 氨压缩机房（包括辅助设备间）应设有两个以上的通道门。门窗一般为外开型，以保证安全。

2. 在氨制冷机房门外侧便于操作的位置应设置切断制冷系统电源的紧急控制装置，在发生紧急情况时作为紧急停电使用。

3. 氨机房应设事故排风装置，排风机应选用防爆型电动机，事故排风量应按 183 $m^3/(m^2 \cdot h)$进行配置，并且最小总排风量不应小于 34 000 m^3/h。

4. 氨机房内严禁用明火取暖。

5.为防火灾，一般应设有两个以上并联紧急泄氨器（真正发生火灾时，一个泄氨器可能来不及将氨液排出）。在危急时可以将氨液排入专用污水池并将其处理后排放。

6. 氨机房外应设有消火栓，一是可灭火，二是当机房有大量漏氨时，可作为水枪喷洒水幕，以保护抢救人员。

7. 氨机房应设有氨气浓度检测报警装置。

8. 对高压储液器，应设置防火喷淋装置并做围堰处理。

9. 氨机房内的制冷系统所用的压力表、温度计以及安全阀应定期进行检验，必要时应更新。

10. 机房平时应备有各种防毒防护用具，尽量配备氧气或空气呼吸器，以利于及时抢修抢救。此外，还应储备一批救护药品。

11. 在冷藏库区显著位置还应设置风向标，一般应设在厂区和附近范围 500 m 内人们容易看到的高处。

12. 涉氨冷藏企业应根据《生产安全事故应急预案管理办法》的要求，编制切实可行的氨泄漏事故的处理应急预案，并定期组织演练，做好抢救器材的日常维护保养工作。

四、制冷设备的管理

制冷设备的管理是指制冷设备的运转操作、维护检修、更新改造直至报废处理全过程的管理工作。围绕设备的常规管理，应建立健全相应的组织机构和规章制度。

1. 组织机构与管理目标

（1）组织机构

应根据制冷设备的规模建立起相应的设备管理机构和班组管理体系，实行定员定岗，配备适应管理要求的工程师、技师和操作维修人员。

（2）管理目标

通过强化设备管理，保持设备的完好率，争取最佳的设备运行经济效益和最大的设备投资回报。

（3）管理内容

制冷设备的管理内容包括：

1）设备的选购和配备。

2）设备的使用和维护保养。

3）设备的计划检修。

4）设备的安全措施与事故处理。

5）设备的技术改造、更新和报废处理。

6）设备技术资料的归档管理。

（4）管理要求

制冷设备的管理要求包括：

1）编制各类计划和规划并组织实施，如设备大、中、小检修计划，备品、备件及材料外购计划，设备改造或更新规划，人员技术培训计划等。

2）制定科学合理的管理制度，如岗位安全操作规程、定期检修保养制度、交接班制度等。

3）制定设备卡片、台账报表、流转单据等原始记录的格式、填写要求和审批程序。

4）制定合理的水、电、油、气等能源和材料的消耗定额。

（5）技术培训

技术培训是提高设备管理人员素质，确保完成设备管理目标的重要手段。一般按照先培训、后上岗的原则，对新参加本部门工作的各类人员均应进行相应的培训与考核，获得上岗资格证书后才允许独立操作。对在岗人员也有要求、有检查，采取多种途径、方式来不断提高在岗人员的操作技能和理论水平，每年应定期进行检查和考核。

2. 设备操作规程

单位的主管部门应根据制冷设备的产品使用说明书和相应的产品标准，并根据设备特性和实际使用经验，制定出设备操作规程，以加强设备的管理，规范设备的使用，提高设备的完好率，确保安全生产。操作规程的内容应科学合理，简明扼要，可操作性强，便于记忆和贯彻执行。操作规程一般应包含下列内容：

（1）设备正常开机、关机的顺序。

(2) 设备正常运转时的技术参数值。

(3) 设备安全操作注意事项。如对无人操作的设备机房，管理人员应定时检查设备运转情况，并禁止外人进入；对自动型设备或装置，应在明显位置挂上“当心！自动运转”的标志；重要的阀门、电气开关、调节手柄等处应有醒目的警示标志；冬季设备停止运转时，必须放掉气缸冷却水套和冷却水系统中的积水，以防冻裂等。

(4) 紧急事故时的处理、报告程序。

(5) 设备日常维护保养基本要求，如“四勤”“四及时”等。“四勤”即勤看仪表、勤摸设备温度、勤听设备运转声音、勤了解使用部门的要求；“四及时”即及时放油、及时放空气、及时除霜、及时清除水垢污垢。

(6) 操作人员的岗位纪律以及工作责任心要求。如要确保设备安全运行，要保证满足部门的使用要求，尽量降低冷凝压力，充分发挥设备效率，降低油、水、电、气和制冷剂的消耗。

3. 设备运转记录和交接班制度

(1) 设备运转记录

设备运转记录记载着每班操作管理的基本情况，内容包括设备的开机、停机时间，运行工况参数，每班的油、水、电、气、制冷剂等物料消耗情况，各班组意见以及交接班记录等。这些记录是进行经济考核和技术分析的依据，因此，填写要及时、准确、清楚，并按月汇总装订，作为技术档案妥善保存。每班的操作人员应根据设备运转记录，及时掌握制冷系统的工况变化情况，采取相应措施，正确调节，降低消耗，提高设备运行效率，确保设备的安全运转。

(2) 交接班制度

交接班制度是现代企业连续性生产管理的基本模式，操作人员应严格遵守。交接班制度应包括以下内容：

1) 明确当班的生产任务、设备运转状况和使用部门的要求。

2) 检查记录是否完整、清楚。

3) 检查有关工具、安全用品是否齐全。

4) 检查工作环境和辅助设备状态是否正常。

交接班中如发现存在问题，应在当班处理，交班人有责任在接班人协同下处理完毕后才能离开，一时无法解决的疑难问题应有明确记录并在事后及时处理。

五、冷库建筑的使用及管理

冷库是隔热保温良好的密闭性建筑，结构复杂、造价高、怕潮、怕水、怕热湿空气、怕漏冷气。使用时处于高温环境之中，室内外的温湿差大，热湿交换频繁。

搞好库房的管理工作，对保证冷藏食品的质量和提高经济效益是非常重要的。冷库的使用和管理必须注意如下问题：

1. 防止水、气渗入隔热层

库内的墙、地坪、顶棚和门框上应无冰、霜、水，要做到随有随清除。没有下水道的库房和走廊，不能进行多水性的作业，不要用水冲洗地坪和墙壁。库内排管和冷风机要定期冲霜、扫霜。不能把大批量没有冻结的高热量货物直接放入低温库房，以防止库内温升过高，造成隔热层产生冻融而损坏冷库。

2. 防止因冻融循环把冷库建筑结构冻酥

库房应根据设计规定的用途使用高、低温库房，不能随意变更（装配式冷库除外）。在没有商品存放时，各种用途的库房要保持一定的温度，冻结间和低温间应在－5 ℃以下，高温间在露点温度以下，以免库内受潮滴水，影响建筑结构安全。原设计有冷却工序的冻结间如改为直接冻结间时，要设有足够的制冷设备，还要控制进货的数量和掌握合理库温，不使库房内产生滴水。

3. 防止地坪（楼板）冻鼓和损坏

冷库的地坪（楼板）在设计上都有规定，能承受一定的负荷，并铺有防潮和隔热层。如果地坪表面保护层被破坏，水分流入隔热层，会使隔热层失效。如商品堆放超载，会使楼板裂缝。因此，不能将商品直接散铺在库房地坪上冻结。拆货垛时不能采用倒垛的方法。脱钩和脱盘时，不能在地坪上摔击，以免破坏地坪或破坏隔热层。另外，库内商品堆垛质量和运输工具的装载量不能超过地坪的单位面积设计负荷。每个库房都要核定单位面积最大负荷和库房总装载量（地坪如大修改建，应按新设计负荷），并在库门上做出标志，以便管理人员监督检查。库内吊轨每米长度的载质量，包括商品、滑轮和挂钩的总质量，应符合设计要求，不许超载，以保证安全。特别要注意低层的地坪没有进行通风等处理的库房，使用温度要控制在设计许可范围内。设计有地下通风的冷库，要严格按照有关地下通风的设计说明，并定期检查地下通风道内有无结霜、堵塞和积水，并检查回风温度是否符合要求。应尽量避免由于操作不当而造成地坪冻鼓。地下通风道周围严禁堆放物品，更不能建新的建筑物。

4. 库房内货位的间距要求

为使商品堆垛安全牢固，便于盘点、检查和进出库，对商品货位的堆垛与墙、顶、排管和通道的距离都有一定的要求。库内要留有合理宽度的走道，以便运输、操作，并利于安全。库内操作要防止运输工具和商品碰撞冷藏门、电梯门、柱子、墙壁、排管和制冷系统的管道等。

第八章　冷库设备常见故障的检修

冷库工作过程中一些设备难免会产生故障，本章针对压缩机常见故障、冷库系统堵塞故障、冷库水泵和冷却塔维修及制冷系统其他维护等逐一进行了介绍，帮助学生熟练掌握冷库设备的检修、故障的诊断与排除、设备的维修和维护方法与技巧。

§8—1　压缩机的常见故障检修

压缩机是制冷设备的核心部件。造成压缩机故障的原因较多，维修操作人员应全面掌握压缩机的工作原理、结构和制冷剂的热力变化过程，深刻地分析故障现象，准确地判断故障原因，从而为修理工作做好技术准备。

一、压缩机有敲击声

压缩机的敲击声可分为压缩机内部敲击声和压缩机外部敲击声两类，主要是由于零部件配合松动，或零部件损坏相互撞击而产生的。

1. 压缩机内部敲击声的检修

(1) 活塞撞击阀板

活塞撞击阀板一般在空车试运转时就能暴露出来，主要是余隙太小的缘故。当活塞到达上止点时就会撞击阀板，产生“嗒嗒”的敲击声。

若要检修这一故障，可拆下气缸和阀板，将活塞盘至上止点，查看活塞是否高出气缸平面。若高出气缸平面肯定会撞击阀板；若和气缸平面一样高，也很有可能要撞击阀板。只有比气缸平面低 0.1～0.2 mm（用游标高度尺或高度分厘卡测量），才不致撞击阀板。此外，阀板吸气螺钉凸肩过厚也可能导致活塞撞击阀板。一种处理方法是更换高度误差小的曲轴、连杆或活塞；另一种简便的方法就是在气缸与阀板之间再加一层密封垫，将阀板垫高。

(2) 活塞销与连杆小头或与活塞销座之间的间隙增大

活塞销与连杆小头衬套之间，或活塞销与活塞销座之间，因过度磨损而配合间隙过大，产生“嗒嗒”的敲击声。

实践证明，配合间隙大于活塞销原配合间隙最大值的 2～3 倍时，就有可能产生撞击声。应及时更换活塞销或连杆小头衬套。

(3) 阀片断裂后落在气缸中

压缩机吸、排气阀片因局部断裂落入气缸。活塞往复移动时，阀片碎片在阀板和活塞中间互相撞击，发出“嗒嗒”的响声。

一旦阀片断裂后落在气缸中，气缸、活塞以及阀板都会产生不同程度的损坏，应查明原因，根据各零部件的损坏程度进行修复或更换。

（4）连杆大头轴瓦与曲柄销之间、主轴承与主轴颈之间的配合间隙过大

这两种配合间隙过大，在受力方向改变时，就会相互撞击而发出敲击声，空载荷运转时敲击声更加明显。其极限配合间隙应不大于原配合间隙最大值的两倍，若超出此值，即使没有撞击声也应更换这些磨损件。

（5）连杆大头盖螺钉、螺母松动

连杆大头盖螺钉的锁紧装置不牢靠，会造成螺母松动，连杆大头上、下轴瓦松开（指螺母还未脱落）。压缩机运转时，曲轴就在连杆大头孔内上下冲击，并发出敲击声，极易将连杆大头轴瓦敲坏。若发现连杆大头盖螺钉、螺母松动产生敲击声，应检查连杆大头轴瓦是否损坏，如已损坏应当更换轴瓦，并更换锁紧装置。紧固螺钉、螺母用锁紧装置将其锁牢。

（6）油泵齿轮磨损后有松动

油泵齿轮磨损严重，啮合间隙增大，致使相互冲击而发生敲击声。齿轮磨损导致油压下降，甚至不能泵油，引起抱轴等多种事故。因此，要高度重视油泵噪声大同时油压又很低的反常现象，应及时检查，更换磨损过大的油泵齿轮。

2. 压缩机外部敲击声的检修

（1）压缩机、电动机或机组的地脚螺母松动

若地脚螺母松动，往往会导致机组的振动突然加剧，应及时停机紧固地脚螺母。

（2）联轴器的弹性圈磨损

联轴器的弹性圈用橡胶材料做成，严重磨损后就会发出“咯吱咯吱”的金属摩擦声，如果弹性圈严重磨损应及时更换，防止联轴器损坏。

（3）传动带损坏

传动带损坏主要表现是传动带内部的橡胶蜡线被拉断，压缩机运转时被拉断的橡胶蜡线与传动带拍打，产生“啪啪”的声音，越打越响，直至传动带彻底拉断。发现这种情况应当更换传动带。

（4）飞轮的键与键槽的配合间隙过大

间隙过大有两种原因：一种是装配过程中操作不当导致配合间隙过大，加载运转后，键槽受到键的冲击和挤压，使键槽的宽度越挤越大；另一种是飞轮的锥孔与轴的锥度相差较大，或飞轮螺母没有旋紧，使键与键槽相互冲击，间隙变大。这两种情况都会产生“咯咯”的撞击声，甚至将键切断，破坏键槽，应及时查明原因，更换飞轮或飞轮键。

二、压缩机的“液击”

“液击”又称湿冲程。制冷剂湿蒸气或冷冻机油进入气缸后，在接近上止点时，活塞通过液体撞击阀板，发出“咚咚”的撞击声。

“液击”的危害很大，其巨大的冲击力会对阀片和曲轴连杆机构造成破坏，严重时可将缸盖打穿。对润滑系统危害也很大，会造成曲轴箱内积存大量的湿蒸气，使油压明显下降，可导致压缩机润滑条件恶化，运动部件严重磨损。

1. 产生“液击”的原因

（1）膨胀阀开启度过大，进入蒸发器的液态制冷剂过多，液体未完全汽化就被压缩机吸入气缸。

（2）系统中制冷剂充注过多或多台压缩机并联工作时，回汽不平衡。

(3) 供液电磁阀关闭不严或失灵，当压缩机停机后，仍有制冷剂液体进入蒸发器，使蒸发器中积存过多的制冷剂。造成压缩机再次启动时，蒸发器内积存的制冷剂液体被吸入气缸。

(4) 蒸发器面积过小，制冷剂在蒸发器中不能完全汽化。

(5) 蒸发器结霜太厚，造成传热热阻增大，制冷剂在蒸发器内的吸热量大大降低，大量的湿蒸气来不及汽化就被吸入气缸。

(6) 蒸发器或汽液分离器中积油过多，冷冻机油随制冷剂气体被吸入气缸。

(7) 因活塞环过度磨损引起气缸窜油，从而造成“液击”现象。

(8) 压缩机长期停机时冷冻油中溶解了过多制冷剂。当压缩机启动后，冷冻机油表面压力下降，溶解度降低，制冷剂就会脱离油面，夹带油雾进入气缸。

2. 对“液击”的处理

出现“液击”现象时，压缩机有撞击声，排气压力变化不大而排气温度急剧下降，气缸、曲轴箱、排气腔均发凉或结霜。

处理“液击”事故应当机立断。“液击”严重时应做紧急停机处理；不严重时先关小吸气阀，待气缸盖逐渐化霜、曲轴箱液态制冷剂被抽走之后，可微开吸气阀，注意观察气缸盖的低压侧是否有结霜的趋势，若有结霜趋势应再次关闭吸气阀。如此反复操作直至“液击”现象消失为止。

如果开机前蒸发器中已积存液态制冷剂，应采用点动或间歇方式启动压缩机，并关小吸气阀控制压缩机的吸气量，使蒸发器内的液体缓缓汽化。当排气温度上升至70℃以上后，可逐渐全开吸气阀，使压缩机进入正常运转状态。

三、气缸拉毛

气缸拉毛是指气缸壁上出现拉痕或损伤现象，通常多发生在气缸壁的受力面。

拉毛属于压缩机的严重故障。维修管理人员应严格遵守技术标准，提高装配质量，加大管理力度。运行中注意观察油压和油质，检查气缸壁温度，保证良好的润滑条件是防止拉毛的关键。R12制冷压缩机的制冷剂和冷冻油互溶，能起到一定的润滑作用，拉毛现象较为少见。

四、压缩机的抱合

所谓压缩机的抱合，是指压缩机运动件的摩擦面相互抱死而不能相对运动。发生在轴、销部位的抱合叫抱轴；发生在活塞与气缸之间的抱合叫卡缸。

1. 抱轴

压缩机抱轴主要是轴、销部位缺油引起的。

欲确定抱轴的部位，只能解体压缩机来进行检查。抱轴的摩擦面往往转不动、拆不开，一般要用木锤或铜锤垫在轴向的端面上，用锤子敲击才能分开。受到严重破坏的轴和轴承必须予以更换；采用钢或铸铁材料制造的轴，若其表面拉痕较浅，可修复继续使用；若拉痕较深且较多，则必须更换新轴。在修理或更换过程中应查明缺油的原因，并对其进行修复。

2. 卡缸

压缩机卡缸主要是由锈蚀所引起的，锈蚀是压缩机长期搁置且维护不当，因潮气侵入而造成的。

欲确定压缩机是否卡缸，只要拆下气缸盖和阀板即可。活塞锈蚀的处理方法是设法盘动活塞。可先在气缸壁上浇些柴油或煤油，让其渗透到锈缝中去。待一段时间后用木锤轻轻敲击活塞顶面，活塞松动后盘动飞轮，使活塞上下移动。拆下活塞检查锈蚀程度，以确定是否需要更换气缸、活塞或活塞环。

五、油泵压力不正常

在压力润滑系统中，油泵压力必须克服曲轴箱内制冷剂压力，才能将冷冻机油输送到各摩擦表面建立油膜。油泵压力过低，会造成各摩擦部位表面的干磨，还会使卸载、能量调节机构动作迟缓。油泵压力过高，容易损坏油泵轴、键及传动件，还会使摩擦表面的油膜过厚，压缩机排油量增加。油泵压力过高或过低时，应及时调节油压调节阀。若调整无效果，应进行分析检查。

1. 油泵压力过低

油泵压力过低的原因如下：

（1）油压调节阀调整不当或损坏，旁通量（泄油量）过大，导致油压下降。

（2）冷冻机油太脏，沉淀的油污堵塞了吸油过滤网。

（3）油泵或油管路中有泄漏。

（4）曲轴箱油量不足。压缩机排油过多、回油不利、机油蒸发和泄漏等原因，都会导致油量不足。

（5）油泵齿轮磨损严重。若齿轮间隙或端面间隙磨损过大，则油泵效率降低，输油量减少，油压降低。

（6）油泵传动块磨损严重。压缩机曲轴通过传动块来驱动油泵运转。传动块有一开口槽，开口槽内是油泵轴端的方榫，用来带动油泵转动。当排油压力过高或经常受到冲击时，开口槽磨损过度，使方榫打滑，油泵丢转，导致油压降低。

（7）没有油加热器或加热器失灵的压缩机，当环境温度太低且选用机油的黏度过大时，可导致油管的阻力和油泵负荷加大，致使泵油量不足而油压变低。

（8）冷冻机油中溶有过多的制冷剂。若油泵吸入的冷冻油中混有制冷剂，则输油量小且油压低。另外，压缩机启动后，油表面压力迅速降低，制冷剂从冷冻油中逸出，吸收油的热量，使油温下降而呈黏滞状态，造成油泵吸油阻力明显加大，油压下降。冷冻油中溶有较多的制冷剂，主要是压缩机长期停机造成的。此外，由于操作不当使湿蒸气进入曲轴箱内，也可导致机油中溶解较多的制冷剂。

2. 油泵压力过高

油泵压力过高的原因如下：

（1）油压调节阀失灵或调节不当，使旁通量过小，致使油压过大。

（2）油泵输油管阻塞，此时油压表压力较高而实际输油量却很低。

（3）油压表失灵，显示的油压高于实际油压。

六、轴封泄漏

1. 轴封泄漏的主要原因

轴封泄漏是开启式压缩机的常见故障。主要原因如下：

（1）轴封质量低劣或过度磨损而造成密封不严，是轴封漏气的主要原因。

（2）轴封缺油造成接触面的干摩擦，使轴封发热，造成密封面磨损严重产生缝隙。

（3）密封橡胶圈与油、制冷剂长期接触发生老化，出现变硬、变形或膨胀，造成轴封泄漏。

2. 检修方法

（1）更换轴封器。

（2）检修轴封油路，避免接触面干摩擦。

（3）对轴封的密封面进行研磨。

七、压缩机容积效率降低

1. 压缩机容积效率降低的原因

压缩机容积效率降低主要是由于压缩机漏气引起的。原因如下：

（1）活塞环过度磨损，导致活塞与气缸壁之间的间隙变大，则在活塞的压缩、排气过程中，一部分高压气体通过间隙从气缸窜回曲轴箱，使压缩机的实际输气量有所减少，容积效率变低。

（2）活塞环失去弹性，气缸与活塞的密封性能变差，使压缩机的容积效率随之下降。

（3）活塞环装配不合理。活塞环的搭口间隙太大，或几根活塞环的搭口形成一道垂直线，则造成气缸的漏气现象，致使容积效率下降。

（4）气缸磨损严重，致使气缸呈椭圆形，造成气缸的漏气现象，致使容积效率下降。

（5）频繁的“液击”容易造成簧片阀的排气阀片关闭不严或出现裂纹，造成吸、排气量下降，容积效率降低。

（6）所选用的簧片阀阀片质量低劣，使阀片关闭不严或关闭迟缓，甚至从根部断裂，造成漏气严重。

（7）环片阀的弹簧选用不当，弹簧疲劳使阀片变形而关闭不严。

（8）阀片被腐蚀，关闭不严（环片阀）或关闭迟缓（簧片阀），导致压缩机容积效率下降。

（9）阀片上附着杂质，使阀片关闭不严。

（10）簧片阀定位销脱落，阀片移位，造成阀片关闭不严而漏气。

（11）气缸盖、阀板和气缸之间的密封垫片漏气。

2. 检修方法

（1）如果是活塞环磨损漏气等引起的容积效率降低，应当更换活塞环，将活塞环搭口按120°分布，并注意搭口间隙应在规定的范围内。

（2）气缸磨损严重造成容积效率降低时，应更换气缸套或进行镗缸修理。

（3）由于气阀片关闭不严或出现裂纹，吸、排气量下降而造成容积效率降低的，应更换质量可靠的阀片和弹簧，或对磨损的阀片和阀口进行研磨，使其恢复密闭性能。

（4）对于气缸盖、阀板和气缸之间的密封垫片，一旦发现漏气应立即更换密封垫片。

八、曲轴箱的温度太高

一般曲轴箱内温度保持在 35～55 ℃比较适宜，最高不宜超过 70 ℃。

1. 曲轴箱温度过高的主要原因

（1）活塞、连杆、曲轴、轴承等部件的装配间隙过小，这是曲轴箱过热的主要原因。压缩机前后轴承及连杆大头轴瓦若装配不当，则可引起发热。

（2）气缸与曲轴箱之间窜气，也可以引起曲轴箱温度过高。

（3）冷冻油太脏或变质，会引起摩擦面润滑条件恶化，发热量过大，造成温度过高。

2. 检修方法

（1）检查并调整活塞、连杆、曲轴、轴承等部件的装配间隙，使之在合理的范围内。

（2）检修气缸、活塞以及活塞环。

（3）更换冷冻机油，清理油路，改善摩擦面润滑条件。

技能训练1　轴封器的拆装与检修

1. 目的要求

掌握2F10开启式制冷压缩机轴封器的拆装与维修技术。

2. 工具仪表及材料

（1）工具

钢丝钳一把，尖嘴钳一把，8# ～10#、12# ～14#、14# ～17# 呆扳手各一把，80 mm×80 mm油盘一个，小铁盒子一个，冷冻机油200 g，汽油200 mL，一级精度的400 mm×400 mm平板（或400 mm×400 mm×5 mm平板毛玻璃）三块，0.5 μm、1.5 μm、2.5 μm金刚砂（研磨膏）各一盒。

（2）量具

50 mm千分尺一把，200 mm游标卡尺一把，零级刀口尺一把。

（3）材料

2F10开启式制冷压缩机一台，2F10轴封器一套。

3. 训练步骤

（1）轴封器的拆卸与安装

1）拆卸压缩机后端盖（曲轴伸出端）上轴封盖紧固螺钉，取下轴封盖。

2）按顺序取出轴封的活动环、固定环、弹簧及弹簧垫圈。

3）安装与拆卸顺序相反。

（2）轴封器的检测

1）检查轴封的固定环和活动环的密封面有无斑点、拉毛、掉块等现象。检查弹性圈的老化程度，通过对比新旧弹簧的自由高度来检查弹簧的弹性，发现问题应更换。

2）轴封两个端面的表面粗糙度应小于0.2 μm，端面的平面度为0.4 μm，平行度为0.015～0.02 μm，磨损过度应更换。

3）轴封漏油每小时超过10滴时应拆卸下来，检修或更换。

4）检验动静密封面的研磨质量，主要用零级刀口尺检查其平面度。

（3）轴封器的修理

1）对变形、老化、失去弹性的密封橡胶圈和弹簧进行更换，对有轻度的磨损和划伤的动静密封环，可通过仔细地研磨来处理。

2）为提高密封面的研磨效果，应准备三个研磨平板，平板制作简单，将 0.5 μm、1.5 μm、2.5 μm 三种不同的金刚砂（研磨粉）用汽油浸泡后分别撒在三个一级精度 400 mm×400 mm 的平板上，加少许煤油涂抹均匀后用表面粗糙度为 0.8 μm 的圆钢来回碾压，直到金刚砂均匀镶嵌在平板表面，然后用布擦光即可看见暗灰色亚光镜面。

3）根据密封面的磨损或划伤程度分别在粗、中、细平板上研磨，研磨时用汽油作为润滑剂，用力均匀地沿“8”字形轨迹研磨。

4）也可用毛玻璃作为平板进行研磨。但这种研磨平板的金钢砂或研磨膏呈浮动状态，相对切削量小，速度极慢。在精研磨时把绸布铺在玻璃板上，涂上研磨粉和冷冻油后进行研磨。

4. 注意事项

（1）拆装及维修压缩机轴封器时，应在干燥环境中进行，严禁使用潮湿的毛巾、油布擦拭轴封器零部件。拆卸下来的弹簧应用干燥的毛巾或油布擦拭清洁，及时涂抹冷冻油，防止零部件在空气中受潮锈蚀。

（2）拆装过程中应正确使用工具，不可野蛮作业，防止损坏零部件。

（3）在研磨轴封器密封环及轴封端盖时，必须保持轴封器密封环及轴封端盖的水平，均匀地沿“8”字形轨迹研磨，以防止密封环及轴封端盖磨削面斜度过大，而造成零件报废。

（4）拆装维修训练应在规定的定额时间内完成，同时做到安全操作和文明生产。

5. 评分标准

评分标准见表 8—1。

表 8—1　　**轴封器的拆装与检修评分标准**

项目内容	配分	评分标准		扣分	得分
拆装前准备	5	不准备及不检查工具	扣 5 分		
拆卸	25	（1）不能正确使用工具 （2）不按操作步骤拆卸 （3）损坏零部件	每处扣 15 分 每处扣 5 分 每处扣 5 分		
检查与维修	40	（1）不会使用测量工具 （2）不能进行测量 （3）测量结果错误 （4）不能对密封面进行研磨 （5）密封面研磨不合格	每处扣 10 分 每处扣 5 分 每处扣 5 分 扣 10 分 扣 5 分		
组装	10	（1）不按操作步骤组装 （2）损坏零部件	每处扣 5 分 每处扣 5 分		
装配后检查	20	（1）装配后不自检 （2）装配后气密性达不到要求	扣 15 分 扣 5 分		
安全与文明生产		违反安全文明生产规程	扣 5～40 分		
定额时间 60 min		每超时 10 min 扣 5 分			
备注	除定额时间外，各项内容的最高扣分不应超过配分数		成绩		
开始时间		结束时间			

技能训练 2　阀板组的拆装与检修

1. 目的要求

掌握 2F10 开启式制冷压缩机阀板组的拆装及检修技术。

2. 工具仪表及材料

（1）工具

钢丝钳一把，尖嘴钳一把，80 mm×80 mm 油盘一只，小铁盒子一个，冷冻机油 200 mL，汽油 200 mL，煤油 200 mL，一级精度的 400 mm×400 mm 平板（或 400 mm×400 mm×5 mm 平板毛玻璃）一块，0.5 μm、1.5 μm、2.5 μm 金刚砂（研磨膏）各一盒。

（2）量具

50 mm 千分尺一把，200 mm 游标卡尺一把，零级刀口尺一把。

（3）材料

2F10 制冷压缩机阀板组一套，ϕ1 mm 铅丝 40 cm，吸、排气阀片各两个。

3. 训练步骤

（1）阀板组的拆解

2F10 制冷压缩机的吸排气阀片都组装在阀板上，对于排气阀片，先拆下锁紧铅丝，拧下压板上的两个螺钉，再取下压板、升程限制盖、排气阀片弹簧及排气阀片；对于吸气阀片，先拆下升程限制螺钉的螺母和弹簧垫圈，取下升程限制螺钉，吸气阀片即可随之退出。

（2）吸排气阀片的检测

阀片的开启度过大，则阀片运动速度快，阀片容易击碎；如果开启度过小，则制冷剂蒸气通过阀片的阻力增大，影响吸、排气效率。阀片开启度与压缩机的转速有关，一般转速越低则开启度越大；反之，转速越高则开启度越小，阀片开启度的测量用深度尺或塞尺均可。

当阀片磨损使其厚度比原标准尺寸小 0.15 mm 时应更换，若测量间隙比正常间隙大 0.3～0.5 mm 时，应更换新阀片，当阀片的密封面磨薄到原厚度的 1/3 时，或磨损出环状沟且沟深达 0.2 mm 时，必须更换新阀片，整个阀片应平整，不应有裂纹和斑点，接触密封面部分的表面粗糙度为 Ra0.2 μm，其余部分的表面粗糙度为 Ra0.8 μm。

检查吸、排气阀座的磨损程度，阀座不允许有斑点、沟痕，磨损量达到 0.3 mm 时，应进行修理或更换。

检查阀片的密封性能可用煤油进行渗漏试验。用煤油进行渗漏试验时，油温应为 50 ℃，注入阀片周围，3～5 min 不漏，即为合格。

（3）阀片和阀板的修理

阀片有裂纹或磨损较大时一般不修理。若有微小斑点或轻微的凹痕时，可在平板或玻璃板上用粗细不同的研磨膏进行研磨。研磨膏和冷冻油调和成稀糨糊状，阀片绕“8”字形研磨，在研磨时必须保持水平，用力均匀，直至斑点或凹痕消失，然后用冷冻油磨光，再用煤油擦净。

在阀板密封线上有斑点或轻微的凹痕时，也可采用研磨阀片的方法进行研磨。

（4）阀板组的装配（见图 8—1）

1）排气阀的装配顺序

①将排气阀片 6 放在阀板 7 上的阀口处。

②将排气阀片弹簧 5 放在排气阀片 6 上，调整弹簧位置。

③把排气阀片升程限制器 4 慢慢套入排气阀片弹簧 5 并压在阀板 7 上（也可将弹簧涂一点黄油，先将排气阀片弹簧 5 放入排气阀片升程限制器 4 的孔内再压在阀板上）。

④在阀板 7 的另一侧放上锥形垫圈 8，再穿上排气阀螺钉 9。

⑤在排气阀片升程限制器 4 一侧将垫圈 3 套上，拧紧槽形螺母 2，最后穿上开口销 1。

2）吸气阀的装配顺序

①将吸气阀片升程限制器 12 放入气缸体的端盖上。

②将吸气阀片弹簧 11 放入吸气阀片升程限制器 12 的孔内。

③将吸气阀片 10 放到吸气阀片升程限制器 12 上的吸气阀片弹簧 11 上面。

④用细铁锤顶阀片周围，阀片应能在升程限制器限制范围内上下动作。

⑤放好气缸盖密封垫片 14，将气缸盖 13 盖好，用螺栓紧固好。

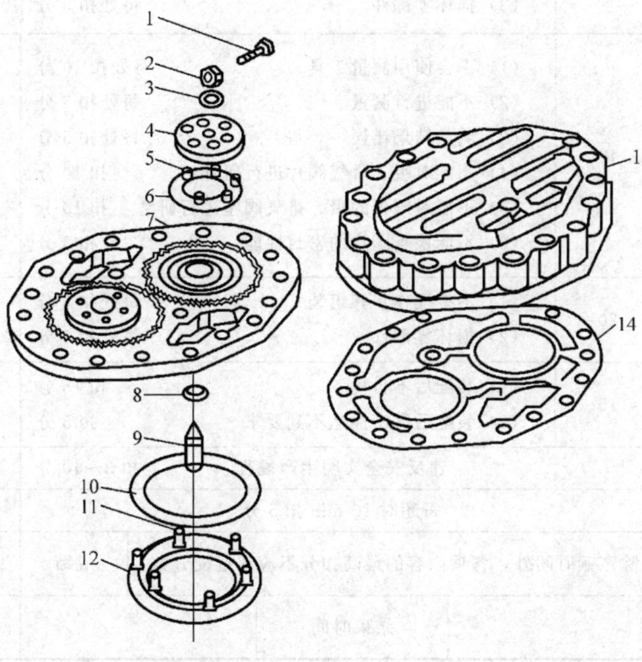

图 8—1　2F10 阀片组件的装配

1—开口销　2—槽形螺母　3—垫圈　4—排气阀片升程限制器　5—排气阀片弹簧　6—排气阀片　7—阀板
8—锥形垫圈　9—排气阀螺钉　10—吸气阀片　11—吸气阀片弹簧　12—吸气阀片升程限制器
13—气缸盖　14—气缸盖密封垫片

4. 注意事项

（1）拆装及维修阀板组应在干燥环境中进行，严禁使用潮湿的毛巾、油布擦拭轴封器零部件。拆卸下来的小零件、弹簧等应及时用汽油清洗，用干燥的毛巾或油布擦拭清洁后，及时涂抹冷冻机油，防止零部件在空气中受潮锈蚀。

（2）拆装过程中应正确使用工具，不可野蛮作业，防止损坏零部件。

（3）在研磨吸、排气阀片和阀板吸、排气阀座时，必须保持吸、排气阀片和阀板吸、排气阀座的水平，均匀地沿“8”字形轨迹研磨，以防止吸、排气阀片和阀板吸、排气阀座磨削面斜度过大，而造成零件报废。

（4）拆装及维修训练应在规定的定额时间内完成，同时做到安全操作和文明生产。

5. 评分标准

评分标准见表 8—2。

表 8—2　　阀板组的拆装与检修评分标准

项目内容	配分	评分标准		扣分	得分
拆装前准备	5	不准备及不检查工、量具	扣 5 分		
拆卸	20	（1）不能正确使用工具 （2）不按操作步骤拆卸 （3）损坏零部件	每处扣 15 分 每处扣 5 分 每处扣 5 分		
检查与维修	40	（1）不会使用测量工具 （2）不能进行测量 （3）测量结果错误 （4）不能对吸、排气阀片进行研磨 （5）不能对阀板的吸、排气阀座进行研磨 （6）不能检查阀片的密封性能	每处扣 10 分 每处扣 5 分 每处扣 5 分 扣 10 分 扣 10 分 扣 5 分		
组装	20	（1）不按操作步骤组装 （2）损坏零部件	每处扣 5 分 每处扣 5 分		
装配后检查	15	（1）装配后不自检 （2）装配后气密性达不到要求	扣 15 分 扣 5 分		
安全与文明生产	违反安全文明生产规程		扣 5～40 分		
定额时间 60 min	每超时 10 min 扣 5 分				
备注	除定额时间外，各项内容的最高扣分不应超过配分数		成绩		
开始时间		结束时间			

§ 8—2　系统堵塞故障的诊断与排除

制冷系统堵塞是制冷系统常见故障之一，制冷系统堵塞后，制冷剂的流动被阻断，使系统失去制冷能力。

一、制冷系统堵塞的分类

根据堵塞的原因来分，堵塞可分为冰堵和脏堵两种。

1. **冰堵**

制冷系统中冰堵是由于系统中含有过量的水分，在制冷系统运行过程中，水分随制冷剂在系统中流动，当含有水分的制冷剂通过膨胀阀节流降压时，水分从制冷剂中析出并结成冰粒吸附在膨胀阀出口，使膨胀阀阀孔部分堵塞或全部堵塞。系统冰堵后，制冷剂流量也相应减小，甚至完全消失。吸气压力明显下降，排气压力也下降，制冷量明显不足。

制冷系统中水分的主要来源有：

(1) 目前市场上有些散装制冷剂的价格便宜，质量低劣，水分、杂质含量高，纯度低，沸点高。

(2) 夏季使用空气打压检漏，空气中的水蒸气被压缩、冷却后变成液态水。

(3) 安装及维修操作不规范，致使系统中含有过量水分。

2. **脏堵**

制冷系统在生产、安装、使用和维修过程中会产生一些金属磨屑、管道氧化物、焊渣，在制冷剂和变质冷冻机油中也会有杂质，这些杂质被制冷剂夹带，在制冷系统中流动，在通过膨胀阀和干燥过滤器的过滤网时会在滤网上积聚，且越积越多，造成不同程度的堵塞。

制冷系统中杂质的主要来源有：

(1) 制冷系统的零部件在安装之前没有经过吹污处理。

(2) 焊接过程中产生的氧化层在进行吹污处理时并未完全脱落，而在投入运转以后在制冷剂的冲刷下氧化层才逐渐脱落。

(3) 由于压缩机质量低劣，使用劣质冷冻油或干摩擦等使压缩机产生过量的磨屑。

(4) 干燥剂质量差，在制冷剂的冲刷下，干燥剂表面风化而产生粉末，在膨胀阀过滤网产生脏堵。

(5) 冷冻油的稳定性差，分解后可与杂质混合凝结成糊状，粘住阀孔或过滤网，造成堵塞。

(6) 充注的制冷剂中含有过量杂质。

此外，在－60 ℃以下的低温设备中，还可能在膨胀阀阀孔上导致油堵，这主要是因为所使用冷冻油的凝固点偏高，制冷剂流经阀孔时，因温度突然变低，使溶解于制冷剂中的一部分冷冻油析出，呈糊状，粘在阀孔上而造成脏堵。

二、制冷系统堵塞故障的诊断

制冷系统堵塞后，不仅使吸气压力降低，也会使排气压力降低（堵塞不严重时，降低得不太明显）。其原因是：堵塞使压缩机的排气量减少，冷凝放热量也相应减少，致使冷凝器的平均温度有所下降。因此，堵塞使冷凝温度下降，其冷凝压力（排气压力）也下降。特别是完全堵塞后，冷凝器不再放热，制冷剂的温度降至冷却介质（空气或冷却水）的温度，冷凝器内的压力也降至该温度下制冷剂饱和压力值。

若发生堵塞故障，应停止压缩机运行，待膨胀阀表面的凝霜融化后，经过一定时间再次启动压缩机，制冷系统可正常运行一段时间，然后再次堵塞，这种现象可判断为冰堵。原因是压缩机停止运行后膨胀阀温度升高，吸附在膨胀阀出口的冰粒融化，使膨胀阀阀孔恢复节流能力，而再次运行后制冷剂中所含水分会再次结成冰粒堵塞阀孔。而脏堵发生后，即使停止压缩机工作，堵塞也不会消失。脏堵不仅使制冷剂流量下降，吸气压力和排气压力降低，还可使节流的位置前移。如果干燥过滤器的过滤网发生了脏堵，则该部位就会产生结露或结霜现象，或使该部位前后温差明显增大。

三、制冷系统堵塞故障的排除

一旦发生制冷系统堵塞故障，应准确判断故障原因，及时排除，防止压缩机过热，使故障扩大。

排除冰堵有如下几种方法：

1. 更换干燥剂或干燥过滤器，这种做法适用于轻度的冰堵。

2. 对于大型装置，拆除系统中原来的干燥器，临时安装一个大型的干燥器来吸湿。

3. 可给系统抽真空，水分在低压下汽化，然后被真空泵排出系统。但这种方法的效果不太明显，尤其是水分过多时。实践证明，一旦系统内存水，再用真空泵给系统抽真空使之汽化完全排出系统，是非常困难的。应给整个系统或各个部件加热烘干，边烘干边抽真空，可将水分彻底清除，但操作起来比较麻烦。

对于脏堵故障，一般采用清洗或更换过滤网的方法排除。如果一次不能排除，可进行多次，直至排除。

四、排除制冷系统堵塞故障的步骤

1. 停止压缩机运行。

2. 关闭膨胀阀前后截止阀，拆下膨胀阀。

3. 检查膨胀阀进出口及滤网是否有杂质、水分，并进行干燥、清洁处理（采用氮气或干燥空气吹拂节流）。

4. 将经干燥清洁处理的膨胀阀安装到原来的位置（注意膨胀阀的进出口方向），膨胀阀出口密封螺母不完全旋紧。

5. 关闭干燥过滤器前后截止阀，拆下干燥过滤器。

6. 拆开干燥过滤器，清洁过滤网，更换干燥剂。

7. 将更换过干燥剂的过滤器安装到原来的位置（注意过滤器的进出口方向），过滤器出口密封螺母不完全旋紧。

8. 稍开一下干燥剂过滤器进口截止阀，排除干燥过滤器中的空气，旋紧干燥过滤器出口密封螺母。

9. 开足干燥剂过滤器进、出口截止阀。

10. 稍稍打开膨胀阀进口截止阀，排除膨胀阀中的空气后，旋紧膨胀阀出口密封螺母。

11. 开足膨胀阀进、出口截止阀。

12. 启动压缩机，观察制冷系统的工作状况，若系统再次堵塞，重复上述操作，直至故障排除。

五、制冷系统堵塞故障检查、维修中应注意的问题

1. 冰堵常发生在机组新安装或新修理之后的初始阶段，而脏堵可能发生在任何时期。

一般来说，机组投入运转后，若前几个小时没有发生冰堵，再发生冰堵的可能性很小。

2. 自行组装的制冷机组（如拼装冷库等）在投入运转的初始阶段比较容易产生脏堵。

3. 冰堵一般发生在蒸发温度低于 0 ℃的冷藏冷冻装置上。

4. 制冷系统堵塞后，不仅使吸气压力变低，也会使排气压力变低（有时低得不太明显）。

5. 无论冰堵还是脏堵，只要出现其中任何一个故障，都应清洗膨胀阀、干燥过滤器的过滤网，更换干燥剂。

技能训练 3　脏堵、冰堵故障的诊断与排除

1. 目的要求

掌握制冷系统脏堵、冰堵故障的诊断与排除方法。

2. 工具、仪表、材料

小型开启式制冷系统一台（套），截止阀专用扳手一把，活扳手两把，呆扳手一套，干燥剂 1 kg，过滤网（自定），150 mm 一字、十字旋具各一把，汽油或煤油 500 mL，干毛巾一块。

3. 训练步骤

（1）故障的诊断

根据故障现象，诊断故障部位和产生原因。

（2）故障的排除

1）停止压缩机运行。

2）从系统中拆下膨胀阀，检查膨胀阀进出口及滤网。

3）对膨胀阀进行干燥、清洁处理。

4）安装膨胀阀。

5）从系统中拆下干燥过滤器。

6）拆解干燥过滤器，检查干燥过滤器滤网和干燥剂。

7）清洁或更换过滤网，更换干燥剂。

8）安装干燥过滤器。

9）排除干燥过滤器和膨胀阀中的空气。

10）检查膨胀阀和干燥过滤器进出口截止阀开启情况。

11）启动压缩机试运行。

4. 注意事项

1）维修操作应在干燥环境中进行。

2）在膨胀阀和干燥过滤器进出口截止阀没有关闭前，严禁拆卸膨胀阀和干燥过滤器密封螺母，防止制冷剂喷出伤人。

3）操作过程中，不可将干燥剂等杂质进入系统管路。

4）操作中应注意安全文明操作。

5. 评分标准

评分标准见表 8—3。

表 8—3　　　　脏堵、冰堵故障的诊断与排除评分标准

项目内容	配分	评分标准	扣分	得分
判断故障	10	（1）不检查制冷系统工况　扣 10 分 （2）不能正确判断故障　扣 5 分 （3）判断故障不准确　扣 5 分		
堵塞故障的检修	45	（1）不能正确使用工具　扣 10 分 （2）不能正确拆卸膨胀阀　扣 15 分 （3）不能正确拆卸干燥过滤器　扣 15 分 （4）不能正确进行膨胀阀的干燥操作　扣 10 分 （5）不能正确清洁过滤网　扣 10 分 （6）不能正确装入干燥剂　扣 5 分 （7）干燥过滤器装配不符合要求　扣 5 分		
安装与检查	30	（1）不能正确使用工具　扣 10 分 （2）不能正确地将膨胀阀装入制冷系统　扣 5 分 （3）不检查膨胀阀和干燥过滤器进出口截止阀开闭状态　扣 15 分		
试运行	15	（1）不检查系统工作状况　扣 15 分 （2）不能正确判断系统故障是否已完全排除　扣 15 分		
安全与文明生产		违反安全文明生产规程　扣 5～40 分		
定额时间 120 min		每超时 10 min 扣 5 分		
备注	除定额时间外，各项内容的最高扣分不应超过配分数	成绩		
开始时间		结束时间		

§8—3　冷库水泵和冷却塔的维修

一、水泵维修

1. 故障的现象、原因及其排除

（1）开泵后不出水

1）水泵吸水管及压水腔内无剩水或积有空气阻碍水流。此时应向泵体上的注水杯中注水，待水从注水杯中溢出后，再将注水杯阀门关紧，然后开动水泵即能正常供水。

2）水泵吸水管漏气，使空气渗入泵体内，影响泵的正常运行。此时应停机检修，一般只需在吸水管接头法兰等处更换填料，或将松动的接头紧固即可。

3）水泵转速太低，与原设计不符。可用转速表测量转速，查看是否与泵铭牌上的转速相符。如果是电动机直接驱动，也应检查电源电压是否过低；如果是用传动带间接传动，则应检查传动带是否打滑，直至查明原因并消除故障。

4）检查电动机的旋转方向与水泵上箭头所指示方向是否相符。如果不符，应予以纠正。

5）水泵吸水高度太大，或给水扬程大于水泵铭牌规定值。通常用真空表或压力表测量后决定是否需要更换水泵。

6）水泵吸水管底阀被吸水池底的污泥堵塞。应定期检查并清洗底阀。

（2）开泵后水泵的给水量不足

1）水泵内叶轮间被污泥等杂物堵塞，应拆开检查，去除污泥。

2）水泵转速降低，有空气自吸水管或填料筒进入泵体内，形成空气囊，阻碍水流。可将泵体上的放气旋塞打开，排出空气。

3）泵内摩擦环间隙太大，或叶轮损坏，或轴封套松动，或填料筒内盘根损坏，导致水量渗漏过多。应查明原因予以处理。

4）闸阀螺杆日久生锈，导致闸阀开启度不足。如果使用除锈剂仍无效，只能更换阀门。

（3）水泵启动后突然停止出水

1）吸水管接头突然松脱，大量空气渗入，或吸水管有空气囊存在，阻碍水流。应查明原因后加以处理。

2）注水太急，管道内空气未除尽。

3）水封管塞住，有空气从填料筒侵入。

（4）水泵运行时振动

其原因是水泵轴与电动机轴的中心线错位，或因水泵基础局部下沉，导致泵轴变形弯曲，或原地脚螺栓松动而导致振动等。应查明原因予以纠正。

（5）轴承发热

因润滑失效，或因水泵中心线错位等所致，应查明原因后处理。

2. 水泵的保养

（1）在开机前应检查水泵出水口闸阀是否关闭，轴承内润滑油是否充分。如润滑油已呈黑色，应更换新油。再检查填料筒内的盘根，如已发硬，应取下用黄油还软后再装入。此外，还应检查管道法兰螺钉有无松动脱落。在开机前应将水泵盖上的放气旋塞打开，并注满水。

（2）在运行中，值班人员应随时注意轴承是否发热，出水量是否正常，是否产生振动与噪声，电动机是否过热（一般应不大于 80 ℃）等。如发现异常，应立即停机检查并修理。在开机初期，转速不高，待转速达到额定值时，再逐渐将水泵出水阀门开大，直至水泵运行正常。

（3）在停机前应先关闭闸阀，再关闭水泵。此时，泵体在闸阀关闭后会产生短时间旋转，这不会对泵体造成损伤，但切忌水泵内无水空转。

（4）定期检查。水泵运行一定时间后，应视情况进行检修。此时应拆卸整个泵体，查看轴承有无蚀损、叶轮有无裂痕、固定叶轮的螺母是否松脱、水流通路是否堵塞、填料是否完好等。经全面检查合格后，再用煤油将水泵各部分配件清洗一遍。在装配时应测量叶轮与蜗壳之间的间隙是否符合规定。在拧紧盖子螺母前，应检查有无棉纱、小工具、螺钉、螺母等物遗留在泵体内。装配完毕，用手扳动转轴，调整填料筒的松紧。通过试运行，观察无异常情况后再投入正常运行。

二、冷却塔维修

冷却塔的作用是使水冷式冷凝器的冷却水向空气中散热降温，让冷却水得以循环使用。它利用水泵的动力带动水流循环在冷凝器与冷却塔之间。冷却塔常见故障、原因及其排除方法如下：

1. 风机不能转动

检查电动机与风叶的传动件是否损坏，查明原因并排除故障。故障多发处是传动键和螺钉。

2. 没有水流

故障原因可能是：

（1）水泵不能工作。

（2）滤水器堵塞。

（3）水道堵塞。

排除故障的方法是：检查风机电动机转速是否正常，风叶是否有松动的现象，若有此现象应立即采取相应的处理措施。

分水器不能工作的主要原因在于不能把水均匀地分布于散热填料中，这有可能是分水管道堵塞或角度不对而引起，也有可能被卡死不能转动，应寻找问题的原因做出处理。若散热填料太脏，可以拆出来进行清洗。

§8—4　制冷系统的其他维护事项

一、系统中残留空气的排除

有些制冷系统因含有少量的空气而使制冷能力明显下降，甚至造成设备不能正常工作，为此，必须将空气从系统内排出。

1. 系统内存在空气的常见特征

（1）制冷效果差，设备难以自行停机。

（2）排气压力和吸气压力偏高，甚至造成高压保护。

（3）排气管温度过高。

（4）手摸冷凝器管路，感觉温度沿程下降迅速，中段无相对恒定温度，出口已接近室温，干燥过滤器无温热感。

（5）手摸蒸发器中、后段管路，感觉温度偏高，不能相应地结冰或结霜。

（6）回气管温度偏高。

2. 排除冷库制冷系统中空气的方法

（1）将系统内的制冷剂全部转移到高压部分中

1）关闭储液器或冷凝器出液阀。

2）临时撤去压力保护功能，开启压缩机，将低压段内制冷剂排到储液器及冷凝器内。

3）低压段抽成稳定真空状态后停机。

（2）经排气旁通口排出系统内空气

1）旋下排气旁通口螺塞，顺旋排气截止阀杆半圈左右，使阀成三通状态，让空气连同制冷剂气体一起从旁通口排出。

2）用洁净的白纸部分挡住气流，直到白纸上出现油迹，表明空气基本放净。然后旋紧排气截止阀杆，关闭排气旁通口，拧上旁通口螺塞。

(3) 重新开启储液器或冷凝器出液阀。

3. 注意事项

(1) 若通过上述方法，未能一次性有效地排除系统内的空气，残留空气的影响仍较明显，可再运用上述方法多次排除空气，直到残留空气基本排出系统。

(2) 若系统经上述操作后，制冷剂有所缺乏，应予以补充。

二、系统中残留水分的排除

当制冷系统存在水分时，会对设备的正常运转产生不利影响。当水分超量时还会出现冰堵现象，使制冷循环中断。下面介绍冷库制冷系统中水分的排除方法，具体步骤如下：

1. 旋下吸气旁通口螺塞，将真空压力表经修理阀和接管与吸气旁通口连接好。

2. 打开修理阀，微开吸气截止阀，使其处于三通状态，待压力表、修理阀及接管内的空气排尽后关紧修理阀。

3. 临时性撤去压力保护，关闭出液阀，接通压缩机电源，将系统低压段（包含干燥过滤器、压力表、修理阀及接管）自抽空至负压后关闭排气截止阀，停机。

4. 微微打开出液阀，使低压段压力升高到稍大于 0 MPa 表压后关闭并关紧。

5. 拆下原干燥过滤器，换新过滤器或更换干燥剂。

6. 重新装上干燥过滤器后，启动压缩机，将系统低压段再自抽真空。

7. 当压力表读数达到－0.1 MPa 后，先后打开排气阀和出液阀，开机运转数小时，让干燥剂尽可能多地吸取系统中的水分。

多次重复上述步骤 2～7，直到系统中的残留水分达到要求为止。

三、制冷系统检漏

制冷系统在通过一项或数项气密性试验后，若发现有泄漏情况，接下来就需要寻找并确定具体的泄漏部位，这称为检漏。

1. 使用开启式压缩机的制冷系统主要的检漏部位

(1) 制冷压缩机所有可拆卸的连接部位和轴封处、螺栓端部视油镜和加油孔等。

(2) 冷凝器和蒸发器的各焊接部位。

(3) 各管道和部件（干燥过滤器、截止阀、电磁阀、热力膨胀阀、液体分配器等）的连接处。

2. 常用的检漏方法

(1) 声响检漏

当系统中制冷剂的压力较高时，泄漏处有时会出现微弱的“咝咝”声响，漏点较大时响声更明显。因此，可根据声响来确定泄漏的部位。

(2) 油迹检漏

因为氟利昂制冷剂与其冷冻机油的互溶性，制冷剂在泄漏时会将冷冻机油一并带出，并在泄漏点周围留下一定量的冷冻机油。因此，对氟利昂制冷系统，可以通过仔细查找有关部位是否存在油迹来确定泄漏部位。

(3) 泡沫检漏

检漏前，先向相关系统充入一定压力的氮气或干燥空气，然后用清洁的海绵蘸上洗洁精水（或浓肥皂水）涂抹于被检处，静待数分钟后仔细观察是否有白色泡沫或气泡泛起，如有，即可断定该处存在泄漏点。

(4) 浸水检漏

本法适用于可拆卸的单个部件或局部系统的检漏。检漏前，先向系统充入一定压力的干燥空气或氮气，压力的大小视被检部件的耐压情况而定。然后将其全部浸入 40～50 ℃的清水中，且离水面越近越有效，观察数分钟，有气泡冒出处即为泄漏部位。此法特别适用于微小泄漏点的确认定位。

(5) 卤素检漏

本法仅适用于制冷剂中含有氟、氯、溴或碘元素的制冷系统的检漏。早期是用卤素检漏灯来进行卤素检漏的，它以乙醇（或甲醇）作为燃料，氟利昂蒸气与检漏灯产生的火焰接触时，就会分解出含有氟、氯等元素的气体，而氯气与灯内烧红的铜帽接触，便生成氯化铜气体，火焰的颜色就会变为绿色或紫绿色。

由于卤素检漏灯的灵敏度不是很高，且使用也不方便，因此，目前已很少用它检漏，而多采用电子卤素检漏仪检漏。电子卤素检漏仪的工作原理是：电子卤素检漏仪从被检部位周围吸取气体并通过辉光铂丝，当气体中有卤素气体存在时，卤素被辉光铂丝分解，使铂丝与铂筒之间因存在一定量的电子和正离子，使阴极和阳极之间具有一定的导电能力，此电流经放大后通过一定的方式显示或报警。

电子卤素检漏仪可测出年漏量为 0.3～0.59 g 的微漏，而且反应时间不大于 3 s。应用电子卤素检漏仪检漏时必须注意，检测区域内的空气应保持洁净、流通，否则会误报或损坏仪表。

对于氨系统，除用嗅觉判断外，也可用泡沫检漏或采用化学方法检漏。如采用湿石蕊试纸检漏，遇氨后试纸颜色由红变蓝；如采用湿酚酞试纸检漏，遇氨后试纸颜色变为粉红。颜色越深说明泄漏越严重。在用酚酞试纸检漏时，应将检漏处的肥皂液擦干净，否则酚酞试纸遇肥皂液后也会变红，造成错误判断。

四、制冷系统补充制冷剂

开启式压缩机的冷库制冷系统使用一段时间后，经常会由于泄漏的缘故，造成系统中的制冷剂逐渐减少。当泄漏量达到一定程度后，制冷设备就难以正常工作，这时就必须对系统补充制冷剂。在氟利昂制冷系统制冷剂缺少量不是很多、制冷系统不中断工作的情况下补充制冷剂的具体方法和步骤如下：

1. 将制冷剂钢瓶与接管和三通修理表阀连起来。

2. 逆时针旋转吸气截止阀杆，关紧吸气旁通口，然后拧下吸气旁通口螺塞，装上接头。

3. 先后适度地开启修理阀和钢瓶截止阀，用气态制冷剂赶出接管及修理表阀内的空气，待赶尽空气后，迅速将接管旋紧在吸气口接头上。

4. 开大修理阀和钢瓶截止阀，适度打开吸气截止阀，缓缓地将钢瓶中的制冷剂充入系统中。

5. 注意观察吸排气压力表的读数、库内温度计的读数以及蒸发器和回气管各部位结冰、霜、露的情况，必要时还可以用手触的方法去了解冷凝器和蒸发器各部位的温度。当上述各参数基本正常并保持稳定后，关闭钢瓶截止阀，停止补充制冷剂。

6. 待一切稳定正常后，逆时针旋转并旋紧吸气截止阀杆，以关闭吸气旁通口。拧下接管和接口，拧上并旋紧旁通口螺塞。

在补充制冷剂时，有时还需要适当调整热力膨胀阀等。

五、管道及阀件的检修

1. 管道的检修

制冷系统的管道、法兰、阀门、液泵和容器等，受制冷剂、载冷剂、水、空气等的腐蚀，并在不断变化的压力和温度下长期工作，其结构和材料的表面必然会发生不同程度的氧化腐蚀而减薄或变形，到达极限程度就可能导致制冷剂泄漏，甚至造成严重事故。因此，经常对制冷系统管道进行检查和修理是十分必要的。

（1）管道的检查

1）钻孔法。发现管道等设备腐蚀时，在腐蚀严重处钻直径 2～4 mm 的孔，然后以带钩铁丝探入测量，做出记录。若小孔厚度大于 1.5 mm，则可将小孔焊满，继续使用。小孔厚度小于 1.5 mm 时则需要更换管道。

2）截管法。进行设备大修时，根据设备管道使用的时间和锈蚀的情况，把腐蚀严重的管子截下 2～3 节进行检查。在检查时，可将锈蚀严重的管路除锈后，用游标卡尺测量管子外径的损失量。外径损失量比较大的部位可确定为截管的位置，确定截管的位置很重要，这样可避免截管检查的盲目性。

在检查中，如发现管壁厚度小于 1.5 mm 时，应换新管。如管道出现微孔，又由于生产需要，不能停产修理，可暂用卡子加耐压橡胶垫与螺栓固定，堵住漏处，待淡季或检修时焊补或更换。

（2）管道局部变形的修理

管道发生局部变形的原因很多，如冷库的墙排管受积霜负荷太大，管路过长、支架或吊架间距过大等，都有可能引起管道局部变形。发现管道局部变形现象，应当从结构和操作上找出发生变形的原因，从根本上解决。若已发生管道变形，但变形不大，不影响继续使用，可待大修时再修整，但应加强检查维护工作。若管子弯曲严重，可在管内制冷剂排空后，割断管子的弯曲部分，放在校正器上校直。加压时要求均匀缓慢，不可用大锤敲击，校直后的管子再接到排管上，如不能校直，则应更换管道。

（3）管道裂缝和微孔的修理

对于裂缝不大及有微孔的管路和设备，一般都采用焊补的方法修复。若用气焊补漏，焊补漏点的次数不应超过两次，否则应换管处理。焊接漏点时，禁止在含较浓制冷剂的环境下工作。

（4）壳管式冷凝器内水管的修理

对于经过一个时期运行后的壳管式冷凝器，如发生泄漏事故，应检查管子的接口处是否松弛，管内是否因锈蚀产生裂缝或小孔等缺陷。对其检查可采用水压或气压试验。若发现管头和多孔板结合处泄漏，可记上标志后再进行修理。

多孔钢板处的管子泄漏时，可采用焊接或更换新管的办法修理。一般对胀管的冷凝器可不采用焊接的办法，可采用更换新管、重新胀装的办法进行修理。如果管路有漏点，且管子数目不多，因生产不能停止，或没有备用管子时，可将管子堵死，待大修时更换。

更换胀管时，用錾子錾去管子的胀接部分，即可取出旧管子而不会损坏多孔钢板。胀管前，把管子两端 20～50 mm 的长度用砂纸或锉刀打磨光亮，除去灰尘、锈迹和油渍，使管子外壁与多孔钢板口能有良好的接触。并把管头 200～250 mm 的一段退火，退火后用胀管器胀接在多孔板上，但必须注意管子需长出多孔板平面 1～2 mm，板孔内径与管子外径之差一般限度为 0.25～0.75 mm，小于和大于此数都是不允许的，以保证胀管的严密性。胀管后管子固定在管板上的形状如图 8—2 所示。

2. 法兰的检修

（1）检查法兰的连接处螺栓是否松动，如有松动，可用扳手对称拧紧螺母，使其受力均匀，但不宜过紧。如螺栓变形或锈蚀严重，应更换新螺栓。

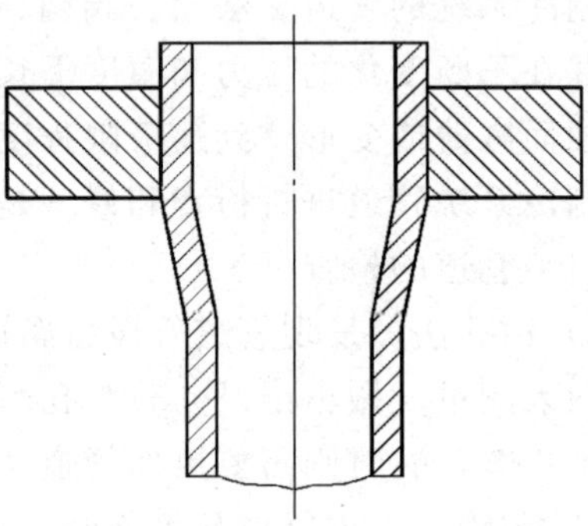

图 8—2 胀管后管子固定在管板上的形状

（2）若法兰连接处的密封垫片腐蚀或烧坏而导致失去密封能力，应更换新垫片。在更换新垫片前应把原有的垫片刮去，并用煤油清洗干净，检查法兰密封线是否被腐蚀或损伤。若没有问题可不换新垫片，对角均匀地拧紧法兰螺栓即可。若法兰密封面受严重腐蚀或密封线破坏，可更换新法兰或者经修理合格后再装上新垫片，以防使用时再次泄漏。

（3）焊缝不严密，应进行焊补修理。

（4）如果焊接时引起法兰翘曲变形，不符合装配要求的，应进行车削加工或更换。

（5）安装过程中，若两法兰中心线不一致，其接触面着力不匀，应截断管子重新进行焊接。

3. 阀门的检修

阀门在使用过程中容易导致泄漏，且泄漏量在制冷系统全部泄漏量中占有很大的比例，因此，不可忽视对阀门的检修。

（1）阀门故障的分类

1）阀杆泄漏。这是制冷系统中最常见的现象之一。由于密封填料不足，或使用时间过长、硬化而失去弹性，或填料选择不当，与工质的温度、压力及化学性质不适应，都可造成阀杆周围泄漏。

2）阀杆弯曲或腐蚀。由于工质温度变化较大，特别是关闭过紧的阀门，遇热膨胀，会使阀杆弯曲；弯曲或腐蚀的阀杆，在一开一闭时阀杆磨损加快，密封填料也会拉坏，从而造成密封填料泄漏。

3）阀门关闭不严密。由于腐蚀和剥蚀等因素，阀芯密封面逐渐变得粗糙，或因系统不干净，制冷剂中夹杂异物，密封面受到嵌咬造成硬伤。在频繁关闭、开启过程中，伤痕逐渐扩大致使阀门关闭不严。另外，由于阀芯的松动或变形也不能保证阀芯和阀座的紧密贴合，必然导致关闭不严密。

4）阀杆难以转动和调节。主要是由于填料压盖压得太紧，或者填料选择不当，或者阀门锈蚀。

（2）阀门的修理

1）更换填料。填料是防止工质沿阀杆轴向泄漏而设置的。如遇轻微泄漏时，可旋紧填料压盖。如泄漏不能排除，应更换填料。更换时必须将阀杆旋出到底，用填料拨针把旧填料拨出，再将准备好的新填料依次旋入，然后旋紧压盖。

2）修理阀芯。在空调制冷工程中，凡是大口径的阀门，其阀芯是依靠一层巴氏合金或氟塑料密封的。阀芯的背面也同样有一层巴氏合金，使阀杆旋出到底位置时，能密封工质不沿阀杆向外泄漏。

当阀门拆卸之后，首先要校直阀杆并去除毛刺，然后更换阀芯的巴氏合金，与此同时，对阀座也应研磨，使阀芯和阀座之间严密。

对于小型铸钢或黄铜的阀门阀芯，密封全靠金属接触的一条线来获得，因而叫线密封。由于是线密封，需对阀座和阀芯仔细研磨，才能获得比较满意的密封效果。

阀门检修结束后，应按有关要求进行气密性试验。

制冷系统中安全阀的修理也大致相同，但由于巴氏合金较软，往往安全阀因超压而动作一次之后，很难恢复到原来位置，因此，当压力降至关闭压力时，仍然关不严密。为了克服这一缺陷，有的产品已将巴氏合金改换成镍铬钛合金，或用聚四氟乙烯代替。

4. 电磁阀的检修

（1）电磁阀接通电源后阀门不开启

1）电源电压过低或电源没有接通，应检查电源和控制电路。

2）电磁阀的线圈断路或烧毁，应更换电磁线圈或更换电磁阀。

3）电磁阀的铁芯卡住或损坏，应解体、清洗铁芯。

4）电磁阀的主阀活塞因杂质卡死，应解体、清洗电磁阀。

5）电磁阀反向安装，应按照阀体的标记重新安装。

（2）电磁阀断电后不关闭或关闭不严

1）电磁阀的铁芯卡住，应解体、清洗电磁阀。

2）电磁阀中的剩磁吸住了铁芯，使之不能下落，应更换电磁阀。

3）铁芯座因杂质而关闭不严，造成电磁阀关闭不严，应清洗电磁阀。

4）电磁阀主阀活塞的阀座有杂质，应解体、清洗电磁阀。

5）电磁阀主阀活塞的压力弹簧失效，应更换弹簧。

（3）主阀活塞上的平衡孔堵塞

若主阀活塞上的平衡孔被杂质堵住，应解体、清洗电磁阀。

（4）电磁阀泄漏制冷剂

1）阀盖与阀体的橡胶密封垫圈垫得不正、不牢固，应解体、更换垫圈。

2）电磁阀中阀盖上套管氩弧焊受损开裂，应更换电磁阀。

（5）电磁阀维修中应注意的事项

1）在实际维修中，电磁阀很少出现故障。即使出现故障，一般是由于电磁线圈烧毁而引起。与之相比较，杂质引起的故障相对较少。

2）电磁阀线圈烧毁之后，若更换整个电磁阀，则必须把低压区制冷剂排入高压区。简便的方法就是把新电磁阀的线圈直接装在旧电磁阀的阀体上。

3）电磁阀的额定电压分为 220 V 和 380 V 两种，注意不要混装。

4）在电磁阀再通电状态下，绝不允许把线圈从阀体上取下。否则，线圈极易过热而烧毁。

六、热力膨胀阀常见故障处理

1. 膨胀阀中的感温剂泄漏，发生冰堵、脏堵。处理方法如前所述。

2. 膨胀阀“咝咝”作响，可能是系统内制冷剂不足，或者由于液体无过冷度，供液管阻力过大，在阀前供液管中产生闪发气体造成的。应补充制冷剂，或调整回热循环，以保证阀前制冷剂液体有足够的过冷度。

3. 膨胀阀供液量时多时少。这是由于选用了过大的膨胀阀，或者由于开启过热度调节过小，或者由于感温包包扎位置、外平衡管连接位置不当造成的。只要改用流量适当的膨胀阀，或者调整膨胀阀开启过热度，或者调整感温包、外平衡管安装位置即可解决。

4. 膨胀阀关闭不严或无法关闭。可能是膨胀阀损坏、感温包包扎位置不正确，也可能是膨胀阀的传动杆太长造成的。这就需要更换或修理膨胀阀，调整感温包的安装位置，或者调整传动杆的长度。

技能训练 4　电磁阀的检修

1. 目的要求

掌握电磁阀的检修方法。

2. 工具、仪表、材料

电磁阀一个（型号自定），万用表一块，一字、十字旋具各一把，300 mm×400 mm 方盘一个，煤油 500 mL，干毛巾一块。

3. 训练步骤

（1）故障检查

1）检查电磁阀的线圈。

2）检查电磁阀的阀芯是否被卡住或损坏。

3）检查橡胶密封垫圈是否损坏。

（2）拆解

1）拆下电磁阀的线圈。

2）拆下电磁阀阀盖与阀体的密封螺钉，拆出各零件并记录拆解顺序。

3）检查各阀孔是否有堵塞现象。

4）检查弹簧、密封垫是否损坏或失效。

5）清洗零件，并用干毛巾擦干。

（3）组装

1）按记录的拆解顺序，反向进行组装。

2）按电磁阀铭牌规定的额定电压通电试验，检查电磁阀动作情况。

4. 注意事项

（1）操作过程中应注意防潮。

（2）橡胶密封垫圈不可接触煤油。

（3）电磁阀零件比较小，操作过程中要注意防止零件丢失。

（4）操作中应注意安全文明操作。

5. 评分标准

评分标准见表 8—4。

表 8—4　**电磁阀的检修评分标准**

<table>
<tr><th>项目内容</th><th>配分</th><th colspan="3">评　分　标　准</th><th>扣分</th><th>得分</th></tr>
<tr><td>故障检查</td><td>25</td><td colspan="3">（1）不检查电磁阀的线圈　扣 10 分
（2）不检查阀芯是否被卡住或损坏　扣 5 分
（3）不检查橡胶密封垫圈　扣 5 分</td><td></td><td></td></tr>
<tr><td>拆解</td><td>60</td><td colspan="3">（1）不能正确使用工具　扣 10 分
（2）不能正确拆解各零件　扣 15 分
（3）不记录拆解顺序　扣 15 分
（4）不检查各阀孔是否有堵塞现象　扣 10 分
（5）不检查弹簧、密封垫是否损坏或失效　扣 10 分
（6）不清洗零件　扣 5 分</td><td></td><td></td></tr>
<tr><td>组装</td><td>15</td><td colspan="3">（1）不能正确组装　扣 15 分
（2）不通电试验　扣 5 分</td><td></td><td></td></tr>
<tr><td>安全与文明生产</td><td colspan="4">违反安全文明生产规程　扣 5～40 分</td><td></td><td></td></tr>
<tr><td>定额时间 120 min</td><td colspan="4">每超时 10 min 扣 5 分</td><td></td><td></td></tr>
<tr><td>备注</td><td colspan="3">除定额时间外，各项内容的最高扣分不应超过配分数</td><td>成绩</td><td colspan="2"></td></tr>
<tr><td>开始时间</td><td colspan="2"></td><td>结束时间</td><td></td><td colspan="2"></td></tr>
</table>

第九章　冷库电气设备的控制与保护

制冷技术发展到现在，制冷系统的电气设备已经是制冷系统中重要的组成部分，并随着电气控制技术的发展，使制冷技术应用更广泛、方便和安全。

目前电气设备在制冷系统中的应用主要是安全保护、方便操作以及节能运行，有的已实现智能控制。一台制冷设备应能按照用户对温度等参数的不同要求，安全、可靠地运行，这些依赖于设备中的自动控制系统。

在冷库自动控制系统中，常用的主要有下面这几类电气设备。

一、活塞式压缩机电气设备

1. 电动机启动保护

电动机启动时电流很大，为了保护电动机，厂家通常配有电动机启动柜，有星形—三角形减压启动、自耦减压启动等。

下面以 XJ01 系列自耦减压启动箱为例进行介绍。XJ01 系列自耦减压启动箱是我国生产的自耦变压器减压启动自动控制设备，广泛用于频率为 50 Hz、电压为 380 V、功率为 14～300 kW 的三相笼型异步电动机的减压启动。XJ01 系列自耦减压启动箱的外形如图 9—1a 所示。

XJ01 系列自耦减压启动箱是由自耦变压器、交流接触器、中间继电器、热继电器、时间继电器和按钮等电气元件组成。对于控制的电动机功率为 14～75 kW 的产品，采用自动控制方式；100～300 kW 的产品，可以采用手动和自动两种控制方式，由转换开关进行切换。时间继电器为可调式，在 5～120 s 内可以自由调节控制启动时间。自耦变压器备有额定电压 60％和 80％两挡抽头。补偿器具有过载和失压保护，最大启动时间为 2 min（包括一次或连续数次启动时间总和），若启动时间超过 2 min，则启动后的冷却时间应不少于 4 h 才能再次启动。

XJ01 系列自耦减压启动箱减压启动的电路图如图 9—1b 所示。整个控制线路分为三部分：主电路、控制电路和指示电路。

2. 压缩机的安全保护

制冷系统的电动机部分在启动时得到了保护，制冷系统在运行当中压缩机部分同样也需得到安全保护，主要有断水保护、油压差保护、高低中压保护、排气温度保护等。

下面是几种电气元件的作用和原理，它们的电气原理图在厂家的随机样本中都有说明。

（1）断水保护

断水保护的元件有压力继电器、压差继电器和 714 继电器等。前两种元件用于感受水泵是否上水，后一种元件用于感受压缩机水套或其他用水装置是否出水。

水套断水保护常用的方法是：在压缩机水套的出水管道上装两个触点，采用 714 晶体管

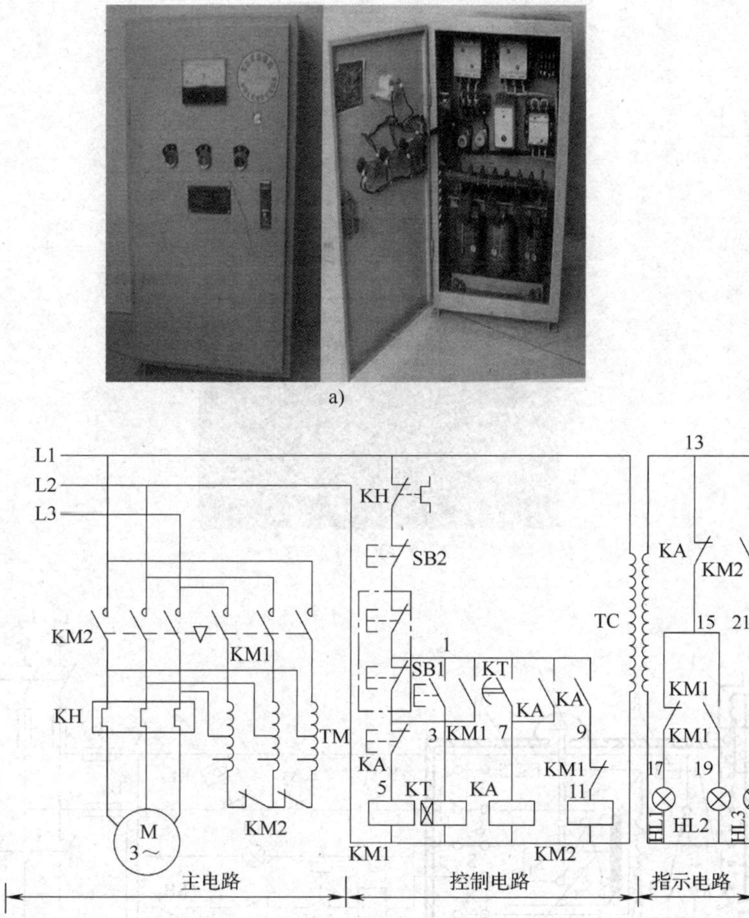

a)　b)

图 9—1　XJ01 系列自耦减压启动箱

a）外形图　b）电路图

继电器作为断水保护装置。当水套有冷却水流过时，出水管道出水，两触点由水接通而通电，714 晶体管继电器使压缩机处于运转状态；当水套无冷却水或冷却水中断时，出水管道的水中断，两触点间无水而断电，使压缩机停机。

由于压缩机水套断水还不致立即引起事故，所以处理时可以延时 30 s 左右。

（2）油压差保护

压缩机运转时，需保持一定的油压，当油压低于一定值时必须停机。为了避免压缩机由于油压差（指油压与吸气压力之差）过低而发生事故，必须用一个压差继电器保护。以图 9—2 所示 JC—3.5 型压差继电器为例，其工作原理为：润滑油泵出口端、压差继电器的高压波纹管 7 与压缩机的曲轴箱相接，使两个对顶的波纹管产生的压力差与平衡弹簧 5 相抗衡。

当实际压力差大于调定值时，压差开关 14 处于实线位置，把 k 与触点 a 接通。延时开关 k_g 与 X_1 接通，电流由 A 点经 k、a 回到 B，正常工作灯 HL_2 亮。A 点另一路经交流接触器线圈 KM、X、X_1、k_g、S_x、Kt 再回到 B。由于热继电器 KH、高低压力继电器 Kt 均处于正常闭合状态，KM 线圈中通电，其主触点接通压缩机电源，压缩机正常工作。

当实际压力差小于调定值时，平衡杠杆 2 在平衡板 3 的作用下偏转，使压差开关 14 处

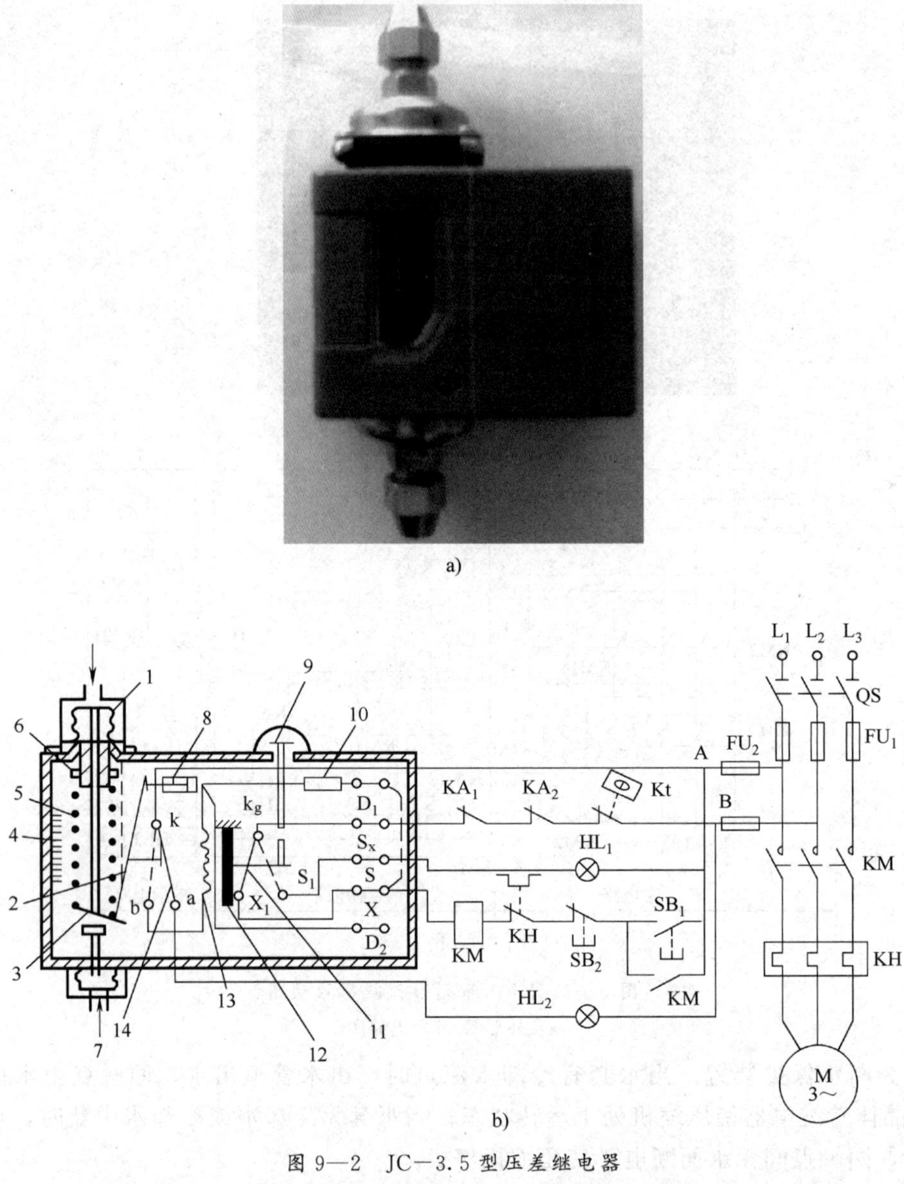

图 9—2　JC—3.5 型压差继电器

a）JC—3.5 型压差继电器实物图　b）压差继电器控制原理图

1—低压波纹管　2—平衡杠杆　3—平衡板　4—刻度尺　5—平衡弹簧　6—压差调整轮　7—高压波纹管　8—试验按钮　9—手动复位按钮　10—降压电阻　11—延时开关　12—双金属片　13—加热器　14—压差开关

于虚线位置，k—a 断开，k—b 闭合，正常工作灯 HL_2 灭，电流从 A 点经 k、b 到加热器 13、D_1、X、X_1、k_g、S_x 到 B 点。此时，由于 KM 线圈中仍通有电流，所以压缩机继续运转。但加热器通电后加热双金属片 12 经约 60 s 时间（有些压差继电器的延时时间长达 120 s），双金属片变形至具有足够的力量推动延时开关 k_g 与 S_1 接通，切断交流接触器线圈 KM 及加热器的电源，交流接触器的主触点断开，压缩机停止运行，事故灯 HL_1 亮。由于延时开关被双金属片推至 S_1 位置时，其端部已被自锁开关扣住，此后即使双金属片的温度下降到正常值，k_g 也不能弹回。因此，当故障排除后，要按手动复位按钮 9，使 k_g 回复到与

X_1接通的位置，让线圈 KM 通电，压缩机才能启动。

（3）高、低、中压保护

在压缩机中，采用高压保护的目的是避免压缩机排出压力急剧上升，以致发生危险。当排气压力超过规定值时，压缩机高压保护装置立即动作。切断电源，使压缩机停机。此外，压缩机在运转过程中可能导致吸气压力过低甚至抽空的现象。因此，对压缩机的吸气压力也必须控制，使它保持在某一所需的压力限度以上。

中压保护指双组压缩机的低压级排出压力的保护，压缩机组中压保护的目的与高压保护相仿。当低压组排气压力（中压压力）超过规定值时，压力继电器立即动作，切断电源使压缩机停机。凡单机双级压缩机没有提供中压保护装置的都需加设中压保护，而用单级机配套的双级压缩机，中压保护就可以用低级压缩机随机所带的高、低压控制器中的高压部分来完成，但其压力值需按中压保护值调定。如图 9—3 所示为单体压力控制器的结构与原理图。

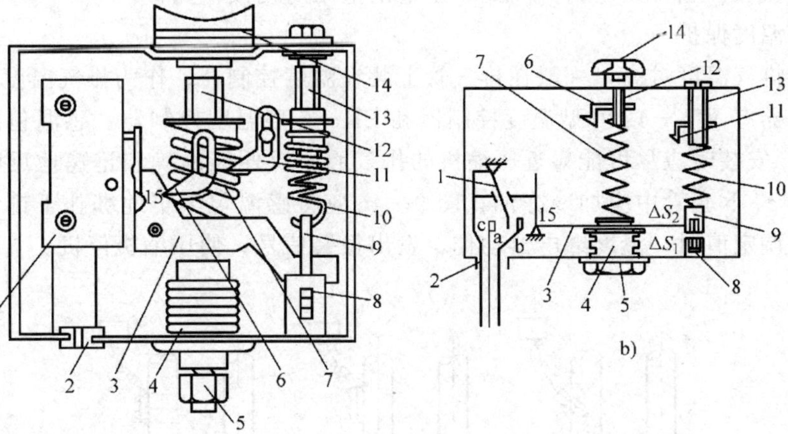

图 9—3　单体压力控制器

a）结构　b）原理

1—转换开关　2—出线孔　3—摆动板　4—波纹管　5—接管螺母　6—主调弹簧指针　7—主调压缩弹簧　8—支架　9—限位架　10—幅差拉伸调节弹簧　11—幅差弹簧指针　12—主弹簧调节螺钉　13—幅差弹簧调节螺钉　14—主调节旋钮　15—摆动板转轴

单体压力控制器的工作原理如下：

被控压力信号经过压力接管（与接管螺母 5 接妥），直接引入波纹管 4 的内腔，通过波纹管 4 对摆动板 3 产生一绕转轴 15 的逆时针方向的顶力矩，该力矩与主调压缩弹簧 7 所产生的顺时针方向的力矩平衡。当吸气压力升高时，将主弹簧压缩，摆动板 3 逆时针方向转动。随着摆动板的转动，由于幅差拉伸调节弹簧 10 拉动限位架 9 上移，使限位架下部凸台在支架 8 的槽孔中自由上移 ΔS_1 并钩在槽孔的上边缘，从而使限位架不可再往上移。因此，摆动板再向上转动，它就在限位架 9 的槽孔中上移 ΔS_2，这时幅差拉伸调节弹簧 10 的向上作用力对摆动板向逆时针方向的转动不产生影响，波纹管中承受的吸气压力超过主调压缩弹簧 7 的张力时，摆动板继续向逆时针方向转动。当波纹管中承受的吸气压力达到调定值的上限时，摆动板已转过某一角度，这时动触点 a 就会由静触点 b 转接至静触点 c，从而接通电动机的电路，使压缩机启动。当吸气压力降低时，主调压缩弹簧 7 的张力向下作用而使摆动板顺时针方向转动。当摆动板走完自由行程 ΔS_2，抵住限位架槽孔下边缘时，幅差拉伸调节弹簧 10 的拉力使摆动板顺时针方向的转动受到阻力。如果波纹管承受的吸气压力再继续下降，主调压缩弹簧推动摆动板就必须再克服幅差拉伸弹簧的拉力，直到摆动板转动达到某一位置时，动触点 a 由静触点 c 转接至静触点 b，切断电动机的电路，使压缩机停止工作。

从上述动作原理可知，这种控制器主调压缩弹簧 7 张力的大小是取决于压缩机启动压力值的，而幅差拉伸调节弹簧 10 的张力则取决于停机压力值。例如，要求压缩机在吸气压力 0.02 MPa（表压）时停机，而在 0.12 MPa（表压）时启动运转，那么调整时就应该转动主调节旋钮 14，将主调压缩弹簧调在 0.12 MPa，此值由主调弹簧指针 6 指出。而将幅差弹簧调到 0.1 MPa，此值由指针幅差弹簧调节螺钉指出。

高压控制器的内部构造与低压控制器相似，不同处只是需用承受高压的波纹管与弹簧，开关的接线应能保证当排汽压力升高到调定值的上限时切断电路。

（4）排气温度保护

为了避免排气温度过高，一般在排气管上装设温度控制器，作为排气温度过高的保护元件。温度控制器有 WT－1226 型温度控制器和 EK－5 型温度控制器。感温包的安装位置如图 9—4 所示。安装时应尽可能靠近压缩机的排气腔，以便能准确和迅速地反映排气温度的变化。图 9—4a、b 套管中应加冷冻油；图 9—4c 应将感温包牢牢地绑扎于排气管上，当排气温度上升至调定值时，温度继电器动作，发出报警信号，使压缩机停机。

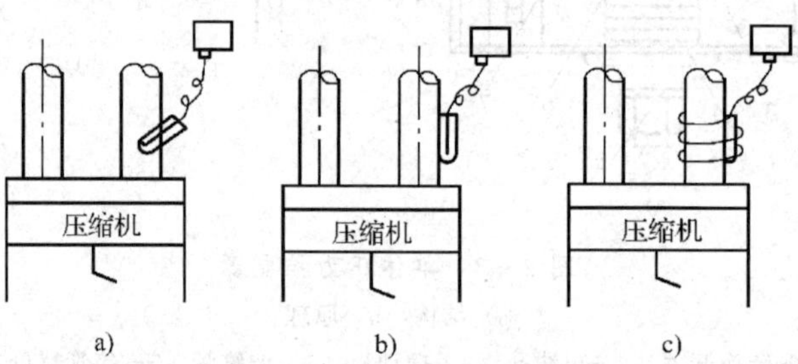

图 9—4　感温包的安装位置

a）插入排气管道内的感温包　b）在排气管侧的感温包　c）绑扎于排气管上的感温包

二、螺杆式压缩机电气设备

随着科技的发展，螺杆式压缩机组技术日趋成熟，特别是计算机控制技术的引入，使螺杆式压缩机组的各项性能指标都比过去有大幅度的提升。

1. 螺杆式压缩机启动形式

螺杆式压缩机电动机为三相异步电动机，减压启动方式主要有星形—三角形启动、固态启动器和部分绕组启动等。如图 9—5 所示为星形—三角形转换启动基本原理，目前国内绝大部分机组采用这种启动方式。

2. 能量调节

螺杆式冷水机组在运行过程中，用户终端的热负荷不可能一直恒定，这就要求机组的冷量也相应改变，以保持蒸发器端温度。一般螺杆式冷水机组的能量调节是通过控制系统检测

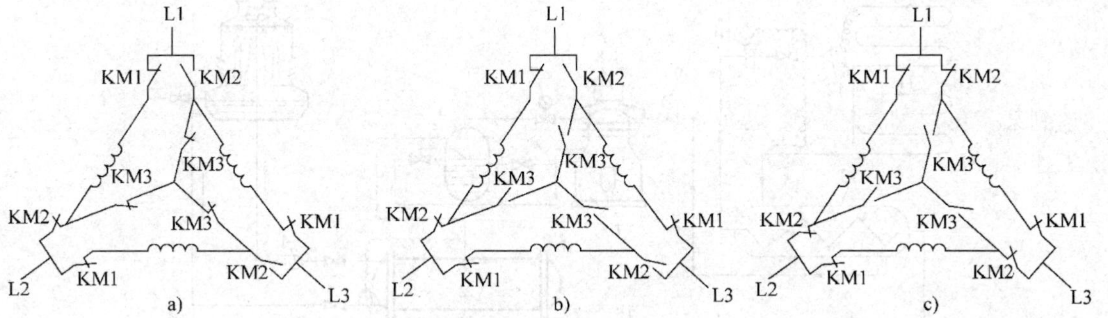

图 9—5　星形—三角形转换启动

a）星形连接　b）星形—三角形转换过程　c）三角形连接

机组吸气温度与设定值勤做比较，再发出加载或卸载指令，使机组增加或减少制冷量来维持蒸发器侧温度恒定。

通常用温度传感器作为冷间温度检测元件。温度传感器实际上是一种热电阻，其电阻值随着温度的变化而变化。控制系统在检测到电阻信号后，再将它转化为相应温度，用于显示和冷间温度控制。

螺杆式冷水机组的能量调节主要由压缩机的能量调节机构实现。对于多台制冷机组，能量调节还可由调节运行压缩机的台数实现。在机组负荷较小的情况下，可能只有部分压缩机运行，如此可大大提高机组部分负荷效率。控制程序可设定冷水机组内各压缩机的加载次序，如某台压缩机满载后，其他压缩机才可加载，或各压缩机均衡加载等。

3. **安全保护**

螺杆式制冷机组除了具有活塞式机组的保护功能外，还有以下常见保护功能：

（1）电动机绕组温度保护。

（2）油位保护。

（3）电压过高、过低、三相不平衡保护。

以上这些安全保护，可由独立的控制器（高低压控制器、油压控制器、油压差控制器）完成。对于微机控制机组，也可由计算机根据采集到的数据，与设定点比较后再执行保护动作。

三、小型氟利昂冷库电气设备

如图 9—6 所示为采用水冷式冷凝器的小型冷库制冷系统的流程图，这里只说明几个电器阀件的功用。

在蒸发器与冷凝器之间的供液管路上设置电磁阀，用于自动控制供液管的通断。当压缩机启动运转时，电路控制电磁阀自动开启，冷凝器向蒸发器供液；当压缩机停止运转时，电磁阀关闭，冷凝器不再向蒸发器供液，以免蒸发器储液过多，从而可防止压缩机再次启动时进行湿压缩而产生敲缸事故。

在压缩机的排气管和吸气管上分别设置高、低压力继电器，用于在压缩机排气压力过高或吸气压力过低时自动使压缩机停转。这样既可防止压缩机排气压力超过允许值时发生事故，又可避免蒸发温度过低时压缩机仍然运转而耗电。

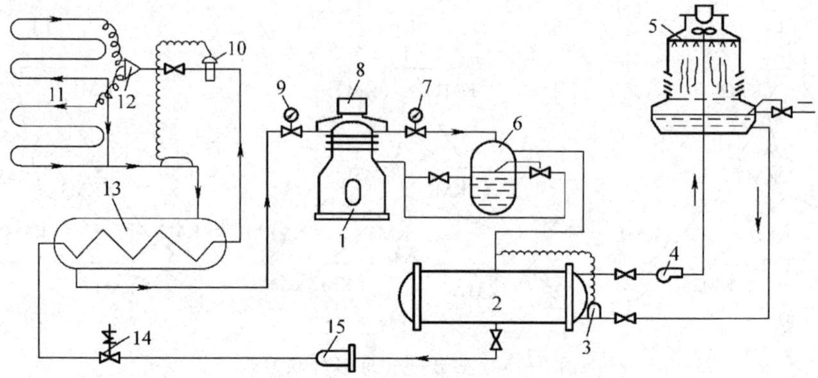

图 9—6　小型冷库制冷系统

1—活塞式压缩机　2—水冷式冷凝器　3—冷却水量调节阀　4—冷却水泵　5—冷却水塔
6—油分离器　7—高压表　8—高、低压力继电器　9—低压表　10—热力膨胀阀
11—蒸发器　12—分液头　13—气液换热器　14—电磁阀　15—干燥过滤器

在冷凝器冷却水进水管路上设置水量调节阀，可按照冷凝器工况的变化自动调节进入冷凝器的冷却水量，从而可使冷凝压力和冷凝温度基本保持稳定。

目前，还有一种控制电路：由温控器控制电磁阀，再由低压继电器控制制冷系统的停机。当温度达到设定值时，温控器使电磁阀关闭，这时制冷系统继续工作，由于电磁阀已关，所以低压系统的压力不断降低，当降到某一设定值时，制冷系统停机。这种控制方法的优点是：当制冷系统重新启动时，是低负荷启动，这种保护方法大大延长了制冷系统的使用寿命。

四、MTC－5080 微电脑温度控制器

温度控制器又称温控开关或温度继电器，它是制冷设备电气控制系统中的主要部件。温度控制器利用感温元件，将温度的变化转换成电气触点的通与断，来控制压缩机的启停，使制冷设备的温度保持在一定范围内。

1. MTC－5080 微电脑温度控制器的简介

温控器的形式和种类很多，MTC－5080 微电脑温度控制器是一种双温度显示控制器，通过按键可直接进入查看并设置参数，多指示灯显示系统运行状态，无任何复杂的组合和难以理解的参数，具备制冷、化霜、风机等功能，适用于对冷库温度的控制。除此以外，MTC－5080 微电脑温度控制器还具有温度测量、显示、控制，温度校正，制冷、化霜、风机控制输出，温度超限、超量程及传感器故障报警等功能。MTC－5080 微电脑温度控制器面板指示灯具体作用如图 9—7 所示。

其中，制冷指示灯主要反映压缩机的工作状态，化霜指示灯主要反映化霜的工作状态，风机指示灯主要反映风机的工作状态。

2. MTC－5080 微电脑温度控制器的外部接线

MTC－5080 微电脑温度控制器的工作电源为交流 220 V，可通过 3/4/5 号端子同时接收库温传感器、化霜传感器两路输入信号，输出三路信号分别控制压缩机、化霜和风机的动作。其具体外部接线如图 9—8 所示。

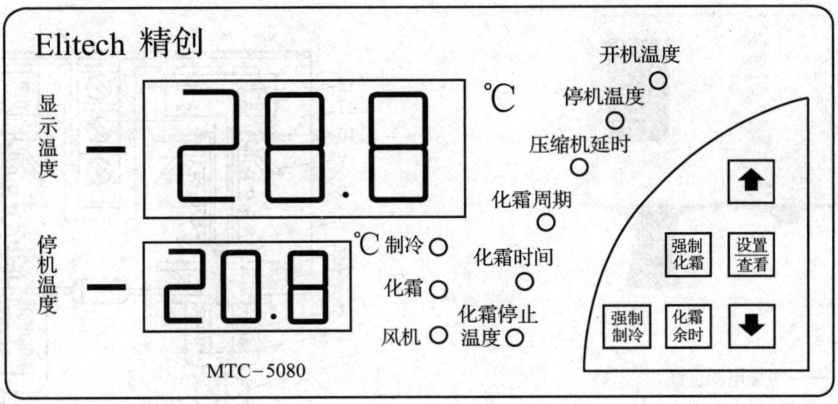

图 9—7　MTC—5080 微电脑温度控制器面板示意图

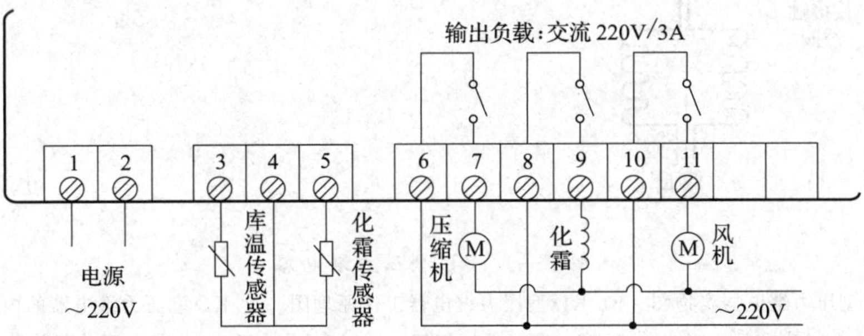

图 9—8　接线图

技能训练 1　压力继电器的故障检修与排除

1. 相关知识

(1) 压力继电器

压力继电器用以将压缩机的吸、排气压力控制在某一范围内，以达到安全保护的目的。当吸气压力和排气压力超出这一范围时，压力继电器的触点会断开，切断电动机电源，压缩机停止工作，这样就可以防止压力过高或过低时对机组的损坏及导致安全事故。

以 KD 型压力继电器（见图 9—9）为例，压力继电器的高压压力和低压压力出厂时已经调好。如发现与使用条件不符，可通过调整高低压端的调节螺钉，自行调整高低压压力的设定值。如将高压端调节螺钉向下旋，即压紧弹簧时高压设定的压力会升高，反之则降低；对于低压端压力，旋转低压端调节螺钉，使弹簧拉紧则低压设定的压力会升高，反之则降低。

(2) KD 系列压力继电器的故障检修与排除

KD 系列压力继电器的常见故障有：压力正常，但继电器的进出控制线不通；高低压超出正常范围，继电器不动作；工作时压力正常，但继电器不动作。

故障现象一：压力正常，但继电器的进出控制线不通。

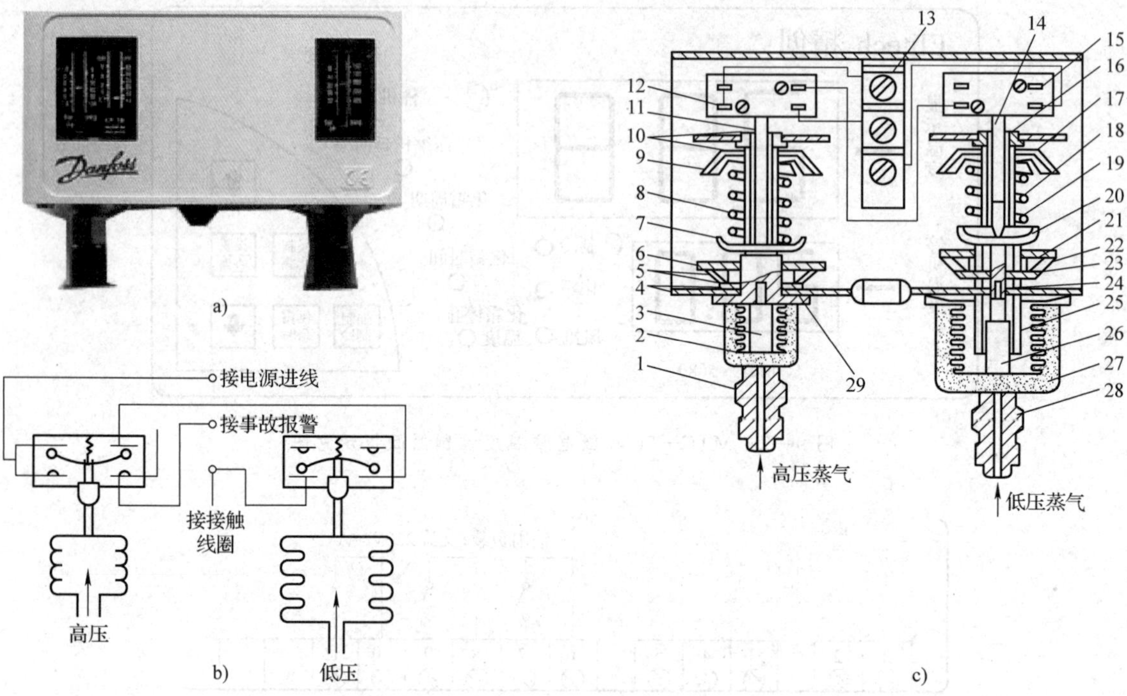

a)　b)　c)

图 9—9　KD 型压力继电器

a）KD 型压力继电器实物图　b）KD 型压力继电器工作原理图　c）KD 型压力继电器的内部结构

1、28—高、低压接头　2、27—高、低压气箱　3、26—鼎力锤　4、24—压差调节座

5、22—碟形簧片　23、29—簧片垫板　6、21—压差（差动）调节盘　7、20—弹簧座

8、18—弹簧　9、17—压力调节盘　10、16—螺纹柱　11、14—传动杆

12、15—微动开关　13—接线柱　19—传力杆　25—复位弹簧

分析故障原因：

压力正常，但继电器的进出控制线不通的原因有：高低压控制端动作后，没有按手动复位开关，当压力恢复正常时，触点将不能自动复位；继电器的触点严重烧坏；高低压传动杆被卡；低压气腔漏气；弹簧压力调整不当和高低压开关引出线脱焊等。

故障修复步骤如下：

1）先按动复位开关，使触点复位。若继电器的进出控制线仍不通，则应检查低压端传动杆是否已将微动开关的按钮按下，高压端传动杆是否脱离微动杆旋钮。

2）若低压开关旋钮已按下，高压开关旋钮也与传动杆脱离，表明传动部分正常，应检查开关内的控制触点是否烧坏而不能闭合。当控制触点烧坏时，可用细砂纸打磨触点。如果触点损坏严重，无法修复时，应更换新触点。

3）若低压开关按钮没有按下或高压端开关按钮已按下，表明高低压端弹簧的压力因振动而改变，从而使触点动作。当某一端启动后传动杆被卡住，压力正常后使触点不能复位，修复时应先查出动作的触点及动作的原因。如因弹簧故障，应重新调整弹簧的压力。如因传动杆故障，应查出被卡原因，并加以排除。

4）当压力继电器的低压气腔漏气时，气腔内的压力减小，传动杆下移，触点跳开。低压腔漏气的同时制冷系统将出现制冷剂泄漏现象，应找出漏点加以焊补，或更换新的压力继电器。

5）当微动开关的引线与继电器进出线接线柱脱焊时，可拆开继电器，找出断线部位，并重新焊接好。

故障现象二：高低压超出正常范围，继电器不动作。

分析故障原因：

原因有高、低压控制触点粘连，弹簧压力调整不当，传动杆被卡，高压端气腔泄漏等。

故障修复步骤如下：

1）应先检查传动杆所处位置。如高压端开关按钮已按下或低压端开关按钮已与传动杆脱开，表明高压控制触点或低压控制触点已粘连。触点粘连时，可打开微动开关，撬开粘连的触点，用细砂纸磨光。

2）若高压端开关按钮未按下，或低压端开关按钮未与传动杆脱开，原因为弹簧压力不正常或传动杆被卡住。修复时应先查出不起控制作用的这一端，并查明原因加以修复。在调整弹簧压力时，应边调整边试验。经三次试验，压力继电器均正常时，可继续使用。

3）高压气腔泄漏时气腔内的压力减小，不能推动传动杆上移顶开触点。此时，系统中制冷剂将泄漏。修复时，应找出漏点加以焊补，或更换新的压力继电器。

故障现象三：工作时压力正常，但继电器不动作。

分析故障原因：

故障的原因是弹簧调整不当或气腔漏气。

故障修复步骤：可参考前两种故障现象的处理步骤进行修复。

2. 目的要求

掌握压力继电器的故障检修与排除技术。

3. 工具及材料

冷库教具，KD系列压力继电器，MF－47型万用表，细砂纸，电烙铁，旋具，气焊设备。

4. 训练步骤

（1）故障设置

在KD系列压力继电器上人为设置机械故障一处。

（2）故障检修

自编检修步骤，经教师审阅合格后，参照上述常见故障中的检修步骤进行检修训练。

5. 注意事项

（1）检修前应掌握KD系列压力继电器的构成、工作原理及调试。

（2）在机组通电试验观察故障现象时，若发现异常情况，应立即断电检查。

（3）判断故障范围后，应准确迅速地找出故障点。

（4）检修过程中严禁扩大和产生新的故障。

（5）检修过程中应确保安全文明生产。

6. 评分标准

评分标准见表9—1。

表 9—1　　压力继电器的故障检修与排除评分标准

项目内容	配分	评分标准	扣分	得分
自编检修步骤	10	检修步骤不合理、不完善　扣 2～5 分		
故障分析	30	（1）检修思路不正确　扣 5～10 分 （2）标错故障范围　每个扣 15 分		
排除故障	60	（1）停电后不验电　扣 5 分 （2）工具及仪表使用不当　每次扣 10 分 （3）排除故障的顺序不对　扣 5～10 分 （4）不能查出故障　每个扣 35 分 （5）查出故障点但不能排除　每个故障扣 25 分 （6）产生新的故障 不能排除　每个扣 35 分 已经排除　每个扣 15 分 （7）损坏电气元件　每个扣 5～20 分 （8）排除故障方法不正确　每次扣 5～10 分 （9）排除故障后通电检验不成功　扣 60 分		
安全与文明生产		违反安全文明生产规程　扣 10～60 分		
定额时间 60 min	不允许超时，若在修复故障过程中才允许超时，但以每超时 10 min 扣 5 分计算			
备注	除定额时间外，各项内容的最高扣分不得超过配分数		成绩	
开始时间		结束时间		

技能训练 2　星形—三角形减压启动线路的故障检修与排除

1. 相关知识

时间继电器自动控制星形—三角形减压启动线路的定型产品有 QX3、QX4 两个系列，称为星形—三角形自动启动器，其主要技术数据见表 9—2。

QX3－13 型星形—三角形自动启动器外形、结构和电路如图 9—10 所示。这种启动器主要由三个接触器 KM、KM_{Y}、$KM_{\triangle}$，一个热继电器 KH，一个通电延时型时间继电器 KT 和两个按钮组成。

表 9—2　　星形—三角形自动启动器的主要技术数据

启动器型号	控制功率（kW）			配用热元件的额定电流（A）	延时调整范围（s）
	220V	380V	500V		
QX3－13	7	13	13	11、16、22	4～16
QX3－30	17	30	30	32、45	4～16
QX4－17		17	13	15、19	11、13
QX4－30		30	22	25、34	15、17
QX4－55		55	44	45、61	20、24
QX4－75		75		85	30

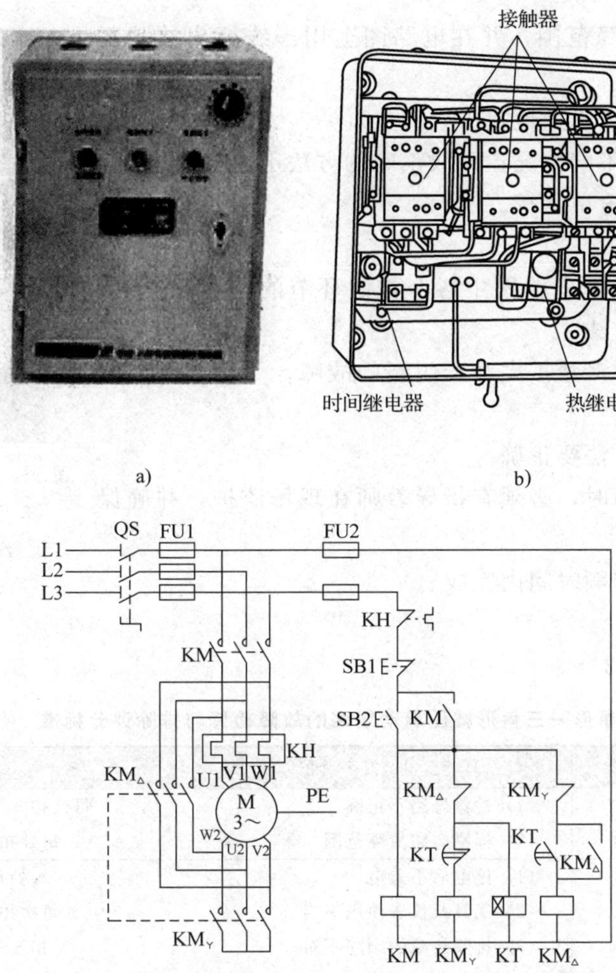

图 9—10 QX3—13 型星形—三角形自动启动器

a）外形 b）结构 c）电路

2. 目的要求

掌握星形—三角形减压启动线路的故障检修与排除技术。

3. 工具及材料

星形—三角形减压启动控制线路模拟安装盘（见图 9—11）、MF－47 型万用表、测电笔、螺钉旋具、尖嘴钳等。

4. 训练步骤

（1）故障设置

在星形—三角形减压启动控制线路模拟安装盘上控制电路或主电路中人为设置电气故障两处。

（2）故障检修

其检修步骤及要求如下：

1）用通电试验法观察故障现象。观察电动机、各电气元件及线路的工作是否正常，若发现异常现象，应立即断电检查。

2）分析并缩小故障范围，并在电路图上用虚线标出故障部位的最小范围。

3）用测量法正确、迅速地找出故障点。

4）根据故障点的不同情况，采取正确的方法迅速排除故障。

5）排除故障后通电试运行。

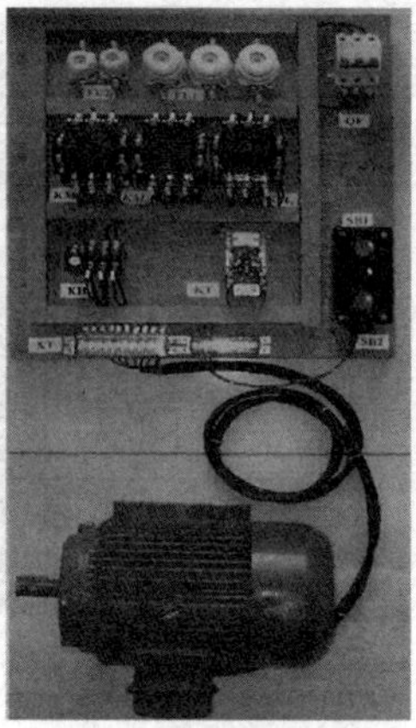

图 9—11 自动控制星形—三角形减压启动控制线路模拟安装盘

5. 注意事项

（1）检修前要先掌握电路图中各个控制环节的作用和原理，并熟悉电动机的接线方法。

（2）在检修过程中严禁扩大和产生新的故障，否则要立即停止检修。

（3）检修思路和方法要正确。

（4）带电检修故障时，必须有指导教师在现场监护，并确保用电安全。

（5）检修必须在定额时间内完成。

6. 评分标准

评分标准见表 9—3。

表 9—3　星形—三角形减压启动线路的故障检修与排除评分标准

项目内容	配分	评分标准		扣分	得分
故障分析	30	（1）检修思路不正确	每处扣 5～10 分		
		（2）标错电路故障范围	每处扣 15 分		
排除故障	70	（1）停电后不验电	每处扣 5 分		
		（2）工具及仪表使用不当	每次扣 10 分		
		（3）排除故障的顺序不对	扣 5～10 分		
		（4）不能查出故障	扣 35 分		
		（5）查出故障点但不能排除	每个扣 25 分		
		（6）产生新的故障			
		不能排除	每个扣 35 分		
		已经排除	每个扣 15 分		
		（7）损坏电动机	扣 70 分		
		（8）损坏电气元件或排除方法不正确	每处（次）扣 5～20 分		
		（9）排除后通电试运行不成功	扣 50 分		
安全与文明生产	违反安全文明生产规程		扣 10～70 分		
定额时间 30 min	不允许超时，若在修复故障过程中才允许超时，但以每超时 10 min 扣 5 分计算				
备注	除定额时间外，各项内容的最高扣分不应超过配分数			成绩	
开始时间		结束时间			